GABRIELE NIEPEL

Kastration
beim Hund

GABRIELE NIEPEL

Kastration beim Hund

*Chancen und Risiken –
eine Entscheidungshilfe*

KOSMOS

Inhalt

Einführung

Warum ein Buch zur Kastration des Hundes?

Wer professionell mit Hunden arbeitet, dem fällt in den jüngsten Jahren ein eindeutiger Trend pro Kastration auf. Hundehalter, die verschiedenste Probleme mit ihren Hunden haben, fragen den Hundetrainer/-verhaltensberater, ob nicht eine Kastration helfen möge. Wieder andere fragen gar nicht erst nach, sondern steuern direkt ihren Tierarzt an, um den Hund kastrieren zu lassen. Oder sie klagen ihrem Tierarzt ihr Leid, der ihnen dann zur Kastration rät. Immer häufiger wird man als Leiterin von Welpenspiel- und Junghundspielgruppen gefragt, wann denn wohl am besten die Kastration zu erfolgen habe. Es stellt sich gar nicht mehr die Frage, *ob* überhaupt kastriert werden sollte, sondern nur noch, wann.

In Gesprächen mit Hundehaltern gewann ich mehr und mehr den Eindruck, dass diese in einer Meinungsherrschaft leben, wonach die Kastration des Hundes die normalste Angelegenheit der Welt sei, die es gar nicht weiter zu hinterfragen gelte.

Mit dieser Entwicklung konfrontiert, machte ich mich daran, etwas mehr über die Kastration beim Hund herauszufinden. Und stieß auf ein erstaunliches Ergebnis: Es gibt nicht viele Studien, die sich auf *wissenschaftlicher* Basis mit der Kastration bei Hündinnen und Rüden auseinandersetzen. Das heißt im Klartext, dass wir wenig über die Auswirkungen dieses Eingriffs wissen.

Auffällig ist ferner, dass, wenn über Kastration diskutiert wird, meist aus dem Bauch heraus argumentiert wird – in der Regel ohne Kenntnis der (wenigen) vorhandenen Studien.

So vertreten die einen die Ansicht, dass eine Kastration ausschließlich als Behandlungsmaßnahme bei einer *akuten* Erkrankung anzuwenden ist. Andere sehen in der Kastration eine *Präventions-*

maßnahme gegen mögliche Erkrankungen und plädieren aus diesem Grund für eine Kastration als Regelfall. Bezüglich des Präventionsaspektes fallen krasse Unterschiede zwischen der Beurteilung einer Kastration der Hündin und jener des Rüden auf. Einige sehen die Kastration geschlechtsunspezifisch *pauschal* als entweder gut oder schlecht an, wieder andere vertreten bezüglich Rüden und Hündinnen unterschiedliche Meinungen.

Kastration wird als Mittel zur Behebung von Verhaltens-/Erziehungsproblemen diskutiert – auch hier gehen die Meinungen über Sinn und Erfolgschancen oder gar Gefahren weit auseinander. Das Problem ist, dass nicht nur wenige Untersuchungen zu diesem Themenkomplex überhaupt vorliegen. Wenn Studien existent sind, so untersuchen diese meist *körperliche* Folgen der Kastration. Die Frage einer Auswirkung der Kastration auf das Verhalten des Hundes – seien es nun erwünschte oder unerwünschte Folgen – spielt bei kaum einer Studie eine Rolle.

Angesichts dieser Situation entschloss ich mich im Jahr 2002, eine Fragebogenerhebung unter ca. 1.000 Haltern kastrierter Hunde zu Gründen und Auswirkungen einer Kastration bei der Hündin wie beim Rüden durchzuführen. Die z.T. erstaunlichen Ergebnisse ließen mich weiter an dem Thema arbeiten und so wurde der Gedanke geboren, ein Buch für Hundehalter zu schreiben, die sich über Sinn und Unsinn einer Kastration informieren wollen, bevor sie eine Entscheidung ihren eigenen Hund betreffend fällen. Ziel dieses Buches ist es, Ihnen, dem Leser, eine Entscheidungshilfe in Ihrem individuellen Fall zu geben.

Meiner Meinung nach kann man sich nicht pauschal entweder pro oder contra Kastration aussprechen, sondern es muss sich um eine Entscheidung in jedem Einzelfall handeln. Und diese Entscheidung sollte auf dem basieren, was wir bislang über mögliche Kastrationsauswirkungen wissen.

Daher habe ich in diesem Buch – getrennt nach Hündin und Rüde – Forschungsergebnisse zusammengetragen. Die eigenen Ergebnisse der Bielefelder Studie wurden so eingebettet in den internationalen Forschungszusammenhang.

Ich habe ganz bewusst darauf verzichtet, Sie mit näheren Angaben darüber, wie bestimmte Daten, mit denen Sie hier konfrontiert werden, erhoben worden sind, zu verschonen. Papier ist geduldig, Daten lassen sich so und so interpretieren. Es lohnt schon, einen Blick darauf zu richten, wie groß z. b. die Grundgesamtheiten sind, also auf wie viele untersuchte Hunde sich die Daten beziehen, aus denen dann Schlussfolgerungen abgeleitet werden. Sie sollen sich einen Überblick darüber machen können, wie erstaunlich dünn der Forschungsstand bezüglich mancher Fragen zur Kastration doch ist. Ich möchte Sie darauf hinweisen, warum es manchmal schwierig ist, eine klare Aussage zu treffen, weil Fehlerquellen der Interpretation mitbedacht werden müssen.

Genauso habe ich auch darauf verzichtet, die medizinischen Aspekte der Kastration, also auch die möglichen körperlichen Auswirkungen und deren Behandlung, nur an der Oberfläche zu streifen. Als Nichttierärzte, die wir Hundehalter in der Regel sind, haben wir doch meist nur eine ungefähre Vorstellung davon, was sich im Körper unserer Hunde eigentlich abspielt, was da mit den Hormonen so alles abläuft. Wir haben vielleicht von bestimmten Hormonen schon einmal etwas gehört, wissen aber eigentlich nicht so richtig, was die konkret bewirken. Wir bekommen Medikamente für unsere Hunde und vertrauen dem Arzt, wissen oftmals aber gar nicht, was die möglichen Nebenwirkungen dieser Medikamente sind. Und so lassen wir dann z. b. die Läufigkeit unserer Hündin hormonell unterdrücken und wissen gar nicht, was wir da im Körper unserer Hündin in Gang setzen können. Wir lassen unsere Hündin kastrieren, weil wir von dem Argument überzeugt werden, dass eine Kastration vor der ersten Läufigkeit das Risiko, an Gesäugekrebs zu erkranken, gen Null tendieren lässt – ohne zu wissen, dass eine ganz andere Sache, die wir leicht ohne Operation in den Griff bekommen könnten, ein viel größeres Risiko darstellt, an Gesäugetumoren zu erkranken – nämlich die Fettleibigkeit unserer Hündin, speziell in ihrem ersten Lebensjahr. Wir finden die männliche Potenz unserer dauerrammelnden Rüden vielleicht irgendwie beeindruckend, ohne uns darüber klar zu sein, dass die Grenze zum normalen Verhalten längst überschritten ist und der Rüde unter seiner Hypersexualität leidet, eine Kastration angebracht wäre. Uns nervt seine Aggression gegen Besucher und wir meinen, dass so ein Verhalten mittels Kastration zu beeinflussen wäre. In unserem Unwissen meinen wir, das manche Verhaltensweisen von den Geschlechtshormonen gesteuert sind und eine Kastration Abhilfe schaffe – bloß dass Geschlechtshormone da keinen oder nur einen marginalen Einfluss ausüben. Und auf der anderen Seite machen wir uns nicht klar, dass Geschlechtshormone nicht nur im Bereich der Fortpflanzung eine Rolle spielen.

Daher möchte ich sowohl den Hündinnen- als auch den Rüdenbesitzern einen Einblick in körperliche Vorgänge geben, die von Bedeutung sind, wenn man über Kastration spricht. D. h., Sie werden in diesem Buch nicht einfach mit Ratschlägen pro oder contra Kastration konfrontiert werden, sondern ich möchte, dass Sie Grundlegendes besser durchschauen. So werden Sie nicht nur auf meine Schlussfolgerungen angewiesen sein, sondern Sie können sich aus den von mir zusammengetragenen Erkenntnissen selber ein Bild formen.

Die Bielefelder Studie

Da ich im weiteren Buchverlauf immer wieder auf die Ergebnisse der Bielefelder Studie eingehen werde, soll die Studie hier kurz skizziert werden, damit Sie sich ein Bild davon machen können, wie ich zu bestimmten Schlussfolgerungen gelangt bin.

Fragestellung: In der Bielefelder Studie sollten folgende Hauptfragen untersucht werden:

1. Warum lassen Hundehalter ihre Hunde kastrieren? Sind es hauptsächlich medizinische Gründe? Betreffen diese akute Erkrankungen oder steht der erhoffte Vorsorgeeffekt im Vordergrund? Hoffen Hundehalter, die Verhaltensprobleme ihres Hundes mittels

einer Kastration in den Griff zu bekommen? Wer beeinflusst Hundehalter maßgeblich in ihrer Entscheidung, ihren Hund kastrieren zu lassen?

2. Über welche Folgen berichten die Hundehalter? Gibt es körperliche „Nebenwirkungen" einer Kastration? Erfüllen sich die Hoffnungen auf Verhaltensverbesserung? Treten neue Verhaltensprobleme auf? Waren die Hundehalter über mögliche Folgen informiert und wenn ja – wer hat sie informiert?

3. Wie bewerten die Hundehalter insgesamt gesehen ihren Entschluss zur Kastration und wovon hängt diese Bewertung ab?

Neben diesen drei Hauptfragestellungen haben mich ferner mögliche Einflussfaktoren interessiert, als da sein könnten:

- Geschlecht des Befragten: Bewerten Männer eine Kastration ihres Rüden anders als Frauen?
- Geschlecht des Hundes: Unterscheiden sich die Gründe, aus denen Hündinnenhalter ihre Hunde kastrieren von denen der Rüdenbesitzer? Sehen Hündinnen- und Rüdenbesitzer unterschiedliche Auswirkungen der Kastration?
- Alter des Hundes bei der Kastration: Werden Hunde unterschiedlichen Alters aus unterschiedlichen Gründen kastriert? Zeigen sich unterschiedliche Auswirkungen einer Kastration je nach dem, in welchem Lebensalter ein Hund kastriert worden ist?
- Rassezugehörigkeit bzw. Mischling. Werden Mischlinge und Rassehunde aus den gleichen Gründen kastriert? Bewerten die Halter von Rassehunden die Folgen einer Kastration anders als die Halter von Mischlingshunden? Gibt es Unterscheide zwischen verschiedenen Rassegruppen?

Die Datenerhebung

Zur Erhebung der Daten wurde ein Fragebogen entwickelt, der neben geschlossenen Fragen im Multiple Choice System auch offene Antwortkategorien vorsah. Halter kastrierter Hunde füllten diesen Bogen aus und sendeten ihn entweder an die Zeitschrift DER

HUND, an die Hundeschule, von der sie den Bogen erhalten hatten oder direkt an mich zurück.

Um eine möglichst breite Basis von Hundehaltern anzusprechen, wurden verschiedene Wege der Verteilung des Fragebogens gewählt:

1. Der Fragebogen lag einer Ausgabe der Zeitschrift „DER HUND" bei (6/2002),
2. Verteilung über mir bekannte Tierärzte und Tierhomöopathen,
3. Verteilung über Hundeschulen, die der „Interessengemeinschaft Unabhängige Hundeschulen" angeschlossen sind sowie über weitere nicht organisierte Hundeschulen und Hundevereine,
4. Verteilung auf dem Internationalen Canidensymposium im September 2002 in Bergisch Gladbach,
5. Verteilung unter eigenen Kunden meiner Beratungsstelle sowie unter Teilnehmern meiner Seminare.

Laufzeit der Sammlung: Juni 2002 bis 30.11.2002.

Auf diese Art und Weise konnten 1.010 auswertbare Bögen gesammelt werden. 447 davon stammen von Lesern der Zeitschrift DER HUND, aufgrund der Anonymität kann bei den anderen Bögen nicht rückverfolgt werden, ob Sie von Kunden der Hundeschulen, Mitgliedern von Hundevereinen oder von Patienten aus Tierarztpraxen stammen.

Die Zusammensetzung der befragten Hundehalter

Von denen, die den Bogen eingeschickt haben, waren 90% Frauen – nur 10% Männer. (Prozentzahlen wurden um der besseren Lesbarkeit willen auf-, bzw. abgerundet). Dies sollte nun nicht vorschnell damit interpretiert werden, dass Männer größere Vorbehalte gegen eine Kastration Ihrer Rüden haben könnten, weil da „Solidaritätsgefühle" mit hineinspielen könnten (eine These, die unter Hundetrainern weit verbreitet ist). Auch wenn sicherlich die meisten Professionellen die Erfahrung teilen, dass Männer in der

Regel schwerer von der Kastration (ihres Rüden!) zu überzeugen sind als Frauen, so muss doch hier auf die Art der Sammlung der Daten hingewiesen werden, und da ist dreierlei anzumerken. Erstens: Frauen lesen eher als Männer Hundezeitschriften. Zweitens: Frauen besuchen eher eine Hundeschule als Männer. Drittens: Frauen sind eher bereit, sich die Arbeit und Mühe zu machen, einen Fragebogen auszufüllen.

Also ist die Wahrscheinlichkeit, bei diesem Untersuchungsdesign Aussagen über kastrierte Hunde von Frauen zu bekommen, wesentlich größer, als solche von Männern zu erhalten und muss nichts über eine unterschiedliche Bereitwilligkeit männlicher versus weiblicher Hundehalter aussagen, ihren Hund kastrieren zu lassen.

Wir haben es also bei dieser Studie im wesentlichen mit den Ansichten von *Frauen* zu tun. Und nicht nur hauptsächlich von Frauen, sondern noch dazu von einer *bestimmten Altersgruppe*: Nur 13% der Befragten waren unter 30 Jahre alt, dafür 40% zwischen 30 und 40 Jahren, 32% gehörten der Altersgruppe der 40–50jährigen an. Somit stützen sich die nachfolgenden Ergebnisse im wesentlichen auf die Einschätzungen von Frauen im Alter zwischen 30 und 50 Jahren – das möge bei allen nachstehenden Auswertungen im Hinterkopf präsent sein!

Schließlich muss noch auf einen weiteren Umstand hingewiesen werden: Die Mehrzahl der Befragten lebt mit *mehr als nur einem Hund* zusammen – lediglich 41% der Befragten geben an, Einhundhalter zu sein. 582 Befragte leben mit mehr als einem Hund, davon 61% mit zwei Hunden, 22% mit drei Hunden, 7% mit vier Hunden, 10% leben mit mehr als vier Hunden zusammen. Es besteht die berechtigte Vermutung, dass das Zusammenleben mit mehreren Hunden eine Auswirkung darauf haben könnte, wie die Befragten generell zur Frage der Kastration stehen – sei es, dass sich bei gemischtgeschlechtlichen Hundegruppen die Frage der Vermeidung von Nachwuchs stellt, sei es, dass sich bei gleichgeschlechtlichen Gruppen die Frage des „Friedens" unter den Hunden stellt.

Es scheint ferner bereits an dieser Stelle angebracht, darauf hinzuweisen, dass mit diesem Untersuchungsdesign allein eine *Selbst-
einschätzung* der Hundehalter zu erheben ist. In bezug auf die
Gründe der Kastration ist dies auch unproblematisch, was dagegen
die *Folgen* der Kastration betrifft, so ist natürlich dazu zu sagen, dass
die subjektive Wahrnehmung hier den entscheidenden Ausschlag
gibt. Nicht ein Tierarzt bewertet, ob die Kastration bei dem ihm bekannten Hund medizinische Probleme gut behoben hat oder für
negative körperliche Nebenwirkungen verantwortlich zu machen
ist. Kein Hundeverhaltensforscher oder -trainer beurteilt, ob sich
der Hund in seinem Verhalten – positiv oder negativ – nachhaltig
durch die Kastration geändert hat.

Ein solcher Ansatz käme der Fragestellung optimal näher, ließe
sich aber aufgrund des enormen Zeit- und Kostenaufwandes, den
er erfordert hätte, nicht durchführen.

Die Zusammensetzung der Hunde

Geschlecht

Von den Bögen beziehen sich 578 (57%) auf kastrierte Hündinnen,
432 (43%) auf kastrierte Rüden – es liegen somit deutlich mehr Daten für Hündinnen als für Rüden vor, dennoch ist auch die Zahl für
die Rüden groß genug, um Aussagen zu erlauben. Ob diese große
Zahlendifferenz eventuell ein Spiegelbild dafür ist, dass Hündinnen generell häufiger kastriert werden als Rüden, kann selbstverständlich in diesem Untersuchungsdesign nicht beantwortet werden.

Mischlinge – Rassehunde

396 (38%) Bögen beziehen sich auf Mischlinge, wesentlich mehr
jedoch auf Rassehunde: 613 (62%). Für diese Studie bedeutet das,
dass wesentlich mehr Zahlen zu den Rassehunden vorliegen, was
bei späteren Auswertungen zu berücksichtigen ist. Jedoch sollte
man aus diesen Zahlen nicht den Schluss ableiten, dass Rassehunde per se eher kastriert werden als Mischlinge. Man muss nämlich

bedenken, wie die Bögen gesammelt worden sind. So besteht bereits ein erster Einflussfaktor darin, dass sehr viele Leser der Hundezeitschrift Rassehundbesitzer sind. Ferner berichten viele Hundeschulenbesitzer darüber, dass der Anteil der Rassehunde bei ihnen über dem der Mischlinge liege. Aus der Art der Datensammlung könnten sich die höheren Zahlen für die Rassehunde erklären.

Untersucht werden kann jedoch, ob Mischlinge und Rassehunde aus unterschiedlichen Gründen kastriert werden oder ob deren Halter unterschiedliche Folgen beobachten, die Kastration unterschiedlich bewerten – aber dazu später mehr.

Was nun die Rassehunde betrifft, so war es ferner von Interesse, welchen Rassen die Hunde angehören.

Die Rassehunde wurden daher insgesamt 14 Gruppen zugeordnet, wobei die FCI-Einteilung in weiten Teilen übernommen worden ist, jedoch mit einigen Abänderungen (FCI: Abkürzung für Federation Cynologique International = Dachverband nationaler Hundezuchtverbände): FCI Gruppe 1 wurde nach Hütehunden und Herdenschutzhunden unterschieden. FCI Gruppe 2 wurde aufgesplittet in Molosser und Dogenartige/Schweizersennenhunde/Pinscher und Schnauzer, einige der Hunde dieser Gruppe wurde in die Gruppe der Gebrauchshunde nach AZG (Arbeitsgemeinschaft für Zucht- und Gebrauchshunde) eingeordnet. FCI Gruppe 3 (Terrier), 4 (Teckel), 5 (Nordische Hunde), 9 (Gesellschafts- und Begleithunde), 10 (Windhunde) bleiben unverändert. FCI Gruppe 6 und 7 wurden unter der Gruppe der Jagdhunde zusammengefasst, die Retriever (FCI 8) behielten ihre eigene Gruppe.

Und so sieht die Zusammensetzung aller untersuchten Fälle aus:

Gebrauchshunde	122	=	20%
Hütehunde	99	=	16%
Retriever	78	=	13%
Terrier	74	=	12%
Jagdhunde	56	=	9%
Gesellschafts-/Begleithunde	36	=	6%
Nordische Hunde	33	=	5%

Herdenschutzhunde	22	=	4%
Schweizer Sennenhunde	22	=	4%
Neufundländer/Landseer	21	=	3%
Teckel	17	=	3%
Molosser	16	=	3%
Windhunde	8	=	1%
Pinscher/Schnauzer	8	=	1%

Auch hier kann man natürlich nicht einfach den Schluss ziehen, dass Gebrauchshunde oder Hütehunde besonders häufig kastriert werden, denn man müsste diese Zahlen in Relation setzen zur Gesamthäufigkeit, mit der diese Hunde in Deutschland leben. Bedenkt man, dass zu den Gebrauchshunden der Deutsche Schäferhund zählt und bedenkt man ferner, wie viele Tausende Schäferhundwelpen jedes Jahr geboren werden, so ist klar, dass die Wahrscheinlichkeit, kastrierte Schäferhunde vorzufinden, natürlich höher ist, als kastrierte Windhunde. Bedenkt man ferner, wie die Sammlung dieser Bögen erfolgt ist, so könnte auch das die hohe Zahl von Gebrauchshunden, Hütehunden, aber auch Retrievern erklären – allesamt Rassen, die häufig in Kursen sowohl in Hundeschulen als auch in Hundevereinen zu finden sind.

Interessant wird es, wenn man unter den vorgefundenen kastrierten Hunden verschiedener Rassen vielleicht Unterschiede findet – sei es hinsichtlich der Frage, warum sie kastriert worden sind, sei es, welche Folgen die Halter bemerkt haben – aber dazu siehe unten.

Alter bei der Kastration

Im Unterschied zu den USA, in denen Hunde sehr jung, d. h. oftmals noch beim Züchter, häufig spätestens bei der Wiederholungsimpfung in der 12. Lebenswoche kastriert werden, betrifft diese Frühstkastration nur einen geringen Teil der hier dokumentierten Fälle. Das bedeutet aber nicht, dass in Deutschland die soziale Reifung des Hundes abgewartet wird, bis er kastriert wird: 28% der Hunde werden in einem Alter (6-12 Monate) kastriert, in dem ihre Geschlechtsreife noch nicht unbedingt eingetreten ist. Über die Hälfte der Hunde (53%) werden kastriert, bevor sie anderthalb Jahre sind, also vor Erreichen der sozialen Reife. Geht man davon aus, dass im Grunde kaum ein Hund vor Vollendung seines 2. Lebensjahres seine soziale Reife erlangt hat (viele noch wesentlich später), so trifft eine frühe Kastration damit 64 Prozent der hier dokumentierten Fälle.

Hier muss jedoch auf einen Unterschied zwischen Rüden und Hündinnen hingewiesen werden. 20% aller Hündinnen sind kastriert worden, bevor sie das erste mal läufig gewesen sind, also vor Eintritt ihrer Geschlechtsreife. Die meisten Hündinnen (47%) werden in einem Abstand von unter 9 Wochen nach ihrer Hitze kastriert, also in einem Stadium, in dem sich die Hündin hormonell gesehen in einer Scheinschwangerschaft befindet, bei nur 42% der Hündinnen haben die Tierärzte diese Phase abgewartet.

Hündinnen werden früher kastriert als Rüden. 38% der Hündinnen wurden kastriert, bevor sie ein Jahr alt geworden sind, aber nur 25% der Rüden, 70% der Hündinnen wurden kastriert, bevor sie 2 Jahre alt waren, gegenüber 56% der Rüden.

Bei den Hündinnen wurden die meisten Hunde im Alter zwischen 6 und 12 Monaten kastriert (32%), bei den Rüden dagegen im Alter von 3–8 Jahren (28%).

Warum das so ist – das versteht man, wenn man sich die Gründe der Kastration anschaut (siehe dazu unten).

Lesehinweis

Ich möchte hiermit die Darstellung der Bielefelder Studie zunächst unterbrechen. Ich hoffe, Sie haben sich ein Bild über die Art der Datensammlung und die Datenbasis machen können. Diesen Ausflug konnte ich Ihnen nicht ersparen, da ich der Meinung bin, dass Sie als Hundehalter genau informiert werden müssen, worauf sich Aussagen pro oder contra Kastration stützen.

In den folgenden Kapiteln dieses Buches werde ich immer wieder auf die Bielefelder Studie zurückkommen – sei es, weil es hinsichtlich einiger Fragestellungen keine anderen Studien gibt, sei es, um die Ergebnisse dieser für deutsche Verhältnisse umfassendsten Studie in den internationalen Forschungskontext zu stellen.

Das weitere Buch teilt sich nun in zwei Großabschnitte auf: Im ersten Abschnitt (Teil A) finden die Hündinnenbesitzer die relevanten Informationen, im zweiten Abschnitt (Teil B) die Rüdenbesitzer. Jeder der beiden Abschnitte gliedert sich in drei Kapitel:

Im ersten Kapitel wird beschrieben, was bei einer Kastration der Hündin/des Rüden medizinisch gesehen passiert.

Im zweiten Kapitel wird der Frage nachgegangen, aus welchen Gründen Hündinnen/Rüden kastriert werden. Die einzelnen Gründe werden dabei auf ihre Stichhaltigkeit hin überprüft, kritisch hinterfragt.

Im dritten Kapitel werden mögliche Folgen der Kastration bei der Hündin/beim Rüden beschrieben. Dabei werde ich mögliche Auswirkungen auf die Verhaltensebene getrennt von den möglichen körperlichen Auswirkungen behandeln.

Im vierten Kapitel schließlich finden Sie zusammenfassende Empfehlungen.

Die Hündin

Was passiert bei einer Kastration?

Kastration und Sterilisation – eine Begriffsklärung

Oft werden die Begriffe „Kastration" und „Sterilisation" durcheinandergeworfen. Manche Hundehalter meinen, bei einer Hündin spreche man von einer Kastration, beim Rüden von einer Sterilisation. Das ist falsch. Die *Kastration* bedeutet, dass die Keimdrüsen eines Tieres entfernt werden. Bei der Hündin sind das die Eierstöcke. Eine *Sterilisation* bedeutet demgegenüber, dass die keimableitenden Wege unterbunden oder (teilweise) herausgenommen werden. Bei der Hündin ist das eine Durchtrennung/Abbindung der Eileiter.

Was bewirken Kastration und Sterilisation?

Nach einer Kastration ist die Hündin unfruchtbar, weil die Eierstöcke, die die Eizellen freisetzen, aus denen bei Befruchtung dann ein Hundeembryo wird, nicht mehr vorhanden sind. Keine Eierstöcke – keine Eizellen.

Bei der Sterilisation ist die Hündin unfruchtbar, weil die Eizellen nicht mehr in die Eileiterampulle gelangen, sich also dort nicht mit den Spermien des Rüden treffen und verschmelzen können.

Wenn also Ihr Ziel darin besteht, dass Ihre Hündin nicht ungewollt gedeckt wird – weil sie z. B. einen Rüden im Haushalt haben – so würde de facto eine Sterilisation ausreichen.

Aber: Bei einer Sterilisation bleiben die Eierstöcke ja intakt, können also weiter ihre Arbeit leisten. Positiv gesprochen bedeutet dies, dass in den Hormonhaushalt der Hündin nicht eingegriffen wird, die Natur geht ihren Gang. Negativ gesprochen heißt das, dass das, was viele Hündinnenhalter als Unannehmlichkeiten sehen, nämlich das Bluten der Hündin und das Interesse der Rüden an ihr, bleiben. Der Rüde weiß ja nicht, dass seine Liebesbemühungen fruchtlos bleiben werden, ebenso wenig wie Ihre Hündin weiß, dass sie keine Welpen mehr bekommen kann. Die Hündin fühlt sich bereit zur Fortpflanzung und der Rüde sieht in Ihrer Hündin eine fortpflanzungsbereite Dame.

Die tierärztliche Realität sieht in der Regel so aus, dass Hündinnen nicht sterilisiert, sondern kastriert werden. Zwei Argumente stehen dabei im Vordergrund:

Erstens: Die (hormonell bedingten) Unannehmlichkeiten während der Läufigkeit entfallen bei der Kastration, nicht aber bei der Sterilisation.

Zweitens: Hormonbeeinflusste Erkrankungen der Hündin lassen sich mittels einer Kastration vorbeugen bzw. beeinflussen, mit einer Sterilisation aber nicht. So schreibt Münnich (2000), dass die Sterilisation beim Hund im Gegensatz zur Sterilisation der Frau kein geeignetes Mittel zur Unfruchtbarmachung sei.

Manche Autoren (z. B. Asa 2006) plädieren jedoch für eine Sterilisation anstelle einer Kastration in Fällen, in denen keine pathologischen Auswirkungen der Geschlechtshormone auf den Gesamtorganismus zu erwarten sind.

Ich denke, an dieser Stelle sind einige Erklärungen zur Anatomie der Geschlechtsorgane Ihrer Hündin angebracht.

Die Geschlechtsorgane der Hündin

Wie ihr menschlicher Gegenpart verfügt auch eine Hündin über eine Scham (die Vulva), eine Scheide (die Vagina), einen Muttermund (Portio), einen Gebärmutterhals (Zervix), eine Gebärmutter (Uterus), zwei Eileiter (Salpinx) und zwei Eierstöcke (Ovarien).

Die Eierstöcke sehen kleinen Bohnen ähnlich. Sie liegen paarig angelegt hinter den beiden Nieren in Fetttaschen gehüllt, was ihre direkte Untersuchung erschwert. In jedem Eierstock befindet sich zum einen ein Versorgungsgeflecht aus Blutgefäßen, zum anderen eine dieses Zentrum umhüllende Schicht, in der sich die Keimzellen befinden. In den Eierstöcken einer gerade geborenen kleinen Hündin befinden sich ca. 700 000 Eizellen, deren Zahl aber ca. um die Hälfte reduziert ist, wenn mit Einsetzen der Pubertät die Eizellen im Zuge der Läufigkeit freigesetzt werden. Nur ein Bruchteil dieser vielen Eizellen gelangt zum Eisprung, die Mehrzahl geht einfach ein (Münnich 2000).

Das besondere an unseren Hunden ist, dass ihre Eizellen erst noch eine zweite Reifeteilung durchmachen müssen, während sie schon auf der Wanderschaft im Eileiter sind, erst dann können sie von Spermien befruchtet werden. Der Eileiter fängt die Eizellen nach der Ovulation (also dem Eisprung) sozusagen auf. Er ist ein sehr dünner (ca. 2 mm dicker) und auch eher kurzer (5–10 mm langer) Schlauch, der Eierstock und Gebärmutter verbindet und am Eierstock in einem Trichter endet. Im Eileiter kommt es zur Befruchtung – wenn die Hündin gedeckt wird – und das befruchtete Ei wandert durch den Eileiter zur Gebärmutter. Die Gebärmutter liegt zwischen dem Mastdarm und der Harnblase. Es gibt einen wesentlichen Unterschied zur menschlichen Gebärmutter: Beim Hund besteht die Gebärmutter aus einem Uteruskörper und zwei muskulösen Hörnern. Zusammen sind sie im nicht trächtigen Zustand maximal 6–15 cm lang. Die Hundeembryonen nisten sich in den Gebärmutterhörnern ein. Sie liegen in den jeweiligen Hörnern wie zu einer Perlenkette aufgereiht hintereinander. Der Gebärmutterhals (Zervix) ist mit nur 1 cm beim Hund sehr kurz, der Muttermund ist außer während der Läufigkeit durch einen dicken Schleimpfropfen verschlossen.

Die Scheide ist das eigentliche Begattungsorgan, sie nimmt den Penis auf und ist recht lang: 8–20 cm. In den Scheidenvorhof mündet auch die Harnröhre. Die Scham bildet den äußeren Abschluss der Scheide. Sie ist sozusagen die Öffnung des weiblichen Geschlechtstraktes und wird von den beiden Schamlippen begrenzt. Die Scham können Sie als Hundehalter sehr gut betrachten und befühlen. An ihr können Sie gute Hinweise bekommen, in welcher

Zyklusphase sich Ihre Hündin gerade befindet. Ist sie klein und unscheinbar in der Phase der hormonellen Inaktivität, so schwillt sie erheblich an, wird groß, prall und glatt in der Phase vor dem Eisprung. Hat dieser stattgefunden und die Hündin ist deckungsbereit, verkleinert sich die Scham wieder und wird faltiger.

Der Zyklus der Hündin

Für das Zusammenleben mit einer Hündin ist es wichtig, ihren Sexualzyklus zu verstehen. Das ist zum einen unabdingbar, wenn Sie eine unerwünschte Trächtigkeit der Hündin verhindern wollen. Wenn Sie sich Kenntnisse über die Zyklusphasen Ihrer Hündin aneignen und wissen, woran Sie erkennen können, wann die kritischen Tage eintreten, so benötigen Sie weder Kastration noch Sterilisation oder hormonelle Läufigkeitsunterdrückung als Trächtigkeitsprophylaxe. Doch auch wenn Sie sich aus anderen Gründen mit der Frage beschäftigen, ob Sie Ihre Hündin kastrieren lassen wollen, benötigen Sie Hintergrundinformationen zum hormonellen Geschehen. Sie können dann verstehen, wann eine Kastration sinnvoll sein kann, Sie können beurteilen, welche Risiken z. B. mit der Gabe von Geschlechtshormonen einhergehen und vieles mehr.

Also: Eine Hündin ist nicht ganzjährig fortpflanzungsfähig, sondern nur zur Zeit ihrer Läufigkeit. Sowohl das Alter, in dem eine Hündin zum ersten Mal läufig wird, als auch ihre Läufigkeitsintervalle variieren sehr stark zwischen den Rassen und auch zwischen Individuen einer Rasse.

Als grobe Richtung kann man sagen, dass Hündinnen kleinerer Rassen eher läufig werden – ab ca. dem 6. Lebensmonat. Hündinnen großer Rassen werden später läufig, sie können schon ein, anderthalb Jahre oder noch älter sein, bevor sie geschlechtsreif werden. Man vermutet, dass das Eintreten der ersten Läufigkeit etwas mit dem Erreichen eines rassespezifischen Körpergewichts zu tun hat – und da sind die kleinen Rassen natürlich deutlich früher dran. Aber auch die Art der Haltung, auch Licht und Wetter können einen

Einfluss haben. So kommt es z. B. bei Töchtern, die mit ihrer Mutter zusammen leben, häufig zu späterem Einritt der Geschlechtsreife.

Umgekehrt gibt es das Phänomen der Brunstsynchronisation: Werden mehrere Hündinnen in einem Rudel gehalten, kann es passieren, dass die anderen Hündinnen nachziehen, sobald die Chefhündin läufig geworden ist.

Der Abstand zwischen den Läufigkeiten ist von Hund zu Hund verschieden. Durchschnittlich dauert er 31 Wochen. Aber Durchschnittswerte helfen im Einzelfall nicht viel. Es gibt Hündinnen, die regelmäßig zweimal im Jahr läufig werden – also alle 6 Monate. Und es gibt Hündinnen, die nur einmal im Jahr läufig werden. Tendenziell haben kleinere Rassen kürzere Zyklen (Bottenberg 2006), auch Mischlinge sollen tendenziell kürzere Zyklen haben (Münnich 2000).

Wie wird das Hormongeschehen gesteuert?

Die Steuerung funktioniert über ein Rückkoppelungssystem. Drei „Stellen" sind beteiligt: nicht nur die Eierstöcke, sondern auch das Gehirn: mit dem Hypothalamus und der Hirnanhangsdrüse (Hypophyse). Fünf Hormone kommen ins Spiel: Das Gonatropin-Releasing Hormon (GnRH), das Follikelstimulierende Hormon (FSH), das Luteinisierende Hormon (LH), Östrogen und Progesteron.

Eierstöcke produzieren nur unter Hormoneinfluss Follikel. Dafür ist das Hormon FSH zuständig. Damit die Follikel freigesetzt werden, braucht es das LH. Beide Hormone werden stimuliert durch die Hypophyse, die Hirnanhangsdrüse. Damit diese wiederum entsprechend agiert, muss sie ihrerseits stimuliert werden: Das übernimmt der Hypothalamus – und zwar mittels Freisetzung von GnRH. Das heißt, die ganze Kaskade der Hormonausschüttungen, an deren Ende dann das gesprungene, befruchtungsfähige Ei steht, wird über die Ausschüttung dieses GnRH im Gehirn gesteuert. Es kontrolliert die Ausschüttung von LH und FSH, die stimulieren die Eierstöcke, diese produzieren Östrogen und Progesteron. Das ganze funktioniert in einer Art Kreislauf. Stellen Sie sich das vor wie bei einer Heizungsanlage. Gespeichert ist die gewünschte Temperatur. Ein Fühler im System misst die aktuelle Temperatur und vergleicht die mit dem gewünschten Wert. Ist die Temperatur zu niedrig, wird die Produktion von mehr Energie veranlasst – solange, bis der Fühler meldet, dass die gewünschte Temperatur erreicht ist. Daraufhin wird die Energieproduktion wieder gedrosselt. So funktioniert das auch mit den Hormonen: In einem Rückkoppelungsmechanismus wird verhindert, dass es zu einer Überstimulierung kommt.

Die Zyklusphasen

Man unterscheidet bei der nicht trächtigen Hündin vier Zyklusphasen: Anöstrus, Proöstrus, Östrus, Metöstrus. In jeder dieser Phasen dominieren andere Hormone.

Anöstrus

Dies ist die Phase der weitgehenden hormonellen Ruhe. Es ist die Phase zwischen dem Ende des Metöstrus und dem Beginn des Proöstrus. Bei einem sehr niedrigen Östrogenspiegel kommt es zwar in den Eierstöcken zu mehrmaliger Bildung von Follikeln, jedoch reifen diese nicht bis zum Eisprung, sondern sterben vorher ab. Die Durchschnittsdauer dieser Phase ist sehr variabel, sie kann, zwei, vier oder noch mehr Monate dauern. In den Fachbüchern findet man sehr unterschiedliche Zeitangaben, die von 50–70 Tagen (Münnich 2000) bis zu durchschnittlich 210 Tagen bei einer Schwankungsbreite von 120–390 Tagen reichen (Allen u. a. 1996).
In dieser Ruhephase ist die Vulva sehr klein, wird von den umgebenden Haaren bedeckt, die Schleimhaut sieht glatt und rosa aus.

Proöstrus

Im Proöstrus reifen in den beiden Eierstöcken Follikel (Eiblasen) heran. Das Wachstum dieser Follikel wird durch ein sogenanntes

„follikelstimulierendes Hormon" (FSH) stimuliert, dass von der Hirnanhangsdrüse (Hypophyse) ausgeschüttet wird. In ihrem Inneren produzieren diese Follikel Östrogene. Dieses Eierstockshormon ist für die sichtbaren Anzeichen verantwortlich: Die Vulva schwillt an, sie ist von rosaroter Farbe, die Haut wirkt sehr glatt, es kommt zu blutigem Ausfluss, die Hündin riecht für Rüden attraktiv und wird von diesen belästigt, sie beißt diese aber noch ab. Ähnlich wie der Anöstrus unterliegt die Dauer des Proöstrus einer großen Schwankungsbreite – zwischen 4 und 21 Tagen. Sie als Hundehalter können diesen Proöstrus eigentlich nicht verpassen. Auch wenn Sie vielleicht kein Blut sehen, weil ihre Hündin sich so gut sauber schleckt, wird ihnen zumindest auffallen, dass sich die Hündin so viel leckt. Und als besorgter Hundehalter guckt man dann natürlich nach – und wird beim vorsichtigen Auseinanderziehen der Schamlippen Blut finden. Auch die geschwollene Scham kann Ihnen nicht verborgen bleiben. Lediglich wenn die Hündin wegen Hormonstörungen eine sogenannte „weiße Hitze" ausbildet (eine verkürzte Läufigkeit ohne Blutungen) hat man ein Problem, die Läufigkeit rasch zu erkennen – aber das kommt selten vor.

Der Proöstrus wird auch als Phase der Vorbrunst bezeichnet.

Mit der Duldung der Rüden durch die Hündin setzt die nächste Zyklusphase ein, der Östrus: die Phase der Brunst. Proöstrus und Östrus werden zusammen als Läufigkeit bezeichnet.

Östrus

Die Phase des Östrus ist die „gefährliche" Phase, denn in ihr kommt es zur Freisetzung der Eizellen. Wenn die Östrogene der Hündin einen bestimmten Wert erreicht haben, wird ein bestimmtes Hormon ausgeschüttet: das Luteinisierungshormon (LH). Dieses bewirkt, dass es zum Eisprung (Ovulation) kommt, die Eizellen also freigesetzt werden. Diese Eizellen sind aber nicht wie bei anderen Säugetieren sofort befruchtungsfähig, sondern müssen erst noch eine Zellteilung durchmachen. Dieser Prozess dauert zwischen 24 und 48 Stunden. Danach sind die Eizellen, die durch den

Eileiter Richtung Gebärmutter wandern, ca. 2–3 Tage befruchtungsfähig.
Als Östrus wird die gesamte Phase bezeichnet, in der die Hündin
den Rüden duldet. Die Dauer der Phase ist wiederum sehr unterschiedlich, es werden Zeitangaben von 4–12 Tagen gemacht. Die
individuellen Unterschiede sind erheblich. So gibt es nach meiner
Erfahrung Hündinnen, die Rüden für maximal 1 oder 2 Tage dulden und andere, die sich 10 Tage mit ihnen vergnügen würden,
wenn man sie ließe.

Sie können als Hündinnenhalter diese Phase sehr gut erkennen:
Der Ausfluss wird in der Regel weniger, und er wird heller. Die Vulva ist nicht mehr so prall angeschwollen, sondern beginnt zu erschlaffen, dementsprechend ist die Haut nicht mehr so gespannt
glatt, sondern faltiger. Besonders auffällig aber ist das Verhalten der
Hündin. Auch Hündinnen können ähnlich wie Rüden zu wimmern anfangen, weil sie zum Partner hinwollen. Die Hündin flirtet
mit dem Rüden, spielt mit ihm, präsentiert sich dann still stehend
mit nach hinten geschobener Vulva und weggeklapptem Schwanz.
In dieser Phase ist es durchaus nicht immer nur so, dass die Hündin wartet, ob ein Rüde vorbei kommt, sondern Hündinnen können auf der Suche nach einen Sexualpartner durchaus auch ausbüchsen. Deswegen gehören sie in dieser Phase an die Leine und
auch nicht unbeaufsichtigt in den Garten.

Will man seine Hündin decken lassen, so sind genaue Verhaltensbeobachtungen der Hündin und geeigneter Testrüden allemal sicherer als komplizierte Hormonbestimmungsverfahren über Bluttests oder Zellabstriche.

Mit Ende der Duldung des Rüden tritt die Hündin in die nächste
Zyklusphase ein, den Metöstrus. Aus den geplatzten Follikeln entsteht der sogenannte Gelbkörper, der nun das Hormon Progesteron
produziert.

Metöstrus

Kurz nach dem Eisprung wird im Follikel neben dem Östrogen
noch ein weiteres Hormon gebildet, das Progesteron. Dieses kann

man auch als „Trächtigkeitsschutzhormon" bezeichnen, denn es bewirkt mehrere Dinge, die für die Aufrechterhaltung einer Trächtigkeit von Bedeutung sind: es führt zu einer gut ausgebildeten, sekretreichen Gebärmutterschleimhaut, in die sich ein befruchtetes Ei gut einnisten kann. Es sorgt dafür, dass es in der Gebärmutter zu keinen starken Kontraktionen kommt und es verschließt den Muttermund.

Dieses sind auf der einen Seite alles positive Bedingungen für eine Trächtigkeit, aber sie sind ebenso allesamt Risikofaktoren für die Entstehung einer Gebärmutterentzündung – siehe Seite 65.

Egal ob die Hündin gedeckt/befruchtet worden ist oder nicht – in dieser Phase wird sie von dem Trächtigkeitshormon Progesteron bestimmt. Daher kann man z. B. nicht einen Hormontest anhand des Blutes der Hündin machen, um zu sehen, ob sie trächtig ist oder nicht. Wenn wir landläufig von der Scheinschwangerschaft der Hündin sprechen, so meinen wir damit meist, dass es sich dabei um eine Störung der Hündin handele, weil sie Hormone bildet, die bei einer nicht trächtigen Hündin gar nichts zu suchen haben. Aber weit gefehlt: Die Natur hat es bei unseren Hunden so eingerichtet, dass die nicht trächtige Hündin ähnlichen Hormonveränderungen unterliegt wie die trächtige. Für ca. 60–70 Tage nach dem Eisprung findet man im Blut der Hündinnen erhöhte Progesteronwerte – egal ob trächtig oder nicht. D. h., für die Zeit, die eine Trächtigkeit bei der Hündin normalerweise dauert (im Schnitt 63 Tage) findet sich diese Hormonsituation.

Da das Progesteron jenes Hormon ist, dass „günstige" Bedingungen für eine Gebärmutterentzündung schafft, ist diese Phase typischerweise jene, in der eine Hündin eine Gebärmutterentzündung entwickelt – so sie denn an einer erkrankt.

Nach der „Schwangerschaftsdauer" klingt die Progesteronbildung ab. In der Folge kommt es zunächst zu einem Abbau der obersten Schichten der Gebärmutterschleimhaut, dann wird diese wieder aufgebaut, was ca. 120 Tage dauert. Manche Autoren rechnen diese 120 Tage dem Metöstrus zu (Münnich 2000), andere sehen den Metöstrus nur als die Phase des erhöhten Progesteronspiegels. Entsprechend kommen sie auf die oben genannte viel längere Dauer des Anöstrus.

Die Kastration: Ovarektomie und Ovarhysterektomie

Wenn ich oben geschrieben habe, dass bei der Kastration die Eierstöcke der Hündin entfernt werden, so stimmt das nur zur Hälfte: In der Regel werden nicht nur die Eierstöcke, sondern auch die Gebärmutter entfernt.

Hier muss ich Sie mit zwei Fachausdrücken, konfrontieren, die Sie immer wieder hören werden: Es wird zum einen von der Ovarektomie gesprochen – dabei werden nur die beiden Eierstöcke entfernt. Bei der Ovarhysterektomie werden die Eierstöcke und die Gebärmutter entfernt.

Um die Hündin unfruchtbar zu machen, würde die Entfernung der Eierstöcke wie gesagt reichen. Das gleiche gilt, will man sich Unannehmlichkeiten während der Läufigkeit oder mögliche Wesensveränderungen der Hündin in der Läufigkeit ersparen, denn mit der Entfernung der Eierstöcke entfällt nicht nur die Freisetzung der Eizellen, sondern auch die Produktion der Geschlechtshormone.

Wenn die Gebärmutter nicht entfernt wird, bleibt ein theoretisches Risiko, dass diese erkranken kann. Als Hundehalter denkt man da vermutlich gleich an Gebärmutterkrebs, doch dieser ist beim Hund äußerst selten – wie übrigens auch Krebserkrankungen der Eierstöcke beim Hund selten sind (Berchtold 1997). Die zentrale Gebärmuttererkrankung beim Hund ist die Gebärmutterentzündung (Pyometra). Eine Hündin, der man die Eierstöcke entfernt, deren Gebärmuter aber drin bleibt, kann also theoretisch an dieser Entzündung erkranken. Wenn man aber weiß, dass in der Entstehung der Gebärmutterentzündung Hormone, die im Eierstock gebildet werden, eine wichtige Rolle spielen, so stellt man sich durchaus die Frage, wie hoch das Risiko tatsächlich einzuschätzen ist, dass eine

Hündin nach einer Ovarektomie nochmals aufgeschnitten werden muss, um eine erkrankte Gebärmutter zu entfernen. Studien zu Vor- und Nachteilen beider Operationstechniken sind kaum zu finden.

So schreibt Berthold, dass eine Entfernung der Eierstöcke vollständig ausreiche zum Zwecke der Unfruchtbarmachung: „Der Uterus kann ohne erhöhtes Risiko belassen werden." (1997, 633) Die Niederländer van Goethem u.a. haben 2006 einen Review vorgelegt, in dem sie Ergebnisse verschiedenster Studien zusammentragen, um die Frage zu entscheiden: Wenn Kastration, sollte dann eine Ovarhysterektomie vorgenommen werden oder nur eine Ovarektomie? Um diese Frage zu beantworten, klopfen sie die verfügbaren Studien aus einem langen Zeitraum (zwischen 1969 und 2004) unter zwei Gesichtspunkten ab: Erstens: Welche Operationsmethode ist schonender? Zweitens: Welche Operationsmethode bringt in einer langfristigen Perspektive bessere Ergebnisse?

Die Autoren fassen zusammen, dass die Ovarektomie bei einer ansonsten gesunden Hündin, die keine akuten Gebärmutterprobleme hat, vorzuziehen ist. Sei es, dass eine Kastration gewünscht wird, um ungewollten Nachwuchs zu vermeiden, sei es um zu verhindern, dass Erbkrankheiten weitergeben werden, sei es, dass es um die Therapie der (seltenen) Eierstockstumore geht, sei es, dass es um die Ausschaltung von Hormoneinflüssen auf andere Krankheiten wie z. B. im Fall der Diabetes geht, sei es, dass die Prophylaxe von Mammatumoren im Vordergrund steht: In keinem dieser Fälle bedarf es einer Ovarhysterektomie.

Beim Vergleich der unmittelbaren Operationsfolgen schließt in dieser Studie die Ovarhysterektomie schlechter ab, weil bei so operierten Hündinnen öfter innere Blutungen und Vaginalblutungen aufgetreten sind. Hierzu könnte man jedoch anmerken, dass innere Blutungen als Operationsfolge in der Regel eher auf mangelnde fachliche Fähigkeiten des Operateurs hinweisen.

Die Ovarektomie dauert kürzer, von daher werden weniger Narkosemittel benötigt und sie ist weniger invasiv als die Ovarhysterektomie. Da die Ovarektomie mit weniger Schnitten einhergeht, sind bei ihr

Komplikationen wie das Anschwellen oder Aufklaffen von Nähten, Infektionen, die Bildung von Seromen (Flüssigkeitsansammlungen) in geringerem Ausmaß anzutreffen. Die Autoren sehen bei der Ovarhysterektomie im Vergleich zur Ovarektomie einen verzögerten Heilungsprozess und insgesamt eine größere Schmerzgefahr für die Hündin.

Ich denke, da in der gesamten Diskussion um die Kastration der Hündin der Präventionsgedanke eine große Rolle spielt – siehe Seite 46 – verfahren die meisten Tierärzte nach dem Grundgedanken: Wenn schon der Bauch aufgeschnitten ist, um die Eierstöcke zu entfernen, kann die Gebärmutter gleich mit entfernt werden. So kann sie weder jetzt noch in späteren Jahren Ärger machen.

Zusammenfassung

Sowohl bei der Kastration als auch bei der Sterilisation wird die Hündin unfruchtbar gemacht. Bei der Sterilisation jedoch erfolgt kein Eingriff ins hormonelle Geschehen. Bei der Kastration werden entweder nur die Eierstöcke (Ovarektomie) oder zusätzlich auch die Gebärmuter entfernt (Ovarhysterektomie). Durch die Entfernung der Eierstöcke erfolgt ein entscheidender Eingriff in das hormonelle Geschehen der Hündin.

Die Operation

Eine Kastration bedeutet die Notwendigkeit einer Vollnarkose.
Zur Zeit ist die gängige Form der Kastration jene, dass ein offener Bauchhöhleneingriff vorgenommen wird. Der Tierarzt macht einen Bauchschnitt und holt die beiden Eierstöcke sowie im Fall der Ovarhysterektomie die Gebärmuter heraus.
Die Operationsdauer wird mit Zeitangaben von 20 Minuten bis zu anderthalb Stunden angesetzt. Rassespezifische Unterschiede in der Anatomie spielen eine Rolle – aber z. B. auch die Fettleibigkeit einer Hündin.

Aufgrund des Narkoserisikos muss der Allgemeinzustand der Hündin stabil sein. Hier ergeben sich häufig Probleme, wenn eine Hündin wegen einer akuten, spät erkannten Gebärmutterentzündung notfallmäßig kastriert werden muss.

Es kann passieren, dass trotz der Entfernung der Eierstöcke Ovargewebe im Bauchraum der Hündin verbleibt – meist unterhalb der Eierstocktaschen am Aufhängeband zur Niere (Münnich 2000). Das heißt, im Körper Ihrer Hündin verbleiben winzig kleine Gewebepartikel, die hormonaktiv sind. Dies erklärt die Beobachtung von so manchem Besitzer kastrierter Hündinnen, die nach der Kastration zu ihren ehemals üblichen Zeiten Anzeichen einer Läufigkeit zeigen, obwohl das ja gar nicht mehr möglich sein dürfte, da die Eierstöcke entfernt sind. Doch winzige Mengen von verbliebenen Eierstocksgewebe können Läufigkeitssymptome in mehr oder minder starkem Ausmaß hervor rufen. In einer von Van Goethem u.a. (2006) zitierten Studie von Pearson (1973) waren 43 % der kastrierten Hündinnen betroffen. Seit einiger Zeit werden Möglichkeiten der laparoskopischen Kastration der Hündin diskutiert und ausgeführt. Statt einer Öffnung der Bauchdecke wird also das „Schlüssellochverfahren" angewendet. Der Operateur arbeitet sich durch drei Löcher mit endoskopischen Instrumenten hin zu den Organen, die er entfernen will. Wenkel u.a. (2005) stellen diesen Zugang vor und sehen in dieser Form der Kastration gleich mehrere Vorteile: Erstens sei die Rekonvaleszenzzeit deutlich verkürzt, die Hündinnen erholen sich schneller. In ihrer Studie an 28 laparoskopisch kastrierten Hündinnen waren alle Hündinnen drei Tage nach dem Eingriff wieder ganz die alten, was ihre allgemeine Aktivität, ihr Fress- und Trinkverhalten betraf.

Eine so durchgeführte Kastration führe zu einem geringeren Operationstrauma, zu einem exakteren Operieren, weil man sich die Vergrößerungstechnik zu nutze machen könne, und zu geringerem Blutverlust. Dieser Vorteil ist aber selbstverständlich nur dann gegeben, wenn der Operateur mit dieser Technik sehr vertraut ist, ansonsten kann sich gerade ein erhöhtes Verletzungsrisiko ergeben, beispielsweise in Form von Darmperforationen.

Die Autoren sehen die laparoskopische Kastration insbesondere bei fettleibigen Hündinnen und/oder bei Hündinnen mit verstärkter Blutungsneigung als das Mittel der Wahl an. Ferner verweisen sie darauf, dass keine der von ihnen operierten Hündinnen bis zu einem dokumentierten Nachverlauf von zweieinhalb Jahren Läufigkeitssymptome zeigt. Wie oben schon beschrieben, kommt es nach „normalen" Kastrationen nicht selten vor, dass die Hündinnen zu ihren „früher üblichen" Zeiten wieder Läufigkeitssymptome zeigten. Die Autoren vermuten, dass bei einer Laparoskopie aufgrund der besseren Sichtverhältnisse das Eierstockgewebe exakter entfernt werden kann und somit das Risiko verbleibenden Gewebes geringer ist. Schließlich führen sie als einen weiteren Vorteil an, dass bei der laparoskopischen Kastration Eierstöcke und Gebärmutter gleichermaßen gut entfernt werden können, ohne dass das einen Einfluss auf die Schnittgröße habe, während bei der konventionellen Bauchoperation der Bauchschnitt größer ausfallen muss, wenn nicht nur die Eierstöcke, sondern auch die Gebärmutter mit herausgenommen werden soll.

Die Autoren stellen jedoch auch klar, dass diese Methode zur Zeit noch wesentlich teurer ist als die konventionelle Operation, weil Kleintierpraxen erst in entsprechende technische Ausstattungen investieren müssen. Und sie verweisen darauf, dass der Operateur Erfahrung im praktischen Umgang mit dieser Schlüsselloch-Chirurgie sammeln muss. So konnten die an der Studie beteiligten Operateure die Eingriffsdauer immer weiter verkürzen – mussten die ersten Hündinnen noch im Schnitt 90 Minuten operiert werden, klappte es schließlich in nur 35 Minuten.

Wenn Sie sich also für eine Kastration Ihrer Hündin entschließen, sollten sie zumindest mit Ihrem Tierarzt besprechen, ob eine laparoskopische Kastration infrage kommt – nicht nur, ob er die erforderlichen Apparaturen hat, sondern auch, wieviele Kastrationen er auf diese Weise schon durchgeführt hat. Sie müssen ja nicht unbedingt Ihre eigene Hündin als Übungsobjekt zur Verfügung stellen.

Unmittelbare Risiken

Das Narkoserisiko wird im allgemeinen bei einer gesunden Hündin als eher gering eingeschätzt. Besondere Obacht ist jedoch bei Angehörigen jener Rassen gegeben, bei denen ein sogenannter „MDR1 Defekt" vorliegt – ein Gendefekt, der Fehler in der Regulierung der Blut-Hirn-Schranke hervorruft. Bei gesunden Hunden sorgt das MDR1 Protein dafür, das ein aus dem Blut in die Zellen der Gehirnkapillare eingedrungener Fremdstoff (wie ein Arzneimittel) erkannt und ins Blut zurücktransportiert wird. Dadurch wird verhindert, dass dieser Fremdstoff ins Nervengewebe übergeht. Besteht ein MDR1 Defekt, so können Arzneistoffe die Blut-Hirn-Schranke überwinden und so unmittelbar das zentrale Nervensystem angreifen. Das MDR1 Protein arbeitet nicht nur im Gehirn, sondern auch in Darm, Leber, Niere, Hoden und der Plazenta.

Bestimmte Arzneistoffe, die bei Vorliegen eines MDR1 Defekts zu einer Schädigung des Hundes führen, sind zweifelsfrei identifiziert – wie Ivermectin, Doramectin, Moxidectin und Loperamid. Todesfälle bei Collies sind bekannt. Bisher im genauen Zusammenhang ungeklärt ist, warum manche Tiere mit MDR1 Defekt *Narkosen* nicht überlebt haben. Die Universität Gießen erforscht dieses Problem. Auch wenn man bisher nicht weiß, welches Anästhetikum über den MDR1 Rezeptor geht, die Wirkweise also unklar ist, sollte man doch Vorsicht walten lassen.

Betroffene Rassen sind: Australian Shepherd, Bobtail, Border Collie, Collie, Shetland Sheepdog, Wäller. Sollten Sie einen Hund dieser Rassen besitzen, sollten Sie unbedingt einen einfach durchzuführenden Gentest machen lassen, um zu wissen, ob ihr Hund erbgesund oder einfacher/doppelter Defektgenträger ist. In letzterem Fall sollte jegliche Operation wegen der notwendigen Verabreichung von Narkosemitteln genau überlegt werden. Im Falle der Kastration ist zu hinterfragen, ob eine medizinische Notwendigkeit zur Kastration besteht, oder ob es nur um die Verhinderung von Trächtigkeit und unangenehmen Läufigkeitsbegleiterscheinungen geht – in letzteren Fällen sollte auf das Risiko der Operation verzichtet werden.

Was nun die Minimierung von Narkose-Risiken betrifft, so können Sie als Halter auch einiges dazu tun: Sie können erstens dafür sorgen, dass ihr Hund per vernünftiger Fütterung und ausreichender Bewegung in einem konditionell gutem Zustand ist. Sie können zweitens das Geld investieren und ein präoperatives Screening machen lassen, d. h. Organfunktionen überprüfen lassen, um zu sehen, ob der Hund z. B. normale Leber- oder Nierenwerte hat. Insbesondere bei älteren Hunden ist das zu empfehlen, denn: nicht Alter an sich ist ein Risikofaktor bei Narkosen, sondern die häufig mit den Alterungsprozessen einhergehenden Einschränkungen in den Organfunktionen – diese können aber auch junge Hunde betreffen! Ferner sollten Sie Ihren Tierarzt danach fragen, ob zum Standard seiner Operation eine Intubation (Beatmung) des Hundes, das Setzen eines Venenkatheters und eine analgetische Versorgung (Gabe von Schmerzmitteln) sowie eine lückenlose Überwachung des Patienten gehört.

Welche Komplikationen können auftreten?

Van Goethem u. a. (2006) verweisen auf eine Studie an 62 Hündinnen, bei denen eine Ovarhysterektomie vorgenommen worden ist und in der sich zeigte, dass knapp 18 % der Hündinnen nach der Operation unter Komplikationen zu leiden hatten. Die häufigste Komplikation sind innere Blutungen. Wenn Komplikationen auftreten, so betrafen diese nach einer Studie von Berzon (1979) zu 79 % innere Blutungen – bei Hündinnen unter 25 kg. Sie sind auch der Hauptgrund für das Versterben von Hündinnen nach einer Kastration (van Goethem u. a. 2006). Vaginalblutungen betrafen in der Studie von Pearson (1973) 15 % der 72 kastrierten Hündinnen. Mögliche Komplikationen sind ferner die Verletzung des Blasenschließmuskels, Komplikationen mit dem Gebärmutterstumpf bei Ovarhysterektomie und das Verbleiben hormonell aktiven Eierstocksgewebes.

Mertens/Unshelm (1997) sehen die Kastrationsrisiken wie folgt:
Es handele sich um eine Bauchoperation mit all ihren Risiken wie
„… Narkoserisiken, Abwehrrisiken im Bereich der Ligaturen (Unterbindung von Blut- und Lymphgefäßen), Fistelbildungen, Blutungen, Nahtdehiszenzen, Serombildungen (Ansammlung von Blutflüssigkeit oder Lymphe), postoperative Verwachsungen und Infektionen."

Geeigneter Zeitpunkt

Wenn Ihre Hündin nicht deswegen kastriert werden soll, weil eine akute Gefährdung vorliegt, z. B. in Form einer geschlossenen Pyometra, so sollten Sie den Kastrationszeitpunkt so legen, dass er in die Phase des späten Anöstrus fällt. Kastrieren Sie früher, fällt das in die Phase der erhöhten hormonellen Aktivitäten und der Ab- und Umbauvorgänge in der Gebärmutter. Unter Östrogeneinfluss ist die Blutungsneigung erhöht. Ferner wird immer wieder die Befürchtung geäußert, mit der Kastration die Hündin exakt auf dem hormonellen Level „einzufrieren" in dem sie sich hormonell gerade befindet. Da würde es wohl keinen Sinn machen, sie im Proöstrus, Östrus, oder Metöstrus kastrieren zu lassen. Erstaunlicherweise aber gibt es viele Tierärzte, die Hündinnen zu jeder Zeit ihres Zyklus kastrieren. In der Bielefelder Studie wurden immerhin fast die Hälfte (47 %) der kastrierten Hündinnen in einem Abstand von bis zu 9 Wochen nach der Läufigkeit kastriert – also in der extrem hormonaktiven Zyklusphase.

Als Faustregel sollte gelten: Warten Sie drei, vier Monate nach der Läufigkeit Ihrer Hündin ab (Kniese 2005) – das gilt natürlich nicht für Fälle, in denen eine akute Erkrankung eine Operation nötig macht.

Nachsorge

Lassen Sie sich für Ihre Hündin für einige Tage Schmerzmittel geben. Auch Hunde, die nicht offensichtlich jammern, haben

Schmerzen. Es spricht nichts gegen eine kurzfristige Schmerzmittelgabe. Im Gegenteil: Die Erfahrung von starken Schmerzen kann zu einem „Schmerzgedächtnis" führen. Sorgen Sie dafür, dass Ihre Hündin nicht an die Operationsnarbe herankommt. Das Tragen des bei Hunden so unbeliebten Halskragens ist in der Regel nicht nötig, Sie können Ihr ein T-Shirt anziehen. Selbstverständlich lassen Sie sie in den ersten Tagen nach der Operation nicht allein und verhindern wildes Toben zumindest so lange, bis die Fäden gezogen sind.

Warum werden Hündinnen kastriert?

Welche Gründe sprechen für eine Kastration der Hündin? Aus welchen Gründen überlegen sich Hündinnenbesitzer, ihre Hündin zu kastrieren? Immerhin ist eine Kastration eine größere Bauchoperation – dafür sollte es gute Gründe geben.
Im folgenden möchte ich Ihnen zunächst die Ergebnisse der Bielefelder Studie vorstellen: Welche Gründe wurden dort von den befragten Hündinnenbesitzern genannt? In einem zweiten Schritt möchte ich die Stichhaltigkeit der angegebenen Gründe überprüfen.

Wie wurden die Gründe erhoben?

Der erste große Fragenkomplex der Studie bezog sich auf die Gründe der Kastration. Warum werden Rüden und Hündinnen kastriert? Unterscheiden sich die Gründe je nach Geschlecht? Wer gibt den Anstoß zur Kastration, wer informiert über mögliche Folgen auf Gesundheit und Verhalten – positiver wie negativer Art? Spielen in unterschiedlichen Lebensaltern der Hunde unterschiedliche Gründe eine Rolle? Unterscheiden sich Rassehunde und Mischlinge bzw. Rassehundgruppen voneinander im Hinblick darauf, was den Ausschlag für eine Kastration gibt?
Den Befragten wurden 17 mögliche Gründe vorgegeben, von denen sie die für sie zutreffenden ankreuzen konnten. Ferner konnten sie in einer offenen Kategorie zusätzliche Gründe angeben. Es waren somit *Mehrfachnennungen* möglich.
In der Auswertung wurden die angegebenen Gründe in folgende Kategorien zusammengefasst:
Medizinische Gründe Hier wurde nochmals unterschieden zwischen *akuten* Erkrankungen wie z. B. einer Gebärmutterentzün-

dung und *Präventionsmaßnahmen* zwecks Vorbeugung möglicher Erkrankungen, wie z. B. von Mammatumoren.

Verhaltensgründe Diese Kategorie umfasst Verhaltensproblematiken, die zu ändern sich der Halter mittels einer Kastration erhofft.

Haltergründe Diese Kategorie umfasst solche Antworten, bei denen es um die Vereinfachung des Zusammenlebens mit einer Hündin geht, wie z. b. den Wegfall von Verunreinigungen des Teppichs durch Blutflecken in der Zeit ihrer Hitze.

Sonstige Gründe Hier wurden solche Gründe zusammengefasst, die man keiner der genannten Kategorien zuordnen konnte. Diese betrifft jedoch nur 4 % aller Antworten und wird daher im folgenden nicht weiter berücksichtigt.

Welche Gründe werden genannt?

Bei den Hündinnen stehen die *medizinischen Gründe* ganz weit vorne mit 81 %. Mit weitem Abstand dahinter folgen die Haltergründe, die aber mit 64 % immer noch einen hohen Wert verbuchen. Verhaltensgründe dagegen sind mit 14 % eher nebensächlich.

Kurz gesagt: Hündinnen werden vor allem aus medizinischen Gründen kastriert (Rüden dagegen vor allem, weil man sich eine positive Beeinflussung des Verhaltens mittels einer Kastration erhofft).

Allerdings variiert der Grund für die Kastration mit dem Lebensalter der Hündinnen: Bei den 33 Hündinnen, die zum Zeitpunkt der Kastration **unter 6 Monate** waren, stehen mit 82 % *medizinische* Gründe an erster Stelle. Dieses Ergebnis verwundert nicht, wenn man bedenkt, dass vielfach die Prävention von Mammatumoren den Ausschlag für eine Kastration gibt und dass in diesem Zusammenhang immer wieder darauf hingewiesen wird, dass die Reduktion dieses Risikos bei einer Kastration *vor* der ersten Läufigkeit am größten ist. Da man theoretisch ab dem 6. Lebensmonat mit der ersten Hitze rechnen muss, ist es nur folgerichtig, dass die Hunde in sehr jungem Alter kastriert werden, wenn man vor der ersten Läufigkeit kastrieren will. Gleichzeitig aber werden bei ebenfalls

82% dieser Hündinnen *Haltergründe* angeführt. Hündinnenhalter befürchten also im Vorfeld Unannehmlichkeiten rund um die Läufigkeit ihrer Hündin, obwohl sie diese zumindest mit dieser Hündin noch gar nicht erfahren haben können. Wie die Zahlen bei den älteren Hunden zeigen, entfallen diese Befürchtungen mit der Erfahrung immer mehr – ein Ergebnis, dass sich mit meiner Erfahrung mit Hündinnenhaltern deckt, die sehr häufig nach Überstehen der ersten Hitze sagen, sie hätten sich alles viel schlimmer und stressiger vorgestellt und nun angenehm überrascht sind, wie gut alles über die Bühne gegangen ist. Die Belästigung durch Rüden hat sich in Grenzen gehalten, die Hündin hat durchaus nicht die ganze Wohnung mit ihrer Blutung verunreinigt etc.

Das Bild in der Gruppe der 182 Hündinnen, die zum Zeitpunkt der Kastration **zwischen 6 und 12 Monate** alt waren, stellt sich ähnlich dar. Die Vorbeugung von Gesäugetumoren und die Befürchtungen hinsichtlich möglicher Unannehmlichkeiten während der Läufigkeit sind die ausschlaggebenden Gründe für die frühe Kastration.

Bei den 118 Hündinnen, die im Alter **zwischen 12 und 18 Monaten** kastriert worden sind, fällt auf, dass nun mit 19% *Verhaltensgründe* eine stärkere Rolle spielen, während die Haltergründe auf 73% abnehmen.

Erklärbar könnte dies mit der nun eintretenden Phase der Pubertät sein, in der die Hündin einen Persönlichkeitsschub macht und z. B. eher Aggressionsverhalten zeigen kann als in jüngeren Monaten. Bedenkt man, dass der Hauptgrund zur Verhaltensbeeinflussung mittels Kastration das Aggressionsverhalten der Hündin ist, ist nachvollziehbar, dass die Verhaltensgründe als Auslöser für die Kastration nun stärker ins Gewicht fallen.

Zwischen dieser Gruppe und den 67 Hündinnen, die im Alter **zwischen 18 und 24 Monaten** kastriert worden sind, gibt es wieder leichte Verschiebungen, die Verhaltensgründe nehmen etwas ab, die medizinischen Gründe wieder etwas zu.

Doch einen großen Unterschied sieht man in der Gruppe der 43 Hündinnen, die im Alter **zwischen 24 und 36 Monaten** kastriert worden sind: hier spielen Haltergründe mit 40% plötzlich nur noch eine halb so große Rolle. Diese Zahl sinkt bei jenen 112 Hündinnen, die im Erwachsenenalter zwischen 3 und 8 Jahren kastriert worden sind, weiter auf 31%.

Bei den 17 Seniorinnen, die bei der Kastration bereits **älter als 8 Jahre** gewesen sind, sinken die Haltungsgründe gar auf 18%. Hündinnenhalter haben ganz offensichtlich die Erfahrung gemacht, dass die Läufigkeit der Hündin nicht der unbewältigbare Stressfaktor ist und sehen daher die Verhinderung der Läufigkeit nicht mehr so als wesentlichen Grund für eine Kastration an.

Nachdem die medizinischen Gründe bis zu den 18 Monate alten Hündinnen leicht abnehmen, nehmen sie danach wieder leicht zu, bei den Senioren deutlich auf 94%, wobei hier die akuten Erkrankungen den wesentlichen Ausschlag geben. Interessant ist bei den Seniorinnen ferner, dass Verhaltensgründe mit 24% eine größere Rolle spielen als in allen Altersgruppen davor.

Festzuhalten bleibt jedoch als deutliche Tendenz: *Medizinische Gründe* ziehen sich durch alle Altergruppen hindurch bei Prozentwerten von um die 80.

Verhaltensgründe verzeichnen zwischen den 12 bis 36 Monate alten Hündinnen einen Anstieg; trotzdem muss für alle Altersgruppen gesagt werden, dass Verhaltensgründe im Vergleich zu den anderen Gründen eine nebensächliche Rolle spielen.

Interessant ist die kontinuierliche, starke Abnahme der *Haltergründe:* von 82% bei den Welpen und Junghunden über 31% bei den Erwachsenen hin zu 18% bei den Seniorinnen.

Im folgenden soll nun den einzelnen Gründen gezielter nachgegangen werden. Anfangen möchte ich mit den am häufigsten genannten Gründen – also den medizinischen.

Kastration aus medizinischen Gründen

Ich möchte im folgenden nicht nur der Frage nachgehen, welche medizinischen Gründe für eine Kastration von den Haltern angegeben werden, sondern ich möchte ferner die Stichhaltigkeit dieser

Gründe näher beleuchten – denn was auf den ersten Blick so eindeutig erscheinen mag, ist es auf den zweiten Blick nicht mehr unbedingt. Welche medizinischen Indikationen sprechen für eine Kastration? Bei welchen, z.T. häufig genannten Gründen ist eine genaue Abwägung zwischen dem erstrebten Vorteil und der Gefahr unerwünschter Nebenwirkungen zu treffen? Gibt es Alternativen? Ich hoffe, dass Sie nach der Lektüre dieses Abschnittes informierter in ein Gespräch mit Ihrem Tierarzt hineingehen können.

Kastration als Prophylaxe

Oben wurde gerade gesagt, dass im Vergleich zum Rüden Hündinnen vor allem aus medizinischen Gründen kastriert werden. Heißt das nun, dass Hündinnen eher im Bereich ihrer Geschlechtsorgane erkranken, was eine Kastration erforderlich macht, während der Geschlechtsapparat des Rüden weniger anfällig ist, somit Kastrationen weniger nötig sind?

Nein, das heißt es nicht, denn ein Blick auf die genauen medizinischen Gründe offenbart, dass bei Hündinnen der **Vorsorgeaspekt** die zentrale Rolle spielt:

▸ Vorbeugung von Gebärmutterentzündungen: 51 %
▸ Vorbeugung von Gesäugetumoren: 46 %
▸ Vorbeugung von Scheinschwangerschaften: 21 %

Exemplarisch für diese Motivation zur Kastration steht die Aussage der Besitzerin einer sechsjährigen französischen Bulldogge:

Da fast alle Hündinnen im Bekanntenkreis früher oder später durch gesundheitliche Probleme sowieso kastriert werden mussten, ist es besser, dies gleich zu tun, bevor der Hund krank wird und man dies bei gefährlichen, lebensbedrohlichen Krankheiten (Gesäugekrebs und Gebärmuttervereiterung) zu spät merkt.

Demgegenüber spielen *akute* Erkrankungen, die eine Kastration notwendig machen, mit 20 % eine untergeordnete Rolle (siehe unten). Hier kann eine etwas ältere deutsche Studie zum Vergleich herangezogen werden: 1997 haben Mertens/Unshelm in Tierarztpraxen und Kliniken eine Befragung u.a. zu den Gründen der Kastration durchgeführt. Ergebnis: 31% der Hündinnen wurden aus Gründen der gesundheitlichen Prophylaxe, 10% wegen akuter Erkrankung, 57% aus Gründen der Haltungserleichterung (inkl. Trächtigkeitsprophylaxe), 2% wegen Verhaltensproblemen kastriert. Die Tendenzen sind also in beiden Studien sehr ähnlich: bei Hündinnen steht die gesundheitliche Prophylaxe im Vordergrund. Doch der Prophylaxegedanke bei den Hündinnen spielt in der Bielefelder Studie eine noch viel stärkere Rolle. Auch die Kastration aufgrund von Verhaltensproblemen bei Hündinnen wird wesentlich häufiger als in der Münchener Studie genannt. Eventuell ist der in der Bielefelder Studie wesentlich stärker vorzufindende Präventionsgedanke auf die in den letzten Jahren vermehrt vorgebrachte Argumentation zurückzuführen, wonach die Kastration das Mammatumorenrisiko so sehr senkt – siehe dazu unten.

Wenn der medizinische Prophylaxegedanke so in den Vordergrund gestellt wird, so ist natürlich zu fragen, wie hoch überhaupt die Wahrscheinlichkeit einer Hündin ist, an den Krankheiten zu erkranken, die mittels Kastration verhindert werden sollen und als wie schwerwiegend die Erkrankungen einzuschätzen sind.

Scheinschwangerschaften

21% der Hündinnenhalter (egal ob Rasse- oder Mischlingshündinbesitzer) in der Bielefelder Studie gaben an, ihre Hündin kastriert zu haben, um einer Scheinschwangerschaft vorzubeugen. Was nun die Scheinschwangerschaften angeht, so muss hierzu gesagt werden, dass – hormonell gesehen – jede Hündin nach ihrer Läufigkeit scheinschwanger wird (siehe Seite 32). Scheinschwangerschaft ist also eine normal ablaufende Reaktion bei jeder nicht kastrierten Hündin und nicht per se pathologisch. Die Frage ist nur, welche Auswüchse diese annimmt. Bleibt es bei leichter Mattigkeit, vielleicht Übellaunigkeit oder Mimosenhaftigkeit, so bedeutet das in der Regel für die Hündin keinen großen Leidensdruck. Anders sieht es jedoch aus, wenn massive Stimmungsstörungen in Richtung regelrechter Depression oder absolut überzogenen Aggressionsverhaltens auftreten, wenn die Hündin nur noch mit dem Hin- und Hertragen von Kuscheltieren und Buddeln neuer Ersatzhöhlen etc. beschäftigt ist, nur noch in ihrer Scheinwelt lebt und/oder wenn es nicht nur zu leichter Zitzenrötung, sondern auch wiederholt zu starkem Milcheinschuss bis hin zur Gesäugeentzündung kommt – in all den Fällen ist abzuwägen, ob nicht die Kastration eine Maßnahme sein könnte, Leiden der Hündin zu vermeiden. Wobei auch hier eine kleine Einschränkung zu machen ist: Gerade auf dem Gebiet der Behandlung von Scheinschwangerschaften zeigen homöopathische Behandlungen sehr gute Ergebnisse. Und: vom Verlauf der ersten Läufigkeit sollte noch kein Schluss darauf gezogen werden, dass die Hündin stets wieder pathologisch scheinschwanger wird. Scheinschwangerschaften stellen auch – entgegen der oft geäußerten Meinung – keinen Risikofaktor für die Entstehung von Gesäugetumoren dar – siehe auch dazu unten, Seite 56 (Wehrend 2005).

Unsere Hunde stellen in der Gruppe der Säugetiere insofern eine Besonderheit dar, als der Körper der Hündin über einen langen Zeitraum Hormone produziert, die er auch produzieren würde, wenn sie trächtig wäre. Es ist also biologisch gesehen völlig normal, dass eine Hündin nach ihrer Läufigkeit scheinschwanger wird!

Leicht ausgeprägte Scheinschwangerschaften bedürfen keiner Medikamente. Das Beste, was hilft, ist Ablenkung der Hündin, sie zu fordern, eventuelle Kuscheltiere zu verbannen. Eine eventuelle Milchsekretion behandelt man keineswegs dadurch, dass man nun selber die Milch melkt – das regt nur die weitere Produktion an. Milchsekretion allein ist ferner nicht gleichbedeutend mit einer unbedingten Notwendigkeit einer Kastration. Kühlende Salbenverbände tun der Hündin gut. Statt Sexualhormone zu verabreichen, um den Milchfluss zu unterbinden, sollte man eher zu sogenannten Prolaktin-Inhibitoren greifen, die schnell anschlagen.

Gebärmuttererkrankungen

Wenn im Zuge der Entfernung der Eierstöcke auch noch die Gebärmutter mit herausgenommen wird, so hat das natürlich einen unbestreitbaren Vorteil für die Hündin: Wenn eine Gebärmutter nicht mehr vorhanden ist, kann sie weder entarten, noch kann sich die u.U. lebensbedrohliche Gebärmutterentzündung (Pyometra) bilden.

In bezug auf die Pyometra ist zu fragen, ob es nötig ist, neben den Eierstöcken auch noch die Gebärmutter mit zu entfernen. Da Gebärmutterentzündungen in der Regel nicht allein einer bakteriellen Infektion zuzuschreiben sind, sondern in Verbindung mit einem typischen hormonellen Geschehen stehen, stellt sich die Frage, ob die Gebärmutter von Hündinnen, die einer Ovarektomie unterzogen worden sind, zu Entzündungen neigen. Dies muss man wohl eher verneinen. So verweisen van Goethem u.a. (2006) auf zwei Studien, die beide klar belegen, dass die Hündinnen nach der Eierstocksentfernung keine Komplikationen der Gebärmutter entwickelt haben – und zwar in einem beobachteten Zeitraum von 8–11 bzw. 6–10 Jahren nach der Ovarektomie.

51% der Hündinnenbesitzer in der Bielefelder Studie gaben an, ihre Hündin kastriert zu haben, um das Risiko einer Gebärmutterentzündung auszuschalten, wobei tendenziell mehr Mischlingshündinnenbesitzer (54%) als Rassehündinnenbesitzer (49%) diesen Grund nannten.

Beim *Präventionsaspekt* steht dabei weniger der Gedanke an möglichen **Gebärmutterkrebs** im Vordergrund. Krebserkrankungen der Gebärmutter, aber auch des Gebärmutterhalses, der Eierstöcke und der Vagina werden beim Hund nicht häufig diagnostiziert und diese Tumoren haben offenbar keine ganz so hohe Neigung, zu streuen, also Metastasen zu bilden (Fogle 2002, Münnich 2000).

Im Unterschied zum Menschen spielt der Gebärmutterkrebs bei Hündinnen so gut wie gar keine Rolle – da sind sich alle Forscher einig. Unter den Krebserkrankungen des Hundes stellen die Gebärmuttertumoren 0,4%. Das Risiko für eine Hündin, an einem bösartigen Gebärmuttertumor zu erkranken, wird von van Goethem u.a. mit 0,003% beziffert. Die Autoren ziehen den Schluss: „(...) there is no benefit and thus no indication for removing the uterus during routine neutering in healthy bitches" (S. 141). (Es gibt keinen Nutzen und daher keine Indikation, bei der Kastration einer gesunden Hündin auch die Gebärmutter zu entfernen.) Im Zentrum der Diskussion steht vielmehr die Prävention der gefürchteten **Gebärmutterentzündung** (Pyometra), die als häufigste Erkrankung der Gebärmutter gilt.

Im Unterschied zu den Gesäugetumoren, auf die ich später zu sprechen komme, ist das Risiko für eine Hündin, an einer Pyometra zu erkranken, wesentlich höher – so das Erfahrungswissen der meisten Tierärzte. Leider ist es schwierig, Daten zur Verbreitung der Pyometra zu finden. Ich bin lediglich auf eine schwedische Untersuchung gestoßen, in der Daten einer Versicherung ausgewertet worden sind: Von 200 000 Hündinnen mussten 1996 1800 wegen Pyometra behandelt werden. Abgeleitet aus diesen Daten kann man das Risiko einer Hündin, bis zu ihrem 10 Lebensjahr an einer Pyometra zu erkranken, auf 23–24% beziffern (Fransson und Ragle 2003). In Deutschland hinterfragen Mertens/Unshelm (1997) die Schätzungen der Häufigkeit einer Pyometra beim Hund, da die nicht eben selten vorgenommene Praxis der Läufigkeitsunterdrückung erwiesenermaßen Gebärmuttererkrankungen Vorschub leistet, so dass nicht zu sagen ist, wie hoch das Risiko bei einer Hündin, die nicht künstlich hormonell beeinflusst wird, überhaupt ist. Da die Schwedische Studie diese Frage nicht berücksichtigt hat, muss man die Daten also etwas mit Vorsicht betrachten, trotzdem bleibt festzuhalten, dass eine Gebärmutterentzündung keine exotische Erkrankung ist, die kaum eine Hündin trifft.

In der Bielefelder Studie wurden die Hündinnen, die wegen einer akuten Erkrankung kastriert worden sind, zu 63% wegen einer Gebärmuttererkrankung kastriert, fast immer handelt es sich um eine Gebärmutterentzündung.

Was versteht man nun unter einer Pyometra? Bei der Pyometra kommt es zu einer bakteriellen Entzündung der Gebärmutter, wodurch sich in dieser Eiter ansammelt. Man unterscheidet eine so genannte „offene" von einer „geschlossenen" Pyometra. Bei letzterer ist der Muttermund geschlossen, so dass der Eiter nicht abfließen kann – was nicht nur die Situation in der Gebärmutter verschlimmert, sondern dazu führt, dass der Hundehalter oft zunächst nicht bemerkt, dass etwas mit seiner Hündin nicht stimmt, denn die Hündin hat keinen Ausfluss. Dies wiederum führt zu verspäteter Behandlung, die letztlich sogar im Tod der Hündin resultieren kann. Die Pyometra kann zwar theoretisch zu jedem Zykluszeitpunkt auftreten (Wehrendt u.a. 2003), typischerweise aber entwickelt sie sich nach der Läufigkeit – wobei diese überhaupt nicht auffällig gewesen sein muss (Münnich 2000). Ebenfalls typisch ist, dass hauptsächlich ältere Hündinnen ab dem 8. Lebensjahr an Pyometra erkranken. Je mehr Zyklen eine Hündin erlebt hat, desto länger stand die Gebärmutter unter Hormoneinfluss. Aber es gibt eine Ausnahme: junge Hündinnen, die zwecks Läufigkeitsunterdrückung oder Schwangerschaftsprävention/Abbruch nach einem unerwünschten Deckakt eine Hormonbehandlung unterzogen worden sind, entwickeln häufig eine Pyometra. Deswegen argumentieren z. B. Nelson und Feldmann (1986), man sollte auf die hormonelle Läufigkeitsunterdrückung gänzlich verzichten.

Warum nun spielen Hormone in der Entstehung einer Pyometra eine solche Rolle?

Wie ich Ihnen im Kapitel über den Zyklus der Hündin bereits erklärt habe, ist die hormonelle Situation der Hündin während und in den 9 Wochen nach der Läufigkeit eine andere als in der Ruhephase des Zyklus. Kennzeichnend ist der erhöhte Spiegel des Hormons Progesteron. Man nennt diese Phase den Metöstrus. Das Progesteron stimuliert die Ausbildung der Gebärmutterschleimhaut, die Sekretion der Drüsen und unterdrückt die Muskeltätigkeit der Gebärmutter – das alles wäre nötig, wenn die Hündin trächtig wäre. Das Progesteron sorgt sozusagen dafür, dass sich ein befruchtetes Ei gut einnisten kann und fest verankert ist. Bei nicht trächtigen Hündinnen läuft hormonell gesehen das gleiche in der Phase nach ihrem Eisprung ab. Tja, und da kann es nun passieren, dass die Gebärmutterschleimhaut übermäßig auf die Progesteronstimulation reagiert, es kommt zu vermehrter Drüsenbildung mit übermäßiger Sekretbildung, zu Zysten. Die Sekrete bieten Bakterien ein schönes

Lebensumfeld. Wenn also in dieser hormonellen Situation Bakterien in die Gebärmutter einwandern, kommt es zur Entstehung der Pyometra, zumal Progesteron auch den Muttermund verschließt, entstehender Eiter also nicht abfließen kann. Auch eine weitere Gebärmutterveränderung, die chronisch-eitrige Endometritis (Entzündung der Gebärmutterschleimhaut) kann im Endstadium zur Pyometra führen.

Die Gebärmuttervereiterung beginnt zwar zum Ende der Läufigkeit, aber sie äußerst sich nicht sofort – schon gar nicht bei der geschlossenen Form. In Abhängigkeit von der Bakterienart und davon, wieviel Eiter gebildet wird, sind die ersten Symptome häufig erst einige Wochen später erkennbar – laut Münnich (2000) 3–7 Wochen nach dem Läufigkeitsende, Nelson und Feldmann (1986) sprechen von der Periode direkt nach der Standhitze bis zu 12–14 Wochen danach. Typische mögliche Anzeichen sind: Mattigkeit, vermehrtes Trinken, häufiges Urinieren, Erbrechen, Durchfall, Appetitlosigkeit, Abmagerung bei gleichzeitiger Umfangsvermehrung des Bauches. Während Münnich auch eine grundsätzliche Erhöhung der Körpertemperatur sieht, fanden Wehrend u.a. (2003) in ihrer Studie – an allerdings nur 9 Hündinnen – auch Hündinnen, deren Temperatur im Normalbereich lag. Auch Nelson und Feldmann (1986) und Fogle (2002) verweisen darauf, dass die Körpertemperatur oft im Normalbereich liegt. Das Ausbleiben von Fieber heißt also nicht notwendigerweise, dass es sich nicht um eine Gebärmutterentzündung handelt!

Das späte Auftreten von Symptomen, aber auch die mangelhafte Sensibilität für die Veränderung ihrer Hündin, die Hundebesitzer an den Tag legen, führt nun dazu, dass die Pyometra lebensbedrohlich werden kann. Am gefürchtetsten ist die Vergiftung der Hündin, wenn nämlich andere lebenswichtige Organe von den Giftstoffen, die die Bakterien produzieren, angegriffen werden. Ohne Gebärmutter kann eine Hündin leben, ohne Leber, Niere, Herz aber nicht. Es kann aber auch sein, dass die Gebärmutter platzt. Man hat – in Abhängigkeit von der Größe der Hündin – bis zu mehrere Kilogramm Eiter in der Gebärmutter vorgefunden – da wun-

dert es nicht, dass der Druck so groß werden kann, dass die Gebär-
mutterwand den nicht mehr aushält und platzt. In dem Fall kann
eine Hündin ganz schnell an einer Blutvergiftung sterben.
Mit den Gefahren einer Gebärmutterentzündung ist also nicht zu
spaßen. Sie kann mit nur leichtem Ausfluss ohne größere Begleit-
erscheinungen ablaufen, der Hündin geht es ansonsten gut. Sie
kann aber auch zu schwersten Vergiftungen des ganzen Körpers
und damit zum Tod der Hündin führen.

Um eine Pyometra zu diagnostizieren, sind mehrere Schritte nötig:
Erstens muss der Halter Veränderungen wie die oben genannten an
seiner Hündin erkennen und schnell den Tierarzt aufsuchen. Dort
sind parallele Schritte nötig. Eine Tastuntersuchung des Bauches
kann ergeben, dass die beiden Gebärmutterhörner verdickt sind.
Ein positiver Befund unterstützt den Verdacht. Das Problem ist nur,
dass eine Gebärmutter auch entzündet sein kann, ohne bereits Ver-
dickungen zu zeigen (Nelson und Feldmann, 1986). Allein darauf
kann man sich also nicht verlassen. Einen Scheidenabstrich zu machen, um eine Infektion mit Bakterien nachzuweisen, halten Nelson und Feldmann für nicht sinnvoll, da sich auch bei gesunden
Hündinnen Bakterien finden lassen. Eine Röntgenuntersuchung
erbringt nur in speziellen Läufigkeitsstadien Erkenntnisse. Ultraschall ist dagegen aussagekräftiger, weil man erkennen kann, wie
groß die Gebärmutter ist, wie dick ihre Wand ist und wie ihre Fül-
lung beschaffen ist. Blut- und Urinuntersuchungen sollten ebenfalls durchgeführt werden.

Prinzipiell sollte man jede Hündin, die sich in der Nachläufigkeits-
phase – im sogenannten „Metöstrus" befindet und die eventuell
nur vermehrt trinkt und/oder sich auffallend häufig leckt – vor-
sichtshalber im Hinblick auf eine Pyometra checken lassen. Das gilt
natürlich erst recht, wenn die Hündin irgendwie krank erscheint.

Kommen wir nun zurück zur eigentlichen Frage: Sollte man eine
Hündin kastrieren lassen, weil man Gebärmuttererkrankungen,
insbesondere die Pyometra, damit verhindern kann?

Einerseits kann unter dem Licht der soeben gemachten Ausführungen eine Kastration der Hündin als Tierschutz bezeichnet wer-

den: ich bewahre meine Hündin vor einer schmerzhaften und u.U. tödlichen Erkrankung an einem Organ, dass sie doch sowieso nicht braucht (wenn sie keine Zuchthündin ist). Viele Tierärzte plädieren daher für eine möglichst frühzeitige Kastration. Vor dem Hintergrund der Tatsache, dass ein Tiermediziner in seiner Praxis erleben muss, wie ihm Hündinnen wegsterben, weil sie an einer zu spät erkannten Pyometra leiden, ist dieser Rat nachvollziehbar.

Ganzheitlich denkende Mediziner sehen die Lage anders, da in der ganzheitlichen Medizin kein Organ ein nutzloses Organ ist, dessen Entfernung schon keine Auswirkungen haben wird. Jeglicher Eingriff verändert das Gesamtgefüge. Natürlich ist es richtig, dass ein Organ, das nicht mehr vorhanden ist, auch keine Probleme mehr verursachen kann. Die Frage ist nur, wohin dieser Präventionsgedanke ausarten kann. In den USA – als Vorreiter der Kastrationsbefürworter – treibt die Krebsprophylaxe beim Menschen schon solche Blüten, dass sich Frauen, die als Brustkrebs-Risikopatienten gelten, prophylaktisch die Brüste amputieren lassen – da ist das Entsorgen von „nutzlosen" Eierstöcken und Gebärmuttern beim Hund doch eine Geringfügigkeit!? Ich frage mich jedoch, warum den Rüden nicht die gleiche Fürsorge zuteil wird. Sie können schließlich an Hodenkrebs erkranken – wären diese entfernt, stellte sich das Problem nicht. Warum wird hier mit zweierlei Maß gemessen?

Ein ganz anderer Aspekt sollte ebenfalls mitbedacht werden: Die Frage ist nämlich, ob das Tierschutzgesetz die Entfernung eines *gesunden* Organs unter Präventionsgesichtspunkten überhaupt erlaubt.

§ 6 des Tierschutzgesetzes verbietet das vollständige oder teilweise Amputieren von Körperteilen und/oder das vollständige oder teilweise Entnehmen oder Zerstören von Organen oder Geweben bei Wirbeltieren (Hackbarth/Lückert 2000). Die Kastration ist unter zwei Ausnahmefällen zulässig: Erstens der Verhinderung der unkontrollierten Fortpflanzung. Hier hatte der Gesetzgeber die Nutztierhaltung im Blick. Zweitens, um die Haltung eines Tieres zu ermöglichen. Die Entfernung einer gesunden Gebärmutter und gesunder Eierstöcke zwecks Prophylaxe von Entartungen, Entzündungen etc. jedoch fällt nicht darunter!

So schreibt Günz-Apel (1998), es sei „… zweifelhaft, ob es aus medizinischer Sicht gerechtfertigt ist, ein gesundes Organ, das zur physiologischen Ausreifung des Organismus essentiell ist, prophylaktisch zu entfernen." (S.96) Was die rechtliche Seite betrifft: „Der Gesetzgeber räumt demnach der präventiven Gonadektomie (Keimdrüsenentfernung) keine Berechtigung ein." (S. 95)

Günz-Apel resümiert: „Aus tierärztlicher Sicht und nach gesetzlicher Vorgabe muss die Unerlässlichkeit der präventiven Kastration im Einzelfall an einer außergewöhnlichen hohen Inzidenz der zu verhütenden Erkrankung in der Gesamtpopulation und einer besonders hohen familiären Disposition in bestimmten Linien für eine frühe Erkrankung gemessen werden." (S.97)

Ich denke, Sie als Hündinnenhalter sollten gegenüber dem Auftreten einer möglichen Gebärmutterentzündung sensibilisiert sein. Ihre Prävention kann statt in der Kastration der Hündin in anderen Schritten bestehen:

Erstens: Verzichten Sie auf eine hormonelle Läufigkeitsunterdrückung Ihrer Hündin – diese birgt ein großes Risiko (siehe Seite 78). Wenn Sie sich außerstande sehen, dafür Sorge zu tragen, dass Ihre Hündin nicht ungewollt gedeckt wird, entscheiden Sie sich lieber für eine Kastration.

Zweitens: Wenn Sie mit einer nicht kastrierten Hündin leben, sollten Sie gut auf diese aufpassen, wenn sie läufig ist, um nicht die Folgen eines ungewollten Deckaktes mit Hormongaben aus der Welt schaffen zu wollen.

Drittens: Sie sollten Ihre Hündin in den zwei Monaten nach ihrer Läufigkeit gut beobachten und auf folgende Symptome achten: Hat sie Ausfluss? Wie ist dieser beschaffen? Häufiges Lecken der Hündin kann ein Indiz sein. Viele Hündinnen halten sich so penibel mit Lecken sauber, dass Sie nie Ausflussspuren finden werden – in dem Fall sollte das häufige Lecken Warnsignal sein.

Trinkt sie vermehrt? Uriniert sie vermehrt? Kommt Sie Ihnen schlapp vor? Frisst sie nicht mehr so begeistert? Nimmt sie gar ab? Leidet sie unter Erbrechen, unter Durchfall? Hat sie eine erhöhte Körpertemperatur (über 39 Grad)? Haben Sie das Gefühl, dass ihr

Bauch irgendwie dicker ist? Ist Ihre Hündin dann eventuell auch schon etwas älter (über 8 Jahre)?

Suchen Sie dann so schnell wie möglich Ihren Tierarzt auf – und nicht erst, wenn alle Symptome zusammen vorliegen!

Gesäugetumoren

Besonders in jüngster Zeit werden Hündinnenbesitzer mit dem Verweis auf die Reduktion des Risikos von Gesäugetumoren (Mammatumoren) von einer – frühen – Kastration ihrer Hündin überzeugt. Denn: Wird eine Hündin vor der ersten Hitze kastriert, tendiert ihr Risiko, irgendwann an Mammatumoren zu erkranken, nahezu gegen Null.

Zudem liest oder hört man (unbestreitbare) Aussagen wie: Tumorerkrankungen gehören zu den häufigsten Todesarten des Hundes. Unter den Tumorerkrankungen rangieren bei der Hündin die Mammatumoren weit vorne (in einer Studie von Simon u.a. 1996 litten 41,6% von 907 an Krebs erkrankten Hündinnen an einem Mammatumor; Wehrend, Trasch und Bostedt (2003) kommen auf eine Rate der Mammatumoren an allen Krebserkrankungen von im Mittel 28% bei einer Streuung der Angaben zwischen den verschiedenen Studien zwischen 8,4% und 52%). Zubildungen am Gesäuge sind sehr häufig bösartig (ca. 50%, Ogilvie 1995). Von diesen bösartigen haben ca. 50% zum Zeitpunkt ihrer Entdeckung bereits gestreut (Ogilvie 1995). Die Überlebensrate nach Entfernung des Gesäugetumors ist nicht sehr hoch (75% überleben nicht länger als 2 Jahre, Ogilvie 1995). Da fragt man sich als Hündinnenbesitzer natürlich, ob man dem Rat nicht folgen sollte, die eigene Hündin vor der ersten Läufigkeit zu kastrieren.

In der Bielefelder Studie gaben entsprechend viele, nämlich 46% der Hündinnenbesitzer an, ihre Hündin kastriert zu haben, um Gesäugetumoren vorzugreifen, wobei sich zwischen Mischlings- und Rassehundbesitzern keine Unterschiede zeigten.

Dieser Präventionsgedanke wird mehr und mehr zu *dem* Argument pro (Früh)Kastration der Hündin schlechthin. Ich denke jedoch, man sollte diesem Argument etwas näher auf den Grund gehen, um zu entscheiden, ob die Prävention von Mammatumoren die Kastration einer jungen Hündin rechtfertigt.

Was ist ein Mammatumor?

Man kann eigentlich nicht von „dem" Gesäugetumor sprechen, es gibt vielmehr eine ganze Reihe (ca. 20 verschiedene) Formen von Tumoren des Gesäuges. Man unterscheidet drei Gruppen: die sogenannten benignen Neoplasien (Neoplasie bedeutet Zubildung) – das sind gutartige Tumoren. Ferner die sogenannten malignen Neoplasien – das sind die bösartigen Geschwülste. Und schließlich eine dritte Gruppe, die zwischen diesen beiden anzusiedeln ist – das sind Tumoren mit einer geringeren Bösartigkeit. Um einen Tumor zu klassifizieren, muss dieser histologisch, also im Hinblick auf seine Zellstruktur, untersucht werden.

Die Zahlen zum Verhältnis von bösartigen zu gutartigen Tumoren variieren, manche Autoren gehen von einem Verhältnis von 50 : 50 aus (Wehrendt 2005, Ogilvie 1995), andere Studien kommen zu einer stärkeren Verbreitung der gutartigen gegenüber den bösartigen Tumoren. So betrug der Anteil der Hündinnen, deren Tumor nach der operativen Entfernung als gutartig klassifiziert wurde, in der Studie von Morris u.a. (1998) 64 %, in jener von Simon u.a. (1996) gar 75,6 %. Das Problem ist nur: wenn eine histologische Untersuchung ergibt, dass der Tumor bösartig ist, dann ist er es auch. Wenn Sie aber ergibt, dass er nicht bösartig ist – dann kann er es trotzdem sein!

Bei einem Tumor handelt es sich um eine Zellentartung, die im Zuge der Teilung von Körperzellen zwecks Regeneration der Organe passiert. Bei diesen Zellteilungsprozessen kann es zu Übertragungsfehlern kommen, die dazu führen können, dass sich eine Zelle immer weiter teilt, die Fehlinformation an ihre Tochterzellen weitergibt. Das Kontrollsystem für die Zellteilung funktioniert nicht mehr. Körpereigene Abwehrzellen erkennen in vielen Fällen diese „Problemzellen" und schalten sie aus – erkennen sie sie jedoch nicht oder nicht früh genug, kommt es zur Ausbildung des Tumors. Wenn es dann den Zellen dieses Tumors gelingt, über die Lymphe oder den Blutstrom hin zu anderen Organen des Körpers zu wandern, siedeln sie sich dort ebenfalls an und befallen somit das nächste Organ.

Das genau ist das eigentliche Problem der Mammatumoren: Die Hündin stirbt meist nicht an ihrem Gesäugetumor, sondern daran, dass dessen Krebszellen metastasieren, sich im Körper ausbreiten, andere Organe befallen, bis diese nicht mehr arbeiten können. Bevorzugte Organe, die dann betroffen werden, sind die Lunge (über 50 %), die Leber (unter 20 %), Niere, Herz, Skelett (unter 15 %) vereinzelt Gehirn, Gebärmutter, Milz, Niere, Auge (Daten nach Wehrend 2005). Hündinnen werden jedoch auch euthanasiert wegen einer Ulceration (Geschwürbildung) des Tumors – die Halter können den Verwesungsgestank nicht mehr ertragen.

Zur Sterblichkeitsrate

Wer über Mammatumoren schreibt, der schreibt in der Regel auch über die derzeitig noch unbefriedigenden Behandlungsergebnisse. Ein Hündinnenbesitzer kann sich nicht mal erleichtert sicher fühlen, wenn nach der histologischen Untersuchung des entfernten Tumors die Diagnose „gutartig" kommt, denn auch Hündinnen mit gutartigen Tumoren können später bösartige entwickeln (Morris u.a. 1998). In der gleichen Studie sah die Sterblichkeitsrate wie folgt aus: 63 % der kastrierten und 57 % der unkastrierten Hündinnen mit malignem Mammatumor starben in den ersten zwei Jahren nach der Entfernung des Tumors. In der Studie von Simon u.a. (1996) starben 37 % der operierten Hunde binnen eines Jahres nach der Entfernung des Tumors.

Die Prognose hängt ab vom histologischen Typ des Tumors (bessere Prognosen bei höher differenziertem Zelltypus und hormonrezeptorpositiven), seiner Größe, davon, inwieweit er ins Nachbargewebe hinein gewuchert ist und ob die Lymphknoten beteiligt sind (Ogilvie 1995).

Die Behandlung von Mammatumoren

In der Regel werden die Tumoren entfernt, wobei unterschiedliche Vorgehensweisen gewählt werden. Man hat sich nicht auf ein Standardverfahren einigen können, weil bislang keine Daten darüber vorliegen, bei welchen Verfahren die Heilungschancen am größten sind (siehe auch Simon u.a. 1996). Entweder werden nur der Tumor selbst oder der Tumor plus befallene Drüsenkomplexe oder der Tumor und der benachbarte Komplex oder die komplette Gesäugeleiste – entweder einseitig oder beidseitig – entfernt (Wehrend 2005). In bestimmten Fällen werden Hündinnen nicht operiert – z. B. bei starken Entzündungen des Gesäuges.

Neben diesen operativen Maßnahmen werden auch chemotherapeutische Behandlungen versucht oder eine Stärkung des Immunsystems, homöopathische Ansätze. Bislang gebe es aber – so Wehrend (2005) – keine Studien, die einen relevanten Nutzen komplementärmedizinischer (ergänzender) Vorgehensweisen belegen. Bestrahlungen werden in der Regel nicht vorgenommen. Die Behandlung mit Antiöstrogenen, die beim Menschen erfolgreich eingesetzt wird, wird für den Hund wegen heftiger Nebenwirkungen bei mangelnder Auswirkung auf den Tumor selbst nicht empfohlen (Simon u.a. 2001).

Wehrend warnt vor verbreiteten Fehlern im Umgang mit Mammatumoren, die allesamt die Überlebenschancen der Hündin mindern:

- Nicht zu operieren, solange der Tumor noch klein ist.
- Alte Hündinnen wegen des Narkoserisikos nicht zu operieren.
- Nicht zu operieren, so lange nur ein Tumor vorliegt.

Da die Studien zeigen, dass die Metastasierung umso wahrscheinlicher wird, je länger der Tumor im Körper verbleibt und je mehr Tumoren es gibt, da gleichzeitig die Metastasierung letztlich zum Tod der Hündin führt, sollte es Strategie sein, identifizierte, auch kleinere Zubildungen sofort zu entfernen.

Ferner sollten gerade wegen des enormen Streuungsrisikos andere Organe, die häufig befallen werden, per Röntgen (Lunge) oder Ultraschall (Leber, Niere, Milz) überwacht werden, um eventuelle Sekundärtumoren zu finden.

Wehrend berichtet auch von prophylaktischen Untersuchungen

des Gesäuges per Ultraschall, um gutartige von bösartigen Tumoren zu unterscheiden, ferner von regelmäßigen Tastuntersuchungen. Ferner laufen Forschungen, um sogenannte Tumormarker im Blut zu finden, die auf das Vorhandensein eines Mammatumors hinweisen (Einspanier u.a. 2005).

Einflussfaktoren auf die Ausbildung von Mammatumoren

Genetische Disposition Es muss von einer genetischen Komponente ausgegangen werden. Man hat nachweisen können, dass an Gesäugetumoren erkrankte Hündinnen häufig Fehler in ihrer Erbinformation tragen, die dazu führen, dass das körperinterne Kontrollsystem der Zellteilung nicht funktioniert. Ferner fallen bestimmte Rassen durch eine Häufung auf. Immer wieder wird dabei der Boxer genannt, aber auch Schäferhunde, Pudel, Cocker Spaniel (Wehrend 2005). Einspanier u.a. (2005) nennen neben diesen Rassen auch noch den Dackel. Simon u.a. (1996) konnten allerdings in ihrer Untersuchung keine Rassen als besonders gefährdet ansehen.

Switzer und Nolte (2005) von der Tierärztlichen Hochschule Hannover fanden, dass Mischlinge in der untersuchten Population (alle Patienten, die in der Klinik in den Jahren zwischen 1994 und 2004 vorgestellt worden sind = 60 835 Hunde) bezüglich Gesäugetumoren leicht überrepräsentiert waren.

Alter Mammatumoren sind eher typisch für ältere Hündinnen nach dem 8. Lebensjahr (Simon u.a., 1996). Stolla (2001) spricht von einem Durchschnittsalter von 10–15 Jahren.

Ernährung und Fettleibigkeit Wehrend (2005) sowie Wehrend, Trasch und Bostedt (2003) weisen darauf hin, dass eine Reihe von Studien klar nachweisen konnten, dass zwei Faktoren eindeutige Risikofaktoren für die Ausbildung von Mammatumoren darstellen: eine fleischreiche Fütterung und eine Fettleibigkeit im ersten Lebensjahr. Und so wundern sich Wehrend u.a.: „Im Gegensatz zur präpubertären Kastration ist der Ansatz, über die Ernährung eine Prävention

zu betreiben weder in der veterinärmedizinischen noch in der von
Hundehaltern geführten Diskussion zu diesem Thema zu hören.
Dies erstaunt, da im Gegensatz zur Kastration keine unerwünschten Effekte wie Harninkontinenz und Unterentwicklung der sekundären Geschlechtsmerkmale zu erwarten sind." (2003, S. 6.)

Hormonelle Einflüsse Im Gesäuge der Hündin erfolgen zyklusab-
hängig Auf- und Abbauvorgänge – siehe Seite 28. Das besondere bei
unseren Hunden im Vergleich zu anderen Tierarten ist nun, dass
verschiedene Hormone über eine sehr lange Dauer auf das Gesäuge
einwirken – nicht nur, wenn eine Hündin trächtig ist. Geschlechtshormone gelten als wichtige Auslösefaktoren für Neoplasien des Gesäuges. Vielleicht erklärt diese Besonderheit die Tatsache, warum
Mammatumore beim Hund häufiger auftreten als beim Menschen.
Aber bestimmte, häufig geäußerte Meinungen zum Einfluss der
Hormone sind in wissenschaftlichen Studien widerlegt worden. So
resümiert Wehrend (2005):

Erstens: Eine oder auch mehrere Trächtigkeiten schützen nicht
vor der Entstehung von Mammatumoren. Der immer noch zu
hörende Rat: „Lass deine Hündin einmal Welpen bekommen,
das ist die beste Vorsorge gegen Krebs" ist also falsch.
Zweitens: Eine oder mehrere Trächtigkeiten fördern aber auch
nicht die Entstehung von Gesäugetumoren.
Drittens: Entgegen lange gehegter Vermutungen führen eine
oder mehrere Scheinschwangerschaften nicht zu einer Erhöhung des Risikos.
Viertens: Die Praxis der hormonellen Läufigkeitsunterdrückung per Gabe von Gestagenen fördert die Entwicklung von
Gesäugetumoren.
Ferner ist hinzuzufügen: Fünftens: Eine Kastration von Hündinnen, die an einem Mammatumor erkrankt sind, hat keinen
Einfluss auf die Entwicklung weiterer Tumoren oder auf die
Überlebensrate – egal, ob die Tumoren gutartig oder bösartig
waren (Morris u.a. 1998, Ogilvie, 1995).

Daher ist es z. B. umstritten, ob nicht kastrierte Hündinnen, die an Mammatumoren erkranken, zwecks Rezidivprophylaxe (Vorbeugung des Wiederkehrens) kastriert werden sollten (Schärer, 2002). Aber: eine Kastration vor der ersten Läufigkeit reduziert das Risiko immens – das Risiko solcher Hündinnen, in späteren Jahren an einem Mammatumor zu erkranken tendiert gegen Null.

Wenn man nach konkreten, empirisch erhobenen Zahlen forscht, so zitieren die verschiedensten Studien immer wieder eine Pionierstudie von Schneider u. a. aus dem Jahr 1969. Diese ergab: Im Vergleich zu unkastrierten Hündinnen beträgt das Mammatumorenrisikos bei vor der ersten Hitze kastrierten 0,5 %, bei Kastration nach der ersten Hitze 8 %, bei später kastrierten 25 %.

Dieses Phänomen lässt sich damit erklären, dass erst ein langes Zusammenspiel der Geschlechtshormone Tumore am Gesäuge entstehen lassen kann. Wird die Hündin kastriert, bevor dieses Zusammenspiel beginnen kann und/oder in einer Zeit, in der die Geschlechtshormone noch nicht so lange zum Tragen gekommen sind, hat das prophylaktische Aspekte. Spielen die Hormone im Körper aber schon lange ihr Spiel, kann eine Kastration ihre Wirkungen nicht mehr zunichte machen.

Der Schutzfaktor für frühkastrierte Hündinnen gilt aber nicht unbegrenzt, denn: in einer von Ogilvie (1995) zitierten Studie (Sonnenschein u. a., 1991) zeigte sich, dass die Risikominderung nur bei den Hündinnen auftrat, die im Alter zwischen 9 und 12 Monaten schlank waren, für die fettleibigen gab es keine nennenswerte Risikominimierung.

Wir sind also beim zentralen Argument pro Kastration angekommen – doch dazu ist zu sagen: Das generelle Risiko für eine Hündin, an einem Mammakarzinom zu erkranken, ist verhältnismäßig so gering, dass die Prävention von Gesäugekrebs nicht der alleinige Grund sein kann, eine Hündin vor Erreichen ihrer Geschlechtsreife zu kastrieren, denn: Obige Zahlen über die Risikominderung beziffern das relative Risiko – also das Risiko verglichen mit den unkastrierten Hündinnen.

Die tatsächliche Anzahl der Mammatumoren ist dagegen längst

nicht so häufig wie behauptet: Bei unkastrierten Hündinnen erkranken zwischen 1,98 und 2,8 (maximal 18,6) von 1000 Hündinnen, (je nach Alter und Rasse), das entspricht einem Prozentanteil
von 0,2 bis maximal 1,86 %. Diese Fälle umfassen sowohl die bösartigen als auch die gutartigen Entartungen. Frühkastrierte Hündinnen haben demgegenüber ein Risiko von 0,001–0,0093 %,
nach der ersten Läufigkeit kastrierte tragen ein Risiko von 0,016–
0,1488 %, nach der zweiten Läufigkeit kastrierte ein Risiko von
0,052–0,4836 %! – so Stollas Übersicht von 2001. Wehrend (2005)
verweist auf amerikanische Studien, die eine Anzahl von 1,9 Neu-
erkrankungen pro 1000 Hunde nachweist, sieht aber in eigenen
Auswertungen im deutschen Raum 35 Fälle pro 1000 Hündinnen.
Die geringeren Quoten in amerikanischen Studien könnten damit
zusammenhängen, dass dort im Zuge der Populationskontrolle
Hunde sehr häufig vor der ersten Läufigkeit kastriert werden
Angesichts des tatsächlichen Risikos dieser Erkrankung muss die
Frage erlaubt sein, ob der medizinische Prophylaxegedanke gerechtfertigt ist. Und diese Frage drängt sich umso mehr auf, wenn
man sich die Wahrscheinlichkeiten unerwünschter – auch gesund-
heitlicher – Folgen der Kastration anschaut (siehe Seite 102).
Und: Wer weiß z. B. schon, dass Mammatumoren auch bei kastrierten Hündinnen hormonunabhängig auftreten können und
dass diese Tumoren wesentlich häufiger maligne sind als hormon-
abhängige der nicht kastrierten Hündin?

Fazit

„Die frühzeitige Kastration stellt einen Schutzfaktor gegen die
Entwicklung von Mammatumoren dar. Da die Kastration jedoch unerwünschte Nebenwirkungen verursachen kann, darf
diese operative Maßnahme nicht isoliert als Tumorpräven-
tionsmaßnahme gesehen werden" (Wehrend 2005, S.3).
Wenn Sie ihre Hündin also vor einem Tod durch Gesäugekrebs schützen wollen, so sollte nicht die Kastration das Mittel der Wahl sein, sondern: Verzicht auf zu fleischhaltige Er-

nährung, schlank halten der Hündin insbesondere in ihrem ersten Lebensjahr, der Verzicht auf eine hormonelle Läufigkeitsunterdrückung, eine von Ihnen selbst vorgenommene wöchentliche Tastuntersuchung des Gesäuges und als tierärztliche Maßnahme: ab dem 6. Lebensjahr einmal jährliche Kontrolluntersuchung, ab dem 8. Lebensjahr halbjährliche Kontrolluntersuchung." (Wehrend, 2005) Wenn Sie einen Knoten tasten – und sei der noch so klein: hin zum Tierarzt!

Kastration bei akuten Erkrankungen

20% der Hündinnen in der Bielefelder Studie sind wegen einer Akuterkrankung kastriert worden. Diese Zahl deckt sich fast mit einer Studie an 1.712 Hündinnen, an denen eine Ovarhysterektomie vorgenommen wurde und die von van Goethem u.a. (2006) zitiert wird: von diesen Hündinnen wurden nur 18% wegen einer akuten Erkrankung der Gebärmutter oder anderen Erkrankungen der Geschlechtsorgane kastriert, die restlichen 82% allein deswegen, weil man die Hündinnen unfruchtbar machen wollte.

In der Bielefelder Studie fällt ein relevanter Unterschied zwischen Mischlingen und Rassehunden auf: Bei nur 13% der Mischlingshündinnen gegenüber 24% der Rassehündinnen wird eine Akuterkrankung als Grund genannt.

Wenn eine Hündin wegen einer akuten Erkrankung kastriert wird, so geschah dies in der Bielefelder Studie in 63% der Fälle wegen einer Gebärmuttererkrankung, fast immer handelt es sich dabei um eine Gebärmutterentzündung. Akute Gesäugeerkrankungen sind bei nur 11 Hündinnen der Anlass zur Kastration gewesen (was 2% aller Hündinnen in der Studie entspricht). Zu 24% werden sonstige Erkrankungen als Akutgründe genannt, wobei es sich da um ein weites Feld mit jeweils nur wenigen Nennungen handelt wie: z.B. Immunschwäche, Hüftgelenksdysplasie, Ellbogendysplasie, Epilepsie, Diabetes. Warum Skeletterkrankungen wie die Hüftgelenks- oder die Ellbogendysplasie als Anlass für eine Kastration der Hündin genannt worden sind, kann ich Ihnen leider nicht erklären.

Gebärmutterentzündung

Lange Zeit war die Diagnose Pyometra gleichbedeutend mit der Entfernung der Gebärmutter, wobei die Eierstöcke in der Regel gleich mitentfernt werden (siehe oben).

Heute muss nicht mehr jede Hündin, die unter einer Pyometra leidet, pauschal sofort kastriert werden, sondern es wird nach alternativen Behandlungsformen gesucht. Dies liegt zum Teil daran, dass manche erkrankte Hündinnen sich in einem solch schlechten Allgemeinzustand befinden, dass sie eine Operation nicht überleben würden. Oder es handelt sich um Zuchthündinnen, die noch weitere Welpen bekommen sollen, was nach Entfernung der Gebärmutter natürlich nicht mehr möglich wäre. Oder man sucht einfach nach die Hündin weniger belastenden Alternativen, als es eine Operation immer darstellt.

Ist das Allgemeinbefinden der Hündin massiv gestört, aber noch nicht so stark, dass eine Operation ein unkalkulierbares Risiko wäre, entscheidet man sich in der Regel für eine Kastration.

So plädiert Münnich (2000) für den Regelfall der Kastration, sie sieht eine medikamentöse Therapie nur bei jungen Hündinnen ohne gestörtes Allgemeinbefinden in Betracht kommen. Sie sieht bei dieser Behandlung eine hohe Rückfallquote, also die Gefahr, dass nach der nächsten Läufigkeit das Problem wieder auftreten wird. Auch verweist sie auf die Nebenwirkungen der medikamentösen Therapie: Erbrechen, Durchfall, Speicheln.

Franson und Ragle (2003) nennen die Ovariohysterektomie, also die Entfernung von Gebärmutter und Eierstöcken, als das Mittel der Wahl in den meisten Fällen, sofern genügend Sorgfalt darauf verwendet wird, ernstlich erkrankte Hündinnen vor der Operation kreislaufmäßig ausreichend zu stabilisieren und eine gute antibiotische Abdeckung auch nach der Operation gewährleistet wird. Sie benennen die Sterblichkeitsrate nach der Operation mit ca 5%.

Medikamentöse Alternativen

Es gibt drei Möglichkeiten einer medikamentösen Therapie: 1. Prostaglandine, 2. Prostaglandine in Kombination mit Caberlogin und 3. Antigestagene.

So verweisen Franson und Ragle (2003) auf die Möglichkeit einer medikamentösen Behandlung, sofern die Hündin nicht schwer krank ist und der Muttermund offen ist. Sie propagieren das Medikament PGF2alpha. Die Wirkung von Prostaglandinen besteht darin, zu Gebärmutterkontraktionen und zu einer Öffnung des Muttermundes zu führen, so dass der in der Gebärmutter befindliche Eiter nach draußen abgeleitet werden kann. Mögliche Nebenwirkungen sind: Angst, Hyperventilieren, Schweißausbrüche, Erbrechen, Herzrhythmusstörungen, Fieber. Diese Therapie geht daher meist nur stationär, ist verbunden mit heftigen Bauchschmerzen. Die Autoren verweisen auf ein häufiges Wiederauftreten des Problems nach der nächsten Läufigkeit.

Nelson und Feldmann (1986) dagegen sehen ermutigende Ergebnisse mit dem Einsatz von Prostaglandinen. Sie verweisen aber darauf, dass diese Therapie nicht bei Hündinnen angewendet werden sollte, die schon älter als 8 Jahre sind und nicht bei Hündinnen, die einerseits schwere Krankheitsanzeichen zeigen, deren sonstiger Zustand aber kein erhöhtes Narkoserisiko vermuten lässt. Da die Wirkung der Prostaglandine erst ca. 48 Stunden nach Verabreichung eintreten, kann dies schon zu spät sein – da ist eine Operation allemal die bessere Wahl. Auch warnen sie vor dem Einsatz der Prostaglandine bei Hündinnen mit geschlossenem Muttermund.

In der von ihnen untersuchten Patientenpopulation von 45 Hündinnen mit einer offenen Pyometra wurden 93 % mittels Prostaglandintherapie und begleitender antibiotischer Behandlung komplett geheilt, bei den 12 Hündinnen mit geschlossener Pyometra waren es nur 42 %. 6 Hündinnen mussten doch noch kastriert werden, weil die Gabe keine Resultate erzielte und/oder weil die Nebenwirkungen des Prostaglandins zu stark waren. Ob die nächste Läufigkeit im regulären Rhythmus, früher oder später eintritt, kann nicht vorhergesagt werden, da es bei den untersuchten Hündinnen diesbezüglich große Unterschiede gab. Die Autoren plädieren aber dafür, die behandelte Hündin gleich im nächsten Zyklus decken zu lassen – sofern der Erhalt ihrer Fortpflanzungsfähigkeit bei der Entscheidung gegen eine Kastration die zentrale Rolle gespielt hat. Ihre Argumente dafür: Das Abwarten eines Zyklus bringt keine Vorteile, schwangere Hündinnen sind weniger infektionsgefährdet und ein normaler Zyklus sollte als Chance ergriffen werden.

Wehrend u. a. (2003) wählen einen anderen medikamentösen Weg. Wegen der Nebenwirkungen der Prostaglandine und der ungenügenden Wirkung bei Hündinnen mit einer geschlossenen Pyometra sehen sie die Behandlung mit Prostaglandinen als weniger anzuraten an und plädieren eher für den Einsatz von Antigestagenen. Der Wirkstoff Aglepristone (in Deutschland als die Abtreibungspille RU 46534 bekannt) ist seit einiger Zeit in der Tiermedizin zugelassen. Parallel zur Behandlung mit diesen Antigestagenen werden die Hündinnen mit einem Breitbandantibiotikum behandelt. Antigestagen meint, dass der Wirkstoff die Wirkung des Hormons Progesteron ausschaltet. Wie oben beschrieben, ist das Progesteron als die Wurzel des Übels (neben den Bakterien) zu sehen, weil Progesteron die Ruhigstellung der Gebärmutter und die Verschließung des Muttermundes bewirkt. Während Prostaglandine also lediglich die Entleerung der Gebärmutter durch die Forcierung von Muskelkontraktionen provozieren, setzen Antigestagene eher da an, die hormonelle Ursache des Problems zu beseitigen. Wehrend macht aber auch klar, dass die Antigestagentherapie natürlich nur dann Sinn macht, wenn der Progesteronspiegel erhöht ist – was über eine Blutuntersuchung leicht zu bestimmen ist. Ebenfalls sollte diese Therapie nicht angewandt werden, wenn bei einer Hündin eine Niereninsuffizienz vorliegt. Die Autoren fassen zusammen, dass diese medikamentöse Therapie auch bei Hündinnen mit geschlossener Pyometra angewendet werden kann.

Dieses Antigestagen führte in ihrer Studie an 9 Hündinnen innerhalb von 24–48 Stunden bei 8 der Hündinnen zur Einleitung des Eiterabflusses, bei allen Hündinnen war am 7. Behandlungstag kein Eiter mehr in der Gebärmutter, auch nach drei Wochen ging es den Hündinnen gut, und es gab keine Hinweise auf eine Neuerkrankung.

Wehrend u.a. sehen einen entscheidenden Vorteil gegenüber der Behandlung mit Prostaglandinen: Diese verursachen ja wie beschrieben ein aktives Zusammenziehen des Gebärmuttermuskels – egal, ob der Muttermund sich mittlerweile geöffnet hat oder nicht. Antigestagene jedoch verursachen nur Spontankontraktionen der Gebärmutter.

Es gibt also durchaus auch Erfolge bei medikamentösen Therapien. Die Frage ist jedoch, wieweit diese in der tierärztlichen Praxis bekannt sind. Eine 2003 in Norwegen durchgeführte Studie, in der Tierärzte aus Kleintierpraxen nach ihrer Behandlung der Pyometra befragt wurden (Rootwelt-Andersen/Farstad 2006) zeigt, dass 98 % der Befragten im Falle der geschlossenen Pyometra und 80 % der Befragten im Falle der offenen Pyometra die Operation als Mittel der Wahl ansahen. 50 % versuchten es mit Prostaglandinen, nur 8 % mit den neueren Ansätzen (Caberlogin oder Aglepristone).

Zusammenfassung

Eine Gebärmutterentzündung ist die häufigste Akuterkrankung, wegen der eine Hündin kastriert wird. Es gibt aber Alternativen zur Kastration, sofern das Allgemeinbefinden der Hündin nicht bereits schwer gestört ist. Die Alternative besteht in der parallelen Verabreichung von Antibiotika und von Medikamenten, die zur Entleerung der Gebärmutter führen. Antigestagenen scheint dabei gegenüber Prostaglandinen der Vorzug zu geben zu sein. Mit zum Teil heftigen, dafür aber nur sehr kurzfristigen Nebenwirkungen muss gerechnet werden.

Leider kann ich den Gedankengängen vieler Tiermediziner nicht folgen, die nach Alternativen zur Kastration vor allem im Hinblick auf die Erhaltung der Reproduktionsfähigkeit suchen. Wenn die Gesundheit Ihrer Hündin in Gefahr ist, sollten Wünsche wie „Sie sollte doch einen Wurf haben" oder „Das ist eine wertvolle Zuchthündin" völlig außen vor gelassen werden. Die Hündin trauert ihrer verlorenen Fortpflanzungsfähigkeit nicht nach, für sie ist es wichtig, dass sie schnell wieder gesund wird. Eine ganz andere Sache ist, ob ein erhöhtes Narkoserisiko bei einer Kastration für eine bestimmte Hündin besteht und man deswegen nach einer Alternative sucht. Oder ob man die potentiellen negativen Folgen einer Kastration für die Hündin im Blick hat und daher den Versuch starten will, ihr eine Kastration zu ersparen. Wenn Ihr Tierarzt die Diagnose Pyometra stellt und sofort von Kastration spricht, sollten Sie ihn zumindest fragen, warum er eine medikamentöse Behandlung nicht in Betracht ziehen will. Wenn ihr Tierarzt eine Operation für notwendig erachtet, sollten sie – Vertrauen in Ihren Arzt vorausgesetzt – seinem Rat folgen und nicht so lange mit anderen Möglichkeiten herumexperimentieren, bis es vielleicht zu spät ist.

Andere Gebärmuttererkrankungen

Wie in dem Kapitel zur Prävention von Gebärmuttererkrankungen schon erklärt worden ist, gibt es die sogenannte zystische Endometriumhyperplasie, d. h., die Gebärmutterschleimhaut ist stark verdickt, die Drüsentätigkeit ist abnormal hoch, dadurch wird viel Sekret produziert. Unter diesen Bedingungen kann sich langfristig eine Pyometra entwickeln, so dass Tierärzte häufig zur Kastration raten – weniger, weil diese Hyperplasie an sich behandlungsbedürftig ist, sondern aus dem Präventionsgedanken heraus.
Gebärmuttertumore wie auch Eierstockstumore sind selten (Berchtold 1997).
In der Bielefelder Studie litten nur 6 % aller Hündinnen, die wegen einer akuten Erkrankung kastriert wurden, an einer anderen Erkrankung als der Pyometra.

Ovarielle Imbalance Typ 1

Hierunter ist zu verstehen, dass die Hündin zu viel Östrogen produziert. In ihrem Blut findet sich ein absolut oder ein relativ erhöhter Östrogenspiegel. Die Ursache sind meist Zysten am Eierstock, die Östrogene produzieren, gelegentlich auch Tumoren. Die Folgen des Östrogenüberschusses sind Veränderungen der Haut und des Fells. Man entdeckt symmetrischen Haarausfall, meist in der Genitalregion oder der Perinealregion. Es kann aber auch Haarausfall an den Flanken, am Hals, am Brustkorb, an den Pfoten auftreten. Die Haare in diesen Regionen lassen sich ganz leicht herausziehen. Außerdem kann eine Seborrhoe auftreten: die Haut wirkt ölig und schuppig, und es kann zu starkem Juckreiz kommen Als zusätzliches Symptom tritt häufig eine Schwellung der Zitzen auf und die Vulva ist vergrößert. Die Hormonstörung kann auch zu einer Ohrenentzündung führen, in der Regel zu einer Entzündung des äußeren Gehörganges (Heider, 1990). Werden die Eierstöcke entfernt, entfällt damit die Östrogenproduktion im großen Ausmaß. In der Regel wird die Gebärmutter gleich mit entfernt, da sie häufig durch diese Störung im Hormonhaushalt auch erkrankt. Wichtig ist natürlich, dass andere Ursachen für die erkennbaren Haut- und Haarveränderungen ausgeschlossen worden sind, wie z. B. eine Schilddrüsenunterfunktion oder ein Cushing-Syndrom, die beide zu ähnlichen Symptomen führen.
Die Symptome sollten sich drei bis sechs Monate nach der Operation deutlich bessern.
Nicht alle Tierärzte kastrieren sofort bei Diagnose dieser Hormonstörung, manche warten ab, ob sich die Hormonlage nicht von selbst wieder einpendelt.

Vaginalhyperplasie

Hierbei schwillt das Scheidengewebe abnormal an. Es reagiert sozusagen zu heftig auf die Stimulation durch Östrogene in den Zyklusphasen Proöstrus und Östrus. Das Gewebe bildet sich in der Regel in der nächsten Zyklusphase, in der Gelbkörperhormone das Geschehen dominieren, von selbst wieder zurück, verursacht also keine Probleme mehr – aber in der nächsten Läufigkeit kann das ganze von vorn losgehen, so dass Tierärzte häufig raten, die Hündin nach dieser Läufigkeit zu kastrieren, damit es bei der nächsten Läufigkeit nicht wieder passiert.

Vaginalprolaps

Bei diesem Scheidenvorfall drückt sich Vaginalgewebe nach außen, meist während der Läufigkeit, er kann auch im Zusammenhang mit der Geburt auftreten oder seltener bei Scheinschwangerschaft. Der Prolaps tritt viel seltener als die Vaginalhyperplasie auf, hat aber letztlich die gleiche Ursache in der übersteigerten Reaktion des Gewebes in der Scheide auf die normale Östrogenstimulation. Für eine betroffene Hündin ist die Blutungsbereitschaft erhöht (Heider 1990).

Wenn der Östrogeneinfluss schwindet, kann sich die Schleimhaut spontan zurückbilden und der Vorfall von ganz allein verschwinden. Der Tierarzt reinigt die Schleimhaut und behandelt sie prophylaktisch gegen Entzündungen. Es kann jedoch eine Operation notwendig werden.

Weder die Vaginalhyperplasie noch der Vaginalprolaps müssen notwendigerweise operativ behandelt werden, aber bei beiden wird eine nachfolgende Kastration zwecks Verhinderung eines Rückfalls angeraten (beim Prolaps beträgt die Rezidivquote zwischen 66 % und 100 % beim nächsten Zyklus).

Diabetes mellitus

Wenig bekannt ist, dass Diabetes mellitus eine Indikation für eine Kastration ist, die u. U. der Hündin sogar eine weitere Insulintherapie ersparen kann. Diabetes bedeutet einen Insulinmangel, wodurch der Glukosestoffwechsel gestört wird. In vielen Fällen ist die Kastration Voraussetzung dafür, dass eine Hündin überhaupt erfolgreich medikamentös behandelt werden kann. Wer an eine Zuckerkrankheit denkt, denkt vermutlich nicht sofort an Geschlechtshormone. Und doch haben sie einen Einfluss: Östrogene und Progesteron können die Insulinwirkung im Gewebe behindern und haben so einen Einfluss auf die Regulierung des Glukosespiegels im Blut. Gestagene können – ähnlich wie Cortisol – Diabetes auslösen. Gestagene können die Bildung des Wachstumshormons STH steigern. Dieses wiederum ist ein Insulinantagonist, also ein Stoff, der die gegensätzliche Wirkung von Insulin hat und zu Insulinresistenz führt (Heider 1990, Rand u.a. 2004).

Die Wirkzusammenhänge sind klar, eine an Diabetes erkrankte Hündin sollte kastriert werden.

Kastration aus Haltungsgründen

Wie sieht es nun mit der zweiten genannten Kategorie, den „Haltergründen" aus? Wie viele Hündinnenhalter lassen ihre Hündin (auch) kastrieren, weil sie sich davon Vereinfachungen in der Haltung versprechen? Und welche Vereinfachungen erhofft man sich konkret?

In der Bielefelder Studie nehmen bei den Hündinnen mit 63% die Haltergründe einen wesentlichen Stellenwert an. Schaut man sich diese Gründe näher an, so wird auch gleich deutlich, warum: Unter diesen Haltergründen steht mit 75% ganz klar die *Vermeidung einer ungewollten Trächtigkeit* an erster Stelle. Ingesamt 48% der Hündinnenbesitzer haben ihre Hündin kastrieren lassen, weil sie eine ungewollte Trächtigkeit verhindern wollten. Dieser Grund wird von Mischlingshündinnenbesitzern mit 56% wesentlich häufiger genannt als von den Rassehündinnenbesitzern mit 43%. Ähnliche Zahlen finden sich bei Heidenberger (2000): Dort wurden die Hälfte der Hündinnen kastriert, um unerwünschten Nachwuchs zu verhindern.

Trächtigkeitsprophylaxe

Unser Hund wurde aus Versehen gedeckt, das wollten wir unserem Hund nicht auch noch antun. (Besitzerin einer dreieinhalbjährigen Samojedenhündin)

Auch der Aspekt, dass noch ein Rüde im gleichen Haushalt wohnt, spielt hier mit 35% hinein:

Da wir auch einen Rüden halten, ist der Wegfall der Hitze positiv. (Besitzerin einer zweijährigen Basset Houndhündin)

Nicht wenige Hündinnenbesitzer fühlen sich mit dem Aufpassen auf ihre Hündin in deren fruchtbaren Tagen überfordert. Exemplarisch dafür folgende Aussage der Besitzerin einer 16 Monate alten Bobtailhündin:

Als unsere Hündin kastriert wurde, waren unsere Kinder 3, 4 und 8 Jahre alt. Deshalb sah ich mich bei der Verhütung von ungewollter Trächtigkeit überfordert. Heute sind meine Kinder älter und ich hätte mit der Verhütung keine Probleme mehr. Deshalb würde ich jetzt auf die Kastration verzichten.

Bemerkenswert ist, wie viele Halter mit Inbrunst darauf verweisen, dass sie ihre Hündin aus Tierschutzgründen kastrieren lassen, weil sie „nicht noch mehr unschuldige Welpen produzieren wollen, die dann im Tierheim landen".

Aus moralischen Gründen lassen wir unseren zweiten Hund ebenfalls in ein paar Monaten kastrieren. Die Tierheime sind überfüllt, man muss nicht noch für „Nachschub" sorgen. (Besitzerin eines Riesenschnauzer Bobtail-Mixes)

Hier muss man sich wirklich fragen, wieso so viele Hundehalter glauben, dass ihnen eine ungewollte Trächtigkeit ihrer Hündin notwendigerweise ins Haus steht, wenn sie sie nicht kastrieren lassen. Unter den gegebenen Lebensumständen der meisten deutschen Haushunde erscheint dies geradezu aberwitzig – es sei denn, die Hündin lebt mit einem nicht kastrierten Rüden in einem Haushalt. Steht hier eher die Unwissenheit der Hundehalter darüber, wann eine Hündin beaufsichtigt werden muss, im Vordergrund oder ist es die mangelnde Bereitschaft, für einige wenige Tage im Jahr liebgewonnene Routinen, was das Spaziergehverhalten etc. angeht aufzugeben und mit seiner Hündin so spazieren zu gehen, dass die Wahrscheinlichkeit, einen Rüden zu treffen, gegen Null tendiert? Die vielen handschriftlichen Kommentare der Halter zu diesem Aspekt zeigen jedenfalls, dass viele wirklich davon überzeugt sind, dass man eine ungewollte Trächtigkeit nur vermeiden kann, indem man eine Hündin kastriert. Viele gehen sogar soweit, zu sagen, dass es geradezu ein Kriterium für eine verantwortungsvolle Hundehaltung ist, wenn man seine Hündin kastrieren lässt – und zwar so früh wie möglich.

Kastration ist Tierschutz, denn es gibt zu viele Hunde, die ein Zuhause suchen! Außerdem sollte man den Hunden den Geschlechtstrieb nehmen, da die meisten diesen sowieso nicht ausleben dürfen/sollten! (Besitzerin eines vierjährigen Terriermixes)

Gerade aus dem Gedanken des Tierschutzes heraus muss jeder sicherlich dem Ziel zustimmen, unkontrollierte Fortpflanzung zu verhindern, die nur in Welpen mündet, welche ins Tierheim abgeschoben werden, keine neuen Besitzer finden, eingeschläfert werden. Nicht von ungefähr beschäftigen sich viele Studien/Artikel in den USA mit der Kastrationsfrage unter genau diesem Aspekt. Die Welle „Pro Kastration", die aus den USA herüber schwappt, beruht dabei auf anderen Voraussetzungen als den hier gegebenen. Die Situation in den USA kann man nicht mit der hiesigen vergleichen: In den USA streunen Millionen von Hunden eben einfach so umher – und können sich dabei unkontrolliert vermehren mit der Folge überfüllter Tierheime, bzw. millionenfach getöteter Tiere, weil Hunde, die nicht schnell vermittelt werden, schnell getötet werden. So nennen van Goethem u.a. (2006) die Zahl von 3,9 – 5,9 Millionen jährlich in den USA getöteter Hunde!

In Deutschland jedoch gehen die meisten Hunde mit ihren Haltern spazieren. Das soll nicht heißen, dass es nicht Hundehalter gibt, die ihren Rüden blauäugig auf der Hundewiese losmachen und nach einer Stunde wieder einfangen – in der er sich entsprechend vergnügen konnte – oder solche, die morgens die Haustür aufmachen und ihren Hund nach draußen auf Wanderschaft schicken. Doch das gilt nur für eine Minderheit der Hunde.

„Da die meisten in Deutschland gehaltenen Rüden keinen unkontrollierten Freigang haben, ist das Argument der Populationskontrolle bei uns nicht stichhaltig" (Quandt 1998). Hündinnenbesitzer stehen in der Regel keineswegs vor der Alternative „Kastration oder ungewollte Welpen". Die Hündin ist nur wenige Tage im Jahr deckbereit – diese Tage kann ein verantwortungsvoller Halter durchaus durchstehen. Es verlangt dann nach einer anderen Tagesroutine, man kann dann eben nicht zum alltäglichen Spaziergang auf die Hundewiese, und auch das unbeaufsichtigte Herumlaufen der Hündin im Garten ist nicht möglich. Behauptungen, nach denen die Nichtkastration einer Hündin im Hinblick auf eine ungewollte Welpenflut gerade tierschutzrelevant sei, der Halter seine Hündin zur ungewollten Schwangerschaft verdamme – wie sie immer wieder in den von mir ausgewerteten Fragebögen aufgestellt wurden – kann man nur mit Kopfschütteln begegnen. Aber zahlreiche Halter äußern diese Ansicht mit voller Überzeugung und sind dabei offenbar von den Argumenten vieler Tierschutzorganisationen überzeugt worden. Exemplarisch für diese Denkweise sei hier die bekannte Tierschutzorganisation PETA zitiert: „PETA wünscht sich eine Verordnung, dass alle Hunde und Katzen zu kastrieren sind, es sei denn, ein Tierarzt hat festgestellt, dass der chirurgische Eingriff die Gesundheit des Tieres gefährden würde. Bis dorthin appellieren wir an die Vernunft und das Gewissen jedes Tierbesitzers, sich durch Kastration seines Tieres am Tierschutz zu beteiligen." (2000)

Tierschutzorganisationen sollten sich nicht nur der Frage annehmen, wie Leid durch einen Kampf gegen unkontrollierte Vermehrung gelindert werden könnte, sondern auch Augen dafür haben, ob eine Kastration bei einem individuellen Tier tatsächlich zu dessen Besten ist (und die Situation bei Hunden auch nicht einfach mit jener bei Katzen gleichsetzen).

Natürlich stellt sich die Situation anders dar, wenn Rüde und Hündin in einem Haushalt gehalten werden. Die Mehrzahl der Befragten in der Bielefelder Studie halten mehr als einen Hund. Wenn es sich dabei um gegengeschlechtliche Hunde handelt, so ist leicht nachvollziehbar, dass das Thema unerwünschter Trächtigkeit, aber auch Leidensdruck für alle menschlichen wie tierischen Beteiligten, in den Zeiten der Hitze der Hündin natürlich ein sehr relevantes ist und man die Motivation der Halter in diesem Falle kaum als Bequemlichkeit abtun kann. Nicht jeder hat die Möglichkeit einer „Urlaubsverschickung" des Rüden/der Hündin zu Freunden in Zeiten der Stehtage. Und mit der räumlichen Trennung des Pärchens ist es nun mal oft nicht getan – wer kennt nicht die Geschichten durchgebissener Türen und zerbrochener Fenster.

Daher habe ich mich gefragt, ob dieser starke Anteil von Haltergründen vielleicht darauf zurückzuführen ist, dass knapp 60 % der Befragen mehr als einen Hund halten.

Es wurden daher die Daten für die Halter eines Hundes mit jenen für die Mehrhundhalter verglichen. Die Mehrhundehalter nennen tatsächlich zu einem deutlich größeren Anteil Haltergründe (55 % gegenüber 42 % bei den Einhundhaltern). Diese Zahl unterstützt also auf den ersten Blick die Hypothese, dass der hohe Nennwert des Grundes: „Vermeidung ungewollter Trächtigkeit" sich daraus erklären lässt, dass so viele Mehrhundehalter den Fragebogen ausgefüllt haben. Eine genauere Untersuchung der Art der Haltergründe macht jedoch deutlich, dass dem nicht so ist, denn: 73 % der Ein-Hund-Halter gegenüber nur 52 % der Mehrhundehalter nennen explizit die Vorbeugung ungewollter Trächtigkeit als Grund! Und es sind zu einem hohen Anteil die Einhundehalter (mit 65 %) die sich generell Ärger rund um die Läufigkeit ersparen wollen – einen Aspekt, den nur 29 % der Mehrhundehalter angeben.

Man kann also die – erschreckend hohe – Anzahl von Haltern, die ihren Hund aus Bequemlichkeitsgründen kastrieren, nicht damit erklären, dass die Halter von mehreren Hunden die Mehrzahl der Befragten stellen, denen man zugestehen muss, dass die Verhinderung einer ungewollten Trächtigkeit und des Trubels in der Zeit der Läufigkeit eine verständliche Motivation zur Kastration ist. Nein, auch die Ein-Hund-Halter finden, dass die Kastration nötig ist, damit ihr Hund nicht ungewollt trächtig wird – und sie finden die Unannehmlichkeiten während der Hitze schlicht lästig.

Kastration als einziges Mittel zur Trächtigkeitsprophylaxe?

Die Kastration der Hündin stellt eine irreversible Form der Verhütung dar: Sind die Eierstöcke einmal entfernt, kann die Hündin nie wieder Welpen bekommen. Es ist nie wieder möglich, dass die Hündin den Einflüssen der Sexualhormone, die sie normalerweise bilden würde, unterliegt.

Die Wildtierbiologie/Zoologie sowie Forscher, die sich mit der Haltung von Säugetieren in Zoos befassen und für die das Thema Verhütung unter dem Aspekt der Populationskontrolle ein zentrales Thema ist, suchen seit langem nach Alternativen zur irreversiblen Kastration. Man sucht also nach Verhütungsmethoden, die entweder die Fruchtbarkeit eines Tieres nicht unwiederbringlich zunichte machen und/oder nach Methoden, die das Gruppenleben von Tieren nicht durch Einflussnahme auf deren Sexualhormone beeinflussen sollen. In der Erforschung von Alternativen zur Kastration sind auch immer wieder Versuche an Haus-, vor allem aber an Wildhunden unternommen worden. Generell kann man aber sagen, dass einige der im folgenden vorgestellten prinzipiellen Möglichkeiten einer Verhütung beim Hund in den Kinderschuhen stecken bzw. in der normalen tierärztlichen Kleintierpraxis keine Rolle spielen.

Neben der operativen Entfernung der Keimdrüsen (Kastration) oder der Verhinderung einer Befruchtung von freigesetzten Eizellen durch eine mechanische Barriere (Sterilisation) gibt es theoretisch noch andere Möglichkeiten, zu verhindern, dass eine Hündin ungewollte Welpen zur Welt bringt:

Die „Spirale"

Hierbei wird der Hündin ein sogenanntes IUD (steht für intrauterine device) in die Gebärmutter implantiert. Dieses Implantat hat eine Y-Form, so dass je ein Balken des Y in je ein Gebärmutterhorn hineinreicht. Es gibt sie in zwei Größen – für Hunde von über oder unter 12 kg. Das Prinzip dieses Implantats ist das gleiche wie bei der Spirale für Frauen: Es wird die Einnistung eines befruchteten Eis verhindert. Die Infektionsgefahr für die Hündin ist nicht zu unterschätzen. Diese Technik ist Ende der 90er Jahre entwickelt worden und weit entfernt von einer routinemäßigen Praxis. Sie ist speziell für die Fortpflanzungskontrolle in solchen Hundepopulationen entwickelt worden, in denen man nicht zu einer irreversiblen Unfruchtbarmachung mittels Kastration greifen will, weil die Hunde sich z. B. zu einem späteren Zeitpunkt fortpflanzen sollen. Der Vorteil liegt ferner darin, dass kein Eingriff in die Geschlechtshormone erfolgt. Jedoch hat man bei Testreihen an Kühen und Ziegen als Nebeneffekt beobachtet, dass der Östrogenzyklus unterdrückt wurde, somit also doch eine Wirkung auf den Geschlechtshormonhaushalt möglich ist (Asa 2006).

Insgesamt scheint diese Methode für unsere Haushunde bisher eine exotische Ausnahme zu sein.

Immunkontrazeption

Bei der Methode geht es letztlich darum, eine Verschmelzung von Ei und Samenzelle und damit die Befruchtung zu verhindern, indem durch eine Art Impfung ein „Andocken" der Samenzelle an die Eiweißhülle der Eizelle verhindern wird. Es werden Antigene per intramuskulärer Injektion gespritzt, die das Immunsystem der Hündin so beeinflussen, dass dieses Antikörper produziert. Das Sperma als körperfremdes Eiweiß wird dann sozusagen vom Immunsystem der Hündin als Fremdkörper erkannt und bekämpft. Was auf den ersten Blick als nebenwirkungsfreie Methode erscheint, hat sich aber in den wenigen Studien, die Hunde einbezogen haben, als nicht ganz so positiv erwiesen. So warnt Dematteo (2006) vor dem Einsatz dieser Technik bei allen Hundeartigen, da die Ergebnisse entweder nicht eindeutig waren oder es zur (unerwünschten) generellen Unfruchtbarkeit gekommen ist. Munson u. a. (2006) sehen dagegen diese Technik als der Kastration oder Sterilisation überlegen an, wenn eine eventuelle dauerhafte Unfruchtbarkeit als Nebenwirkung im Einzelfall vertretbar ist.

Hormonelle Beeinflussung

Diese Methode ist nach der Kastration jene, die bei uns am häufigsten angewendet wird. Dabei sind verschiedene Zugangsweisen zu unterscheiden.

Läufigkeitsunterdrückung Theoretisch ist es möglich, durch die Gabe synthetisch hergestellter hormonaktiver Substanzen die Läufigkeit der Hündin längerfristig zu unterdrücken – und wer nicht läufig wird, kann auch nicht erfolgreich gedeckt werden. Man setzt sogenannte Langzeitgestagene ein, die der Wirkweise des Hormons Progesteron weitgehend entsprechen. Drei Formen sind zu unterscheiden:

Die totale Verhinderung der Läufigkeit Die Sexualfunktionen werden über Jahre total unterdrückt mittels Gabe von Depotgestagenen, die alle 3–6 Monate gespritzt werden.

Es wird dabei angeraten, den ersten und zweiten Zyklus zunächst abzuwarten. Der Behandlungsbeginn sollte frühestens 3 Monate nach einer Läufigkeit einsetzen, spätestens einen Monat vor einer erwarteten Läufigkeit. Explizit nicht so behandelt werden dürfen Hündinnen, bei denen der Zeitpunkt der vorhergegangenen Läufigkeit nicht klar zu bestimmen ist, Hündinnen, die schon mal mit Gestagenen behandelt worden sind, ohne aber dass man genau sagen kann, wann das war, Hündinnen, die Östrogene bekommen haben zwecks Nidationsverhütung, Hündinnen die abnorm verlaufende Läufigkeiten zeigen, Hündinnen mit Vaginalausfluss und Hündinnen mit Diabetes. Der Anöstrus sollte nicht länger als auf 2 Jahre ausgedehnt werden.

Selbst wenn man diese Risikofälle herausnimmt, bleiben als mögliche Nebenwirkungen Gebärmutterveränderungen entweder in Form der Pyometra oder der glandulär-zystischen Hyperplasie. Und es kann zur Stimulierung des Wachstumshormons kommen, das zu verschiedenen Komplikationen führen kann: Aktivierung von Mammatumoren, Weitstellung der Zähne, Bildung von Hautfalten.

Die Verschiebung der Läufigkeit Eine Läufigkeit wird kurzfristig um Tage oder Wochen hinausgeschoben. In der Regel werden mindestens zehn Tage vor der erwarteten Läufigkeit oral Gestagene eingenommen.

Die Unterbrechung einer bereits eingetretenen Läufigkeit Bis spätestens am dritten Tag der Läufigkeitsanzeichen kann die Läufigkeit durch Gestagene abgebrochen werden. Dieses ist jedoch noch risikoreicher als die vorige Variante, weil die Hündin bei einer bereits eingetretenen Läufigkeit unter Östrogeneinfluss steht und leicht eine Entartung/Entzündung der Gebärmutter eintreten kann.

In der medizinischen Fachliteratur wird von dieser Variante eher abgeraten, weil sie viele Risiken birgt, in erster Line das Risiko von Gebärmutterentzündungen und Gesäugetumoren. Auch wenn man – z. B. wegen einer Urlaubsreise – die Läufigkeit einer Hündin mittels Hormongabe nur kurzfristig etwas verschieben will, muss mit den genannten körperlichen Folgen gerechnet werden.

„Jeder tierärztliche Eingriff in den Sexualzyklus der Hündin ist mit einem gewissen Risiko hinsichtlich Nebenwirkungen oder Komplikationen verbunden" (Berchtold 1997, S. 633).

Auch Androgene können zur Läufigkeitsverhinderung eingesetzt werden, da sie die Gonatropinfreisetzung hemmen. Die Folgen sind aber eine Vermännlichung der Hündin und eine abnormale Vergrößerung der Klitoris.

Nebenwirkungen von Hormongaben

Behandlung mit Progestagenen Typische Nebenwirkungen von *Progesteron* sind: Gesteigerter Appetit, Gewichtszunahme, Trägheit, Vergrößerung des Gesäuges mit gelegentlich eintretender Laktation und Veränderungen des Temperaments sowie von Haar und Fell. Das größte Risiko bei der Anwendung von Progestagenen besteht darin, dass eine zystische Endometriumhyperplasie sowie eine Muko- oder Pyometra induziert werden können – also Gebärmuttererkrankungen, die dann wiederum meist eine Kastration unumgänglich machen (Allen u.a. 1996, S. 127). Eine Progestagentherapie kann zur Bildung gutartiger Knötchen im Gesäuge führen. Laut Dematteo (2006) sowie Munson u.a. (2006) sind besonders Hunde und Katzen unter den Fleischfressern jene beiden Tierarten, die bei Gabe von Progestagenen ein Risiko der Erkrankung von Gesäuge und Gebärmutter tragen.

Offenbar ist es so, dass niedrige Progestagendosen zellbildungsstimulierend wirken, hohe dagegen hemmend – und man daher

Progestagene auch zur Behandlung von Neubildungen einsetzt. Progesteron gilt als ein starker Insulinantagonist, es kann Diabetes auslösen (Dematteo 2006). Wenn einer trächtigen Hündin künstliches Progesteron zugeführt wird, können daraus vermännlichte weibliche Welpen und verweiblichte männliche Welpen resultieren. Progestagene können Einfluss nehmen auf die Wirkung von Glucocorticoiden und Androgenen, indem sie Rezeptoren binden. Das kann zu einer Immunsupression führen (Asa 2006b). In bezug auf Menschen wird letzteres als Risikofaktor für die Entwicklung von Herzkreislauferkrankungen angesehen. Ferner ist nachgewiesen, dass Progestagene Wachstumshormone stimulieren können (Asa 2006). Progestagene sollten bei Hündinnen nicht angewendet werden, wenn die noch nicht geschlechtsreif sind. Wenn sie überhaupt zum Einsatz kommen sollen, dann nur im tiefen Anöstrus, also in der Phase der Zyklusruhe (Allen u.a.1996). Die Meinungen tendieren aber eher dahingehend, auf den Einsatz von Progestagenen beim Hund grundsätzlich zu verzichten (Penfold u.a. 2006).

Behandlung mit Prostaglandinen Sie macht man sich wegen ihrer kontraktionsfördernden Wirkung auf den Gebärmuttermuskel und wegen ihrer öffnenden Wirkung auf den Muttermund zunutze. Beides kann erwünscht sein, wenn man einen Abort oder eine Entleerung einer vereiterten Gebärmutter bewirken will. Die Nebenwirkungen, die in der Regel schnell nach der Injektion eintreten, sind Unruhe, Speicheln, Erbrechen, Bauchschmerzen, Fieber, Durchfall, Herzrhythmusstörungen.

Behandlung mit Östrogenen Sie beeinflussen die Entwicklung der weiblichen Geschlechtsmerkmale, das Wachstum des Uterus, die Symptome im Proöstrus, die Entwicklung der Milchdrüsen. Aber Östrogene haben nicht nur im Bereich der Fortpflanzung einen Stellenwert. Sie bewirken die Retention von Kalzium und Phosphor und nehmen damit Einfluss auf das Skelett, sie bewirken eine Zunahme des Gesamtproteins im Körper, beschleunigen die Stoffwechselrate und beeinflussen die Struktur und die Gefäßversorgung der Haut. Hart (2001) weist darauf hin, dass Östrogene eine neuroprotektive Rolle spielen. Sehr einfach ausgedrückt: Östrogene verhindern/verlangsamen eine Entwicklung hin zu Senilität, sie sind bei Frauen als wichtiger Schutzfaktor gegen Alzheimer identifiziert worden!

Die Mediziner sind sich darin einig, dass gerade die Östrogene sehr vorsichtig eingesetzt werden sollten. Östrogene können die Wirkung von Progesteron auf die Gebärmutter verstärken, was zu Gebärmutterentzündungen führen kann. Östrogene können die Einwanderung von Bakterien in die Gebärmutter begünstigen. Sie können die Entwicklung von Eierstockstumoren fördern (Asa 2006).

Fatal ist ihre hemmende Wirkung auf das Knochenmark, so dass es zu einer schweren, eventuell tödlichen Anämie kommen kann, weil infolge des Östrogens zu wenige rote Blutkörperchen gebildet werden bei dauerhafter Erhöhung der Thrombozyten. Die toxische Wirkung ist dabei individuell sehr verschieden, sie kann bei einem Tier durchaus innerhalb der vom Hersteller des Präparates empfohlenen Dosis liegen.

Wenn eine trächtige Hündin mit Östrogenen behandelt wird, kann es zum Abort kommen, weil die Gebärmutter erschlafft. Beim Fötus kann es zu Defekten kommen.

Eine langfristige Östrogentherapie kann einen symmetrischen Haarausfall und eine Hyperpigmentierung der Haut hervorrufen.

„Zu beachten ist, dass der therapeutische Einsatz verschiedener Hormonpräparate, vor allem von Östrogenen, bisher bei der Hündin hauptsächlich empirisch erfolgte und dass die Dosierungen mehr durch Ausprobieren als auf experimentellem Wege ermittelt wurden." (Allen u.a. 1996, S. 130)

Behandlung mit einer Kombination von Progestagenen und Östrogenen Was bei manchen Tierarten eine gute Alternative ist, um unerwünschte Nebenwirkungen der alleinigen Östrogengabe zu minimieren, ist bei Hunden kontraproduktiv, die Wahrscheinlichkeit einer Erkrankung der Gebärmutter oder des Gesäuges wird eher erhöht (Asa 2006, Dematteo 2006).

Behandlung mit Androgenen Auch dies ist im Prinzip eine effektive Verhütungsmethode – aber da sie, insbesondere beim Hund, gravierende Nebenwirkungen hat, sollte man sie gleich von seiner Liste streichen. Mit Androgenen behandelte Hündinnen vermännlichen – zum einen in körperlicher Hinsicht, zum anderen aber auch in puncto Verhalten: z. B. wird Besteigen und vermehrtes Aggressionsverhalten genannt (Munson u. a. 2006). Hündinnen mit einer gestörten Leberfunktion dürfen per se nicht mit Androgenen behandelt werden (Asa 2006). Als Nebenwirkungen von Androgengaben sind bekannt: Veränderungen in den Fettprofilen, Gewichtszunahme, Akne, Störung von Leber- und Nierenfunktion, Beeinträchtigung des Immun- und des Herz-Kreislauf-Systems (Asa/Porton 2006).

Behandlung mit Gonatropin-Releasing Hormon (GnRH) Agonisten Wie ich auf Seite 28 bereits erklärt habe, ist das GnRH das wichtige Steuerungshormon, das am Anfang der Kaskade von Hormonausschüttungen steht. Blockiert man die Ausschüttung dieses Hormons wird damit auch die Ausschüttung der Geschlechtshormone blockiert, es kann zu keiner Follikelreifung (da fehlendes FSH), zu keinem Eisprung (da fehlendes LH), zu keiner Einnistung (da fehlendes Östrogen), zu keinem Erhalt einer Schwangerschaft (da fehlendes Progesteron) kommen.

Zur Zeit wird der Einsatz vor allem bei Rüden getestet, bei denen LH und FSH die Hoden zur Produktion des Hormon Testosteron und zur Bildung von Spermien anregt. Prinzipiell ist es aber genauso auch eine Verhütungsmöglichkeit bei der Hündin. Den Hunden werden Implantate eingesetzt, die den GnRH-Agonisten freisetzen. Sind sie „leer", kehrt der Hund wieder zum alten Hormongeschehen zurück. In der Wildtierbiologie und der Haltung von Zootieren werden große Hoffnungen in den Einsatz von GnRH-Agonisten gesetzt (Dematteo 2006). Die Technik steht aber bei unseren Haushunden noch in der Versuchsphase, insbesondere was den Einsatz bei Hündinnen betrifft. Ferner ist bislang nicht klar, wie lange die Wirkung andauert und auch die Entfernung, die ja nur operativ erfolgen kann, ist wegen der geringen Größe der Implantate nicht einfach (Asa u. a. 2006).

Was folgt aus diesen Erkenntnissen?

Das hormonelle Zusammenspiel beim Hund ist offenbar höchst kompliziert. Künstliche Eingriffe bergen hohe Risiken, höhere Risiken als bei manch anderem Säugetier. Munson u.a. (2006) fassen zusammen: „Alle chemischen Verbindungen, die endokrine Funktionen unterbrechen, haben das Potential, das Gleichgewicht im Stoffwechsel zu stören und dadurch Krankheiten hervorzurufen." (S. 67)

Mit dem zunehmenden Bewusstsein für die Problematik der Streunerhunde und der damit verbundenen tierschutzrelevanten Tötungsproblematik wird langsam mehr nach Wegen gesucht, wie eine vernünftige Populationskontrolle im Sinne eines angewandten Tierschutzes aussehen könnte. Die Unfruchtbarmachung der Hunde statt ihrer Verbringung in „hundetolerantere" Staaten rückt mehr in das Interesse. Doch während wir hier in Europa sofort an Kastrationsprojekte für spanische Straßenhunde denken, gibt es international weiterführende Ansätze. So wurde 2002 ein Symposium initiiert, dessen Ziel es war, nach nichtoperativen Methoden der Fortpflanzungskontrolle von Haustieren zu suchen (Asa/Porton, 2006), also nicht mehr per se zu kastrieren.

Was ist aber mit unseren gut behüteten Haushunden? Die meisten Mediziner plädieren für die Option Kastration statt hormoneller Beeinflussung zwecks Verhinderung unerwünschten Nachwuchses. Ich denke, das können Sie nachvollziehen, nachdem Sie nun gelesen haben, was Hormongaben so alles anrichten können.

Die Frage, die sich stellt, lautet aber: Bleibt mir als Hündinnenhalter denn nur die Wahl zwischen zwei schlechten Alternativen – Ausschaltung der Wirkung von Geschlechtshormonen im Fall der Kastration oder Herumpfuschen mit Geschlechtshormonen im Fall hormoneller Beeinflussung in verschiedenen Zyklusstadien? Kastration als einziges Mittel zur Trächtigkeitsprophylaxe? Die Frage kann mit einem eindeutigen Nein beantwortet werden.

Ich denke, das Argument der Trächtigkeitsprophylaxe bedarf einer kritischen Auseinandersetzung. Damit meine ich nicht, dass Hundehalter sich keine Gedanken über Trächtigkeitsprophylaxe machen sollten. Ganz im Gegenteil: zur verantwortungsvollen Hundehaltung gehört eindeutig, dafür zu sorgen, dass die eigene Hündin nicht einfach so gedeckt wird – und dass der eigene Rüde auch nicht einfach auf Freiersfüßen wandelt. Einer gedankenlosen Hundevermehrung ist unbedingt Einhalt zu gebieten.

In Gesprächen mit Hundebesitzern gewinne ich nun häufig den Eindruck, dass gerade Ersthündinnenbesitzer wirklich glauben, ihnen blühe geradezu schicksalhaft eine ungewollte Schwangerschaft ihrer Hündin, wenn sie diese nicht kastrieren. Meist wird das Unglück darin vor allem in den mit der Welpenaufzucht verbundenen Unannehmlichkeiten, dem Dreck, den Kosten etc. gesehen, weniger wird hinterfragt, ob die Welpen einen guten Start ins Leben bekommen und man nicht vielleicht die nächsten Problemhunde heranzüchtet. Egal, ob nun das Motiv Eigennutz im Sinne der Vermeidung von Unannehmlichkeiten oder Tierliebe im Sinne der Vermeidung ungeplanter, eventuell desaströser Verpaarungen ist: Wenn am Ende die Verhinderung einer Trächtigkeit steht, ist das Ziel erreicht.

Der Denkfehler vieler Hundehalter liegt aber darin zu glauben, dass die Kastration das einzige Mittel der Schwangerschaftsverhütung beim Hund ist. Und in diesem Punkt würde ich Sie, lieber Leser, gerne vom Gegenteil überzeugen.

Ich habe Ihnen im ersten Kapitel einen Überblick über das Zyklusgeschehen der Hündin gegeben. Aus diesem Überblick sollten folgende Dinge klar geworden sein:

Wie wird eine Hündin trächtig?

Wie schon gesagt, Ihre Hündin ist nicht das ganze Jahr deckbereit, sondern nur in der Phase der Läufigkeit – und innerhalb dieser Phase auch nur an wenigen Tagen.

Nach dem Eisprung in den Eierstöcken, der sich über 12–24 Stunden hinzieht, wandert die unbefruchtete Eizelle in den Eileiter, wobei sie innerhalb von 12–48 Stunden eine zweite Teilung durchläuft. Wenn die Hündin vom Rüden gedeckt worden ist, wandern dessen Spermien durch die Scheide in die Gebärmutter, durch die Gebärmutterhörner hoch bis in die Eileiter, wo dann die Befruchtung stattfindet. Ab dem Moment der Befruchtung spricht man von Embryonen. Diese Embryonen erreichen die Gebärmutter ca. zwischen dem 8. und 15. Tag nach dem Eisprung, das entspricht vier bis 10 Tage nach der Befruchtung (Münnich 2000). Einige Tage (5–7) verweilen diese Embryonen, dann verteilen sie sich gleichmäßig auf die zwei Gebärmutterhörner. Ca. um den 18. bis 20. Tag herum nisten sich die Embryonen dann fest in der Gebärmutter ein, es kommt zur Ausbildung eines Mutterkuchens. Um den 28. Tag ist dieser Einnistungsvorgang abgeschlossen, jetzt spricht man statt vom Embryo vom Fötus.

Wie stellt man eine Trächtigkeit fest?

Um den 28. Tag herum kann man bei einer Ultraschalluntersuchung gut feststellen, ob die Hündin trächtig ist, weil ihre Gebärmutter in dem Stadium aussieht wie zwei Perlenschnüre, jeder Fötus bildet eine Perle. Wachsen sie weiter, so verschwinden die Einschnürungen zwischen diesen „Perlen", und man kann sie nicht mehr so gut erkennen. Von einer Röntgendiagnose wird in der Regel abgeraten, weil diese natürlich eine Strahlenbelastung für die Hündin und die Welpen bedeutet und weil man sie erst spät anwenden kann – um den 45–48 Trächtigkeitstag, weil erst dann das Skelett der Föten soweit kalzifiziert ist, dass es sich röntgenologisch darstellen lässt. Eine Hormonuntersuchung auf das Schwangerschaftshormom Progesteron bringt bei der Hündin nichts, weil, wie oben erläutert, jede Hündin nach dem Eisprung im Metöstrus erhöhte Progesteronwerte hat.

Andere Anzeichen wie Zitzenvergrößerung oder -rötung, eine Vergrößerung des Gesäugekomplexes, leichter Scheidenausfluss, Einschießen von Milch sind alles keine eindeutigen Hinweise auf eine bestehende Trächtigkeit, weil diese Symptome auch scheinschwangere Hündinnen zeigen können. Das gleiche betrifft beobachtbare Verhaltensveränderungen wie Anlehnungsbedürfnis, Lethargie, vermehrter Appetit, Aggression gegen andere Hündinnen und andere Welpen.

Die Dauer der Trächtigkeit

Nach nur 5 Wochen ist die Organogenese beim Welpen abgeschlossen, d.h. alles ist richtig angelegt, es muss jetzt nur noch wachsen und ausreifen.

In der Regel spricht man von im Schnitt 63 Tagen Tragedauer. Münnich (2000) verweist aber auf eine Schwankungsbreite von 58–72 Tagen. Das erklärt sich daraus, dass es ja nicht so ist: ein Ei springt, wird sofort von den Spermien des Rüden befruchtet, ab jetzt wird die Zeit gezählt. Sondern: Die Eier sind erst Tage nach der Ovulation ausgereift und befruchtungsfähig, sie bleiben ca. 2–3 Tage befruchtungsbereit. Die Spermien des Rüden können nun ihrerseits in der Hündin bis zu 7 Tage überleben. Bei einem Deckakt, der z.B. am 10. Juli stattgefunden hat, kann es erst am 17. Juli zu einer Befruchtung gekommen sein, erst ab da zählen die 63 Durchschnittstage. Zählt man jedoch vom Tag des Deckaktes an und meint, dass sei der Befruchtungstag, erwartet man die Geburt viel früher! Also, es kann sein, dass ein Rüde Ihre Hündin deckt, bevor die Ovulation, also der Eisprung stattgefunden hat – und es können trotzdem Welpen entstehen, weil die Spermien ja ca. 7 Tage auf ein befruchtungsfähiges Ei „warten" können. Es kann genauso so gut sein, dass Sie Welpen bekommen, wenn der Rüde die Hündin vier Tage nach der Ovulation deckt – denn zwei Tage brauchen die Eier, um voll befruchtungsfähig zu werden, dann bleiben sie dies noch gute drei Tage lang.

Wie oft ist die Hündin fruchtbar?

Erstens: Eine Hündin ist nur wenige Tage im Jahr deckbereit. Die Häufigkeit der Läufigkeit (oder Hitze) schwankt zwischen 6 Monaten und einem Jahr, manche Hündinnen haben noch längere Zyklen. D.h. im Klartext, dass es Ihnen maximal zweimal jährlich passieren kann, dass Ihre Hündin läufig wird. In der Regel kann man sagen, dass Hündinnen kleiner Rassen kürzere Zyklen haben und damit häufiger läufig werden als größere Hündinnen – bis zu zweimal jährlich. Aber natürlich gibt es von allen Regeln auch Ausnahmen.

Zweitens: Eine Hündin ist nicht während der gesamten, meist dreiwöchigen Läufigkeit deckbereit, sondern nur an wenigen Tagen im Zyklus – nämlich dann, wenn die Eierstöcke die Eier freisetzen, es also zum Eisprung kommt und die Eier sich auf den Weg Richtung Gebärmutter machen. Nur in dieser Zeit gewährt die Hündin dem Rüden den Deckakt. Vorher kann flirten zwar erlaubt sein, mehr aber nicht. Die Hündin beißt den Rüden weg. In der Regel hat sie damit in den Tagen vor ihrem Eisprung auch Erfolg. Da die Scheide vor dem Eisprung noch sehr prall geschwollen ist, wäre der Deckakt auch gar nicht so leicht zu vollziehen, die anatomischen Voraussetzungen stimmen einfach nicht. Rüden, die hormonell normal gestrickt sind, verzichten z.T. sogar auf das Bespringen einer läufigen Hündin, wenn sie durch intensive Geruchs- und Geschmacksprobe an der Hündin sowie an deren Urin gemerkt haben, dass die Hündin noch gar nicht weit genug in ihrem Zyklus ist. Der biologische Sinn: Kein Sperma für ein aussichtsloses Unterfangen verschwenden.

Züchter kennen durchaus die Situation, dass eine Hündin mal gar nicht abgeneigt ist, der auserwählte Deckrüde aber nach reiflicher Überprüfung aller Faktoren zwar mit der Hündin flirtet, sie aber nicht bespringen und in sie eindringen will. Der normale Hündinnenbesitzer kann aber natürlich nicht grundsätzlich davon ausgehen, an einen „vernünftigen" Rüden zu geraten, der die Hündin, die noch nicht deckbereit ist, in Ruhe lässt. Natürlich gibt es auch Rüden, die ohne Rücksicht auf Verluste versuchen, eine Hündin zu vergewaltigen. Meist gelingt das aus oben geschilderten Gründen nicht, aber es kann passieren. Ob die Hündin dann trächtig wird, hängt davon ab, in welchem zeitlichen Abstand zu dieser Vergewaltigung der Eisprung erfolgt, ob noch funktionstüchtiges Sperma vorhanden ist, wenn die Eier freigesetzt werden.

Für den Alltag bedeutet dies alles nun folgendes: Nur an wenigen Tagen besteht die tatsächliche Gefahr einer ungewollten Deckung der Hündin. Im Klartext: maximal zweimal im Jahr an je maximal 10 Tagen – und das ist schon großzügig gerechnet. An den ganzen anderen Tagen während ihrer Läufigkeit ist die Hündin nicht gefährdet. Man hat zwar die anderen Unannehmlichkeiten durch verliebte Rüden – siehe dazu unten, aber es kann nicht zu einem erfolgreichen Deckakt kommen. Also reduzieren sich die Tage, auf die man wirklich auf seine Hündin aufpassen muss wie ein Luchs auf vielleicht maximal 20 von 365 Tagen. Ich denke, das ist für jeden Hündinnenhalter, der nun nicht gerade mit einem intakten Rüden in Wohngemeinschaft lebt, zu schaffen.

Fruchtbare Tage erkennen

Sie als Hündinnenbesitzer können auch ohne Blutuntersuchung oder Scheidenabstrich bei Ihrer Hündin erkennen, wann die fruchtbaren und damit gefährlichen Tage kommen. Die einzige Voraussetzung ist, dass Sie sich die Mühe machen, Ihre Hündin in der Zeit ihrer Läufigkeit wirklich genau zu beobachten. Was nämlich nicht funktioniert ist ein Auszählen der Tage, so nach dem Motto: „Der Eisprung ist normalerweise zwischen dem 10. und 14. Tag nach Beginn der Blutung, also passt man da schön auf". Den Gefallen dieser Regelmäßigkeit bereiten uns die Hündinnen leider nicht. Die Zeiten können sehr variieren. Meine eigene Hündin ist (geplant) erfolgreich gedeckt worden zwischen dem 16. und 21. Tag nach Beginn der Blutung, die Mutter meiner anderen Hündin ist am 7. Tag erfolgreich belegt worden. Das Zählen der Tage macht daher allein wenig Sinn, weil es nur eine grobe Orientierung geben kann. Wichtiger ist das Beobachten des Verhaltens der Hündin und körperlicher Veränderungen:
Zum Eisprung hin wird das Blut heller und weniger. Die Scheide schwillt leicht ab, ist nicht mehr so groß und so prall. Stellen Sie sich einen Luftballon vor: Wenn Sie ihn gerade aufgepumpt haben und Sie stechen dann mit einem Finger dagegen, setzt er Ihnen viel Widerstand entgegen. So fühlt sich die Scheide einer hochläufigen Hündin vor ihrem Eisprung an. Wenn Sie den Luftballon ein bis zwei Tage später genauso berühren, gibt er Ihrem Finger etwas

nach – so fühlt sich im Vergleich die Scheide einer deckbereiten Hündin an.

Ferner können Sie den Rutentest machen: Streicheln Sie entweder sanft die Scheide Ihrer Hündin oder kraulen Sie sie auf dem Rücken direkt am Rutenansatz und beobachten Sie, was die Rute der Hündin macht: Je mehr sich die Hündin dem Eisprung nähert, desto schneller klappt sie die Rute zur Seite weg. Ist sie kurz vor dem Eisprung, verändert sich das Wegklappen immer mehr von der seitlichen Position hin zur vertikalen. Eine voll deckbereite Hündin klappt ihre Rute bei Stimulation blitzartig senkrecht nach oben und schiebt ihr Becken nach hinten – sie bringt sich damit in Position für den Rüden.

Auch das Verhalten gegenüber Rüden verändert sich: Ist sie vor ihren fruchtbaren Tagen Rüden gegenüber in der Regel abweisend bis regelrecht zickig-aggressiv, schlägt das mit Beginn der fruchtbaren Tage um: Sie schaut zu den Rüden hin, kann leicht wimmern, wenn man sie durch die Leine davon abhält, zum Rüden zu kommen, sie wedelt freudig erregt, möchte hin zum Rüden, macht Spielaufforderungen – sie flirtet schlicht.

Eine ungewollte Trächtigkeit verhindern

Wenn Ihre Hündin diese Zeichen zeigt, wissen Sie, das Alarmstufe eins gilt, und das bedeutet: Erstens kein unangeleintes Spazierengehen mit der Hündin in den kritischen Tagen. Auch Hündinnen können sich plötzlich abseilen und sich einen Freier suchen. Ihre Hündin könnte Ihnen also auf dem Spaziergang einfach ausbüchsen.

Zweitens: Spaziergänge, obwohl angeleint, erfolgen in möglichst hundearmem Gebiet. Da müssen Sie dann mal in den sauren Apfel beißen und Ihre Hündin vielleicht ins Auto packen und in die relative Einöde fahren und/oder die Spaziergehzeiten verändern, um das Risiko unerwünschter Kontakte mit einem liebestollen Rüden, den Ihre Hündin dann vielleicht auch klasse findet, zu reduzieren. Aber auch hier ist eines zu sagen: Selbst wenn Sie das Pech haben sollten, einen Rüden zu treffen, so bedeutet das ja nicht, das der auf jeden Fall ruckzuck auf Ihrer Hündin drauf und in ihr drin ist. Selbst bei Hündinnen, die aufgrund ihrer Hormonlage und der Sympathie für den betreffenden Rüden Deckbereitschaft signalisieren, kommt es in der Regel erst zu einer Art „Vorspiel", einem Flirten, Umtanzen durch den Rüden etc. Sie müssen ja nicht tatenlos daneben stehen und zugucken, bis die beiden dann soweit sind, zum Vollzug zu schreiten. Ihre Hündin haben Sie an der Leine und somit eng bei sich, den Rüden können Sie versuchen, mittels Stimme und drohender Körpersprache zu vertreiben. Wenn Sie ganz große Befürchtungen haben, nehmen Sie Pfefferspray mit auf den Spaziergang zum Abwehren des Rüden (ihm aber nicht in die Augen sprühen). Aber Vorsicht: Bevor Sie das einsetzen, prüfen Sie die Windrichtung und stellen Sie sicher, dass das Spray nicht Ihnen selbst entgegen geweht kommt – dann wären Sie außer Gefecht!

Es steht außer Frage, dass es eine ganz blöde Situation ist, wenn man mit seiner deckbereiten Hündin den nun mal notwendigen Spaziergang absolviert und sich plötzlich mit einem liebestollen Rüden konfrontiert sieht, womöglich ohne dass ein Rüdenhalter in Sicht ist oder mit einem Rüdenhalter, der das einfach nur spaßig findet und nicht eingreift. Trotzdem, in den 10 Jahren meiner hauptberuflichen Tätigkeit mit Hunden habe ich natürlich einige ungewollt gedeckte Hündinnen kennengelernt – aber die sind nicht im angeleinten Zustand auf dem Spaziergang gedeckt worden, sondern weil sie freilaufend auf dem Spaziergang ausgebüchst oder aus dem Garten ausgerissen sind oder im Garten Besuch von Rüden bekommen haben.

Drittens: Kein unbeaufsichtigtes Alleinlassen im eigenem Garten, der nicht ausbruchs- bzw. einbruchssicher ist. Andere Rüden könnten den Weg in Ihren Garten finden oder Ihre Hündin kann den Weg nach draußen finden. Ausbruchssicherheit muss dabei sehr eng definiert werden. Selbst 1,50 Meter hohe Zäume – die wohl kaum jemand hat – halten Hunde nicht unbedingt vom Hinüberspringen ab und auch das Untertunneln der Zäune ist meist möglich. Also: Lassen Sie deswegen Ihre Hündin am besten während der paar kritischen Tage gar nicht allein in den Garten.

Ich will nicht behaupten, dass es Ihnen bei einer Verkettung unglücklicher Umstände nicht passieren könnte, dass Ihre Hündin ungewollt gedeckt wird. Aber: Die Wahrscheinlichkeit ist – wenn Sie obige Vorsichtsmaßnahmen befolgen – so gering, dass sie das Inkaufnehmen möglicher negativer Folgen nicht aufwiegt.

Und wenn es doch passiert ist?

Sollte es trotz aller Vorsichtsmaßnahmen doch zu einem Deckakt gekommen sein, hoffen Sie nicht aufs Beste, sondern suchen Sie Ihren Tierarzt auf und besprechen Sie das weitere Vorgehen. Grundsätzlich ist es medizinisch gesehen die risikoärmste Variante, die (gesunde) Hündin die Welpen zur Welt bringen zu lassen. Es können aber medizinische Tatbestände vorliegen, die ein Austragen als nicht ratsam erscheinen lassen: Wenn die Hündin z.B. noch sehr jung oder im Gegenteil schon recht alt ist, wenn sie unter einer schweren Erkrankung leidet, wenn das Becken der Mutter verengt ist etc. Die Frage ist dann, wie/wann eine Schwangerschaft abgebrochen werden sollte.

Münnich nennt als Variante die Gabe von Östrogenen, jeweils 3× in Zweitagesabständen nach dem Deckakt, aber sie verweist auf die erheblichen Gefahren. Es kann zu Gebärmutterentzündungen kommen, zu einer verstärkten Blutungsneigung und zu gefährlichen Knochenmarksdepressionen. Berchtold (1997) verweist auf eine Studie, in der herauskam, dass bei jeder 7. Hündin, die wegen einer Pyometra behandelt worden ist, zuvor eine Nidationsverhütung durch Gabe von Östrogenen durchgeführt worden ist. Allen u.a. (1996) fordern, dass Östrogene wegen ihrer Toxizität in der erforderlich hohen Dosis nur einmal verabreicht werden sollten.

Wo immer man nachschlägt – die Mediziner sehen die Gabe von Östrogenen beim Hund als sehr kritisch an.

Ein anderer, aber auch nicht empfehlenswerterer Ansatz ist die hochdosierte Gabe von Prostaglandinen, die Gebärmutterkontraktionen auslösen, welche die Föten damit aus ihrer Einnistung herauslösen, so dass die Föten abgehen.

Weitere Variante: Der Hündin wird ein Antigestagen gespritzt, dass die Nidation, also die Einnistung eines eventuell befruchteten Eis in die Gebärmutterschleimhaut verhindert. Wichtig ist dabei der richtige Zeitpunkt nach der Bedeckung, der auch nicht zu früh erfolgen darf. Wehrend (2006) rät dazu, das Ende der Läufigkeit abzuwarten. Dennoch sollten Sie mit Ihrer frisch gedeckten Hündin Ihren Tierarzt aufsuchen, um mit ihm das weitere Vorgehen abzusprechen. Abwarten, ob die Hündin vielleicht doch nicht schwanger ist und sich dann zu einem Abort zu entschließen, halte ich persönlich für tierschutzrelevant. Auch wenn Ihnen das Schicksal der ungeborenen Welpen egal sein sollte, so dürfte das nicht für das Wohl Ihrer Hündin gelten – und hier muss man ganz klar sagen, dass eine Aborteinleitung nach dem 35. Tag ein immenses Risiko für Ihre Hündin birgt, weil es sein kann, dass sich die Gebärmutter nicht vollständig entleert, Reste zurückbleiben, die dann eine Gebärmutterentzündung auslösen.

Das Verhindern der Austragung ungewollter Welpen geschieht in der Regel also über die Gabe von Hormonen, die entweder die Einnistung eines Eis verhindern, bzw. zu einer Abstoßung bereits eingenisteter Eizellen führen – und nicht über die unmittelbare Kastration der Hündin.

Aber auch, wenn Ihre Hündin „nur" Hormone gegen die Einnistung der Eier bekommen hat, müssen Sie sie in der Folgezeit genau beobachten, da auch diese Hormongabe eine Gebärmutterentzündung auslösen kann. Warnzeichen können sein: Vermehrter Durst, verbunden mit vermehrtem Urinabsatz, häufiges Lecken an der Scheide, Trägheit, Fieber, Fressunlust.

Unannehmlichkeiten während der Läufigkeit vermeiden

Neben der konkreten Trächtigkeitsprophylaxe geben 32 % der Hündinnenhalter in der Bielefelder Studie an, sich Unannehmlichkeiten rund um die Hitze ersparen zu wollen, wie das Verfolgtwerden von Rüden, die Präsenz fremder Rüden im Vorgarten, einfach auf die Hündin aufpassen zu müssen, gewohnte Spaziergänge nicht mehr gehen zu können, weil hoch frequentiert von Rüden, Verschmutzung der Wohnung, Erschwernis der Urlaubsplanung, Ausfall von Sportprüfungen, etc. Besitzer von Mischlingshündinnen nennen diesen Grund tendenziell öfter (mit 35 %) als Rassehündinnenbesitzer (30 %).

Bei 23 % der Hündinnenbesitzer spielt die Tatsache, dass ein Rüde mit im Haushalt lebt, eine Rolle in der Entscheidung für eine Kastration. So plädiert die Besitzerin einer 13 Monate alten Deutschen Schäferhündin für eine Kastration, weil diese nur positive Aspekte bringe:

Nur positiv; keine „lästigen" Rüden während der Läufigkeit vor der Tür; spazierengehen wann es beliebt; kein „Dreck"; angenehmes Wesen behalten (jung geblieben!).

Fasst man all diese Aspekte zusammen, so drängt sich der Eindruck auf, dass Hündinnen meist deswegen kastriert werden, weil sich die Halter davon ein stressfreieres Zusammenleben mit dem Hund erhoffen. Keine Blutflecken auf dem Teppich, keine aggressiven Verstimmungen der Hündinnen in Zeiten der Läufigkeit, kein Aufpassen müssen auf die Hündin in Zeiten der Stehtage.

Dazu ist zweierlei zu sagen: Erstens sind die Beeinträchtigungen längst nicht so groß, wie sie sich unerfahrene Hündinnenhalter vorstellen. Nicht von ungefähr zeigen die Daten der Bielefelder Studie, dass diese Haltergründe bei Hündinnenbesitzern nach den ersten erlebten Läufigkeiten der Hündin deutlich abnehmen. Man erkennt, dass sich die Hündin in Normalfall sehr gut sauber hält, die Wohnungseinrichtung also keinen Schaden nimmt. Man erkennt, dass man die unterschiedlichen Zyklusstadien auch als Laie gut unterscheiden kann und dementsprechende Maßnahmen ergreifen kann, um nicht Gefahr zu laufen, mit unerwünschtem Welpensegen konfrontiert zu werden.

Zweitens: Wer nicht bereit ist, diese normalen Vorgänge bei seinem Hund mitzutragen, der sollte besser auf die Hundehaltung verzichten. Ich kann mich da nur Mertens/Unshelm anschließen: „Diese Begründung (der Unannehmlichkeiten in der Läufigkeit, Anm. d.

Verf.) sollte allerdings nicht zum Anlass genommen werden, einen Hund zu kastrieren, da die Vorteile im Vergleich zu den entstehenden Risiken oft nicht zu rechtfertigen sind." (1997, S. 638)

Leiden durch unerfüllten Sexualtrieb?

Schließlich glauben eine Reihe von Hundehaltern, dass ihre Hunde unter der Nichterfüllung ihres Sexualtriebes leiden und daher die Kastration eine wichtige Maßnahme zur Erhaltung der seelischen Gesundheit ihrer Hunde ist:

Keine (sonstigen Gründe), außer dem Wunsch, meiner Hündin den Stress des Vermehren-Wollens-aber-nicht-dürfens zu nehmen! (Besitzerin eines 14 Monate alten Chow Chow-Golden Retriever-Mixes)

Wir wohnen in der Stadt. Ein natürliches Liebesleben ist nicht erfüllbar; trotz 2.000 m² Garten! (Besitzerin eines Münsterländer/Labrador/Schäferhund/Doggen-Mixes)

Bezüglich dieses „Grundes" kann man Hundehalter beruhigen: es liegt eher in der Natur der Lebensbedingungen von Hunden, dass sie eben nicht nach Lust und Laune zum Zuge kommen, sondern abhängig von ihrem sozialen Status in ihrer Gruppe. Als Faustregel gilt: Nur der männliche und der weibliche Chef haben Sex und dürfen sich fortpflanzen. Wer die Regel nicht akzeptieren will, muss das Rudel verlassen und sich eine neue Partnerin/einen neuen Partner suchen, mit dem er/sie dann als Chef ein neues Rudel gründen kann.

Kastration zur Verhaltensbeeinflussung

Nur 14 % der Hündinnen (entspricht einer absoluten Zahl von nur 83 Hündinnen) in der Bielefelder Studie wurden aufgrund von Verhaltensproblematiken kastriert (aber 74 % der Rüden). In Heidenbergers Studie (2000) waren es gar nur 5 % der Hündinnen.

Hier stellt sich natürlich die Frage, welche Probleme es sind, die Halter veranlassen, ihren Hund kastrieren zu lassen.

Die Bekämpfung der *Aggressionsproblematik* steht hier deutlich im Vordergrund! In 34% dieser Fälle (bzw. bei 5% aller kastrierten Hündinnen) erhoffen sich die Halter, dass eine in der Zeit rund um die Läufigkeit zunehmende Aggressivität der Hündin durch die Kastration entfällt:

Damit die Hündin die teilweise auftretende Zickigkeit von geschlechtsreifen Hündinnen erst überhaupt nicht zeigt. (Besitzerin einer Französischen Bulldogge)

28% der Besitzer, die ihre Hündin aus Verhaltensgründen kastrieren ließen (entspricht 4% aller Hündinnen) erhoffen sich eine Reduktion des Aggressionsverhaltens gegen andere Hündinnen, das unabhängig von der Läufigkeit vorhanden ist. 26% der Besitzer, die Verhaltensgründe genannt hatten (entspricht 4% aller Hündinnen) ließen ihre Hündin kastrieren, weil sie generell weniger aggressiv gegen andere Hunde werden sollte. Fazit: Man erhofft sich also, Aggressionsverhalten der Hündin mittels Kastration eindämmen zu können. Dabei geht es um das Aggressionsverhalten gegenüber anderen Hunden – nicht gegenüber Menschen. Nur 0,3% aller Hündinnen wurden wegen aggressiven Verhaltens gegenüber dem eigenen Besitzer kastriert, 1% wegen aggressiven Verhaltens gegenüber Fremden.

Neben der Hoffnung auf Reduktion vorhandenen Aggressionsverhaltens erwarten knapp ein Viertel (22%) der Hündinnenbesitzer, für die Verhaltensgründe eine Rolle gespielt haben, dass ihre Hündin nach der Kastration *ruhiger* werden möge (dies entspricht 3% aller Hündinnenbesitzer). 17% (entsprechend 2% aller Hündinnenbesitzer) hoffen auf eine *bessere Erziehbarkeit*.

Werden Hündinnen unterschiedlicher Rassen aus unterschiedlichen Gründen kastriert?

Bei den Rassehündinnen liegt der Anteil der aus medizinischen Gründen kastrierten mit 84% höher als bei den Mischlingshündinnen mit 76%. Umgekehrt sind Haltergründe bei Mischlingshündinnenbesitzern mit 69 % stärker vertreten als bei den Rassehündinnenbesitzern mit 60 %. Auch Verhaltensgründe spielen bei den Mischlingshündinnen mit 18 % eine größere Rolle als bei den Rassehündinnen (12 %).

Neben diesem Vergleich von Mischlings- und Rassehunden interessierte weiter, ob man zwischen den einzelnen Rassegruppen eventuell auch Unterschiede finden kann. Werden manche Rassegruppen z. B. eher aus medizinischen Gründen kastriert, andere dagegen eher, weil man sich eine positive Verhaltensverbesserung erhofft?

Vergleich der einzelnen Rassegruppen

In die folgende Analyse wurden nur jene Rassegruppen einbezogen, bei denen die Fallzahl von mindestens je 30 Hündinnen erreicht wurde. Dies betrifft die Gebrauchshunde (79), die Hütehunde (70), die Retriever (44), die Terrier (37) und die Jagdhunde (30).

Medizinische Gründe sind bei allen Gruppen hoch vertreten. Der höchste Wert findet sich mit 87 % bei den Jagdhunden, jedoch dicht gefolgt von den Gebrauchshunden mit 86 % und den Hütehunden mit 84 %. Retriever (77 %) und Terrier (76 %) folgen in einigem Abstand.

Verhaltensgründe spielen im Vergleich zu den medizinischen Gründen eine geringe Rolle. Sie sind noch am stärksten bei den Hütehunden und den Gebrauchshunden mit jeweils 14 % vertreten, dicht gefolgt von den Terriern mit 11 %. Bei den Jagdhunden findet sich mit 7 % ein sehr geringer Wert (was übrigens auch dann gilt, wenn man die hier ansonsten nicht weiter mit berücksichtigten anderen Gruppen anschaut.)

Haltergründe sind bei allen Gruppen stark vertreten, spielen bei den Gebrauchshunden mit 56 % noch die geringste Rolle. Am stärksten vertreten sind sie bei den Terriern (70 %), gefolgt von den Hütehunden (67 %) und den Retrievern (66 %), die Jagdhunde folgen mit 60 % in kleinem Abstand.

Für *alle* Gruppen gilt:

▸ medizinische Gründe stehen an erster Stelle mit Werten zwischen 77% und 87%

▸ Haltergründe stehen an zweiter Stelle mit Werten zwischen 56% und 70%

▸ Verhaltensgründe liegen weit abgeschlagen an dritter Stelle mit Werten zwischen 7% und 14%.

Bei den **Terriern** jedoch fällt auf, dass die medizinischen Gründe mit 76% nur in geringem Abstand vor den Haltergründen mit 70% liegen.

Bei den **Retrievern** sind mit 77% die medizinischen Gründe im Vergleich zu den anderen Gruppen seltener vertreten, führen aber auch die Rangfolge an. Haltergründe folgen mit 66% zwar nicht so dicht wie bei den Terriern, aber in deutlich geringerem Abstand als das bei den anderen Gruppen der Fall ist.

Bei den **Gebrauchshunden** dagegen dominieren die medizinischen Gründe mit 86% sehr deutlich gegenüber den Haltergründen mit 56%.

Ähnliches gilt für die **Jagdhunde**: 87% medizinische Gründe, 60% Haltergründe, bei denen, wie gesagt, der extrem niedrige Wert für Verhaltensgründe auffällt.

Bei den **Hütehunden** ist der Abstand zwischen erstgenannten medizinischen Gründen (84%) und zweitgenannten Haltergründen mit 67% nicht ganz so groß, auffällig ist der von allen Gruppen höchste Anteil der Verhaltensgründe mit 14%.

Noch einige Bemerkungen zu den anderen Rassegruppen mit geringer Fallzahl: hier fällt auf, das sämtliche 13 Schweizer Sennenhunde, 11 Molosser, 9 Teckel und 4 Windhunde aus medizinischen Gründen kastriert worden sind. Bei keinem Molosser, Windhund und Neufundländer/Landseer spielten Verhaltensgründe eine Rolle.

Hinsichtlich der Frage nach möglichen Rasseunterschieden im Fragekomplex „Verhaltensbeeinflussung" können, bezogen auf die Hündinnen (im Unterschied zu den Rüden), keine Aussagen getroffen werden, da in der Bielefelder Studie nur 45 Rassehündinnen überhaupt erfasst wurden, die kastriert worden sind, weil man ihr Verhalten positiv beeinflussen wollte. Wird diese geringe Anzahl auf sämtliche Rassegruppen unterteilt, so ergibt sich pro Rassegruppe eine zu geringe Fallzahl, die keine weiteren Differenzierungen erlaubt.

Fazit: Gründe für eine Kastration der Hündin

Hündinnen werden früh kastriert, sie werden hauptsächlich aus medizinischen Gründen, weniger aufgrund von Verhaltensproblematiken kastriert. Unter den medizinischen Gründen stehen die Prophylaxemaßnahmen an erster Stelle. Da diese wiederum am besten greifen sollen, wenn die Hündin sehr früh, gar vor der ersten Läufigkeit kastriert wird, erklärt sich daraus vermutlich das doch sehr junge Alter vieler Hündinnen zum Kastrationszeitpunkt. Besitzer junger Hündinnen tendieren ferner dazu, ihre Hündin zu kastrieren, um sich Unannehmlichkeiten durch die Läufigkeit zu ersparen. Dies ist bei Hündinnenbesitzern, deren Hündin mittlerweile 2 Jahre alt geworden ist, zwar immer noch zu knapp einem Drittel ein Grund – damit aber deutlich weniger stark verbreitet. Offenbar relativieren sich Befürchtungen über Unannehmlichkeit und Einschränkungen, wenn die Besitzer erst einmal erste Läufigkeiten mit ihrer Hündin „durchgestanden" haben.

Was die Stichhaltigkeit der Gründe betrifft, so dürfte Ihnen klar geworden sein, dass das, was in der Regel als Hauptargumentation für eine – dann auch noch möglichst frühe Kastration – genannt wird, äußerst kritisch zu hinterfragen ist. Das gilt insbesondere für die Prävention von Gesäugetumoren und für die Verhinderung einer ungewollten Trächtigkeit.

Juristisch gesehen muss die weite Verbreitung des Grundes, dass man sich Unannehmlichkeiten während der Läufigkeit ersparen will, als kritisch bewertet werden, gilt doch die Kastration nach Paragraph 6 des Tierschutzgesetzes als eine Amputation. Solche dürfen nur bei guten Gründen durchgeführt werden, ansonsten sind sie verboten (siehe Seite 130).

Um Pro und Contra einer Kastration der Hündin genau bewerten zu können, bedarf es aber nicht nur einer Untersuchung der Stichhaltigkeit genannter Gründe, sondern auch einer Betrachtung der möglichen Folgen einer Kastration.

Welche Folgen kann eine Kastration haben?

Wenn man sich mit der Frage nach der Kastration der Hündin beschäftigt, so muss zur Abwägung natürlich Wissen über mögliche Auswirkungen der Kastration herangezogen werden.

Was bestimmte medizinische Auswirkungen betrifft, so sind diese häufiger Gegenstand der wissenschaftlichen, in der Regel veterinärmedizinischen Literatur. Doch selbst dort findet man z.T. stark voneinander abweichende Aussagen – was zum Beispiel die Frage der besonderen Anfälligkeit verschiedener Rassen für ein Auftreten der gefürchteten Inkontinenz nach der Kastration betrifft – siehe Seite 109. Was mögliche Auswirkungen auf das Verhalten der Hündin angeht, so ist in der wissenschaftlichen Literatur zu diesem Themenkomplex nicht viel zu finden. Die Bielefelder Studie hatte es sich daher zum Ziel gesetzt, mögliche Folgen auch auf der Verhaltensebene zu untersuchen.

Die hier zusammengefassten Folgen beruhen – darauf muss deutlich hingewiesen werden – auf den *subjektiven* Einschätzungen der Halter. Es handelt sich nicht um objektiv messbare Veränderungen im Gesundheits- und/oder Verhaltensbereich. Dies birgt natürlich Fehlerquellen – sei es, dass ein Hundehalter eventuell etwas negativer wahrnimmt, wenn er von vornherein nicht wirklich vom Sinn der Kastration überzeugt gewesen ist, sei es, dass er einfach erhoffte Verbesserungen auch sehen will. Kein Tierarzt beurteilt, ob die beobachtbaren körperlichen Veränderungen im Zusammenhang mit der Kastration zu sehen sind, kein Hundetrainer oder Verhaltensberater klassifiziert mögliche Veränderungen.

Ich möchte die Ergebnisse getrennt nach möglichen Folgen auf der körperlichen/gesundheitlichen Ebene zum einen und Folgen auf das Verhalten zum anderen für Sie zusammen fassen.

Mögliche körperliche Folgen

In der medizinischen Literatur werden als mögliche Folgen einer Kastration der Hündin genannt: Inkontinenz, verlängerte Wachstumsperiode, gesteigerter Hunger, Gewichtszunahme, Fellveränderungen – entweder in Form einer Vermehrung der Wollhaare, besonders bei langhaarigen Rassen mit glänzendem Deckhaar, oder symmetrisch auftretende haarlose Stellen im Flankenbereich. Ferner kann es zu hartnäckigen Entzündungen im Bereich der Vulva kommen, weil sich häufig die Vulva einzieht und dann mit der Haut der sogenannten Perinealregion tiefe Falten bildet, in denen sich Keime gut halten können. Letzteres betrifft vor allem fettleibige Hündinnen (Gautschi, 1998).

Hündinnenbesitzer nennen weniger häufig (46%) als Rüdenbesitzer (60%) sichtbare körperliche Auswirkungen der Kastration, dennoch sind fast die Hälfte der Hündinnen betroffen. Vergleicht man die Rassenhunde mit den Mischlingen, so zeigen sich leichte Unterschiede: 42% der Mischlingshündinnenbesitzer gegenüber 49% der Rassehündinnenbesitzer gaben an, körperliche Folgen der Kastration bei Ihrer Hündin bemerkt zu haben. Noch erheblichere Unterschiede fallen auf, wenn man die Rassegruppen untereinander vergleicht. Hier ziehe ich aber nur die 5 Rassegruppen heran, bei denen die Fallzahlen mindestens 30 Hündinnen umfassen. Während von den 37 Terrierhündinnenbesitzern 41% über körperliche Veränderungen berichten, sind es bei den 30 Jagdhündinnenbesitzern 63%. Offenbar hängt es also auch von der Rassezugehörigkeit bzw. dem Rassemix Ihres Hundes ab, inwieweit Sie mit körperlichen Folgen der Kastration rechnen müssen.

Auch das Alter bei der Kastration scheint eine Rolle zu spielen: Die Zahlen für jene Hündinnen, die zum Zeitpunkt der Kastration zwei Jahre oder älter waren, liegen mit Werten von 55%–59% körperlichen Veränderungen weit höher als bei den früh kastrierten mit 30% (bei den unter 6 Monaten alten) und 40% (bei den im Alter zwischen 6–12 Monate kastrierten).

Aber welche Folgen sind es nun überhaupt, die nach einer Kastration auftreten können?

Hündinnenbesitzer nennen an erster Stelle *Fellveränderungen* gefolgt von *Gewichtszunahme* und *vermehrtem Hunger*. *Harntröpfeln* folgt in einigem Abstand, ein geringer Anteil gibt an, dass ihr Hund nach der Kastration *erkrankt* sei und dass sich die *Wachstumsperiode* verlängert habe.

Fellveränderungen

Der Fellwuchs entwickelte sich nach der Kastration überdimensional, so dass wir den Hund im Sommer scheren müssen. (Besitzerin einer siebeneinhalbjährigen Neufundländerhündin)

Fellveränderungen werden als Folge oft genannt, empirische Daten dazu, wie viele Kastraten davon betroffen sind, habe ich leider nicht gefunden: So kann hier allein das Ergebnis der Bielefelder Studie herangezogen werden: 49% aller Hündinnen, bei denen körperliche Folgen beobachtet wurden, waren betroffen, dies entspricht 23% aller Hündinnen. Stolla (2001), Gautschi (1998), Heidenberger/Unshelm (1990) nennen als besonders betroffen die langhaarigen Rassen mit glänzendem Deckhaar. Die Wollhaare wachsen übermäßig, was dazu führt, dass die Fellpflege enorm erschwert werden kann, da sich schneller Filzplacken bilden und häufig das Scheren die einzige Maßnahme ist, die noch hilft.

Mischlingshündinnen zeigen zu 21% Fellveränderungen, Rassehündinnen zu 24%. Ein genauerer Blick auf die Rassezugehörigkeit zeigt die immensen Unterschiede: Waren nur 14% der Jagdhunde von Fellveränderungen betroffen, so nannten 62% der Hütehundbesitzer diese unerwünschte Nebenwirkung – also fünfmal so häufig! Die Retriever kommen auf eine Rate von 29%.

Auch das Alter scheint eine Rolle zu spielen: Mit 47% sind besonders jene Hündinnen betroffen, die zum Zeitpunkt der Kastration älter als 8 Jahre waren, am geringsten sind die Hündinnen betroffen, die zum Kastrationszeitpunkt unter 6 Monate oder in der Altersspanne zwischen 18 und 24 Monaten gewesen sind.

Gewichtszunahme

Als Nachteil empfinde ich, dass man ständig auf das Körpergewicht des Hundes achten muss. Sie nehmen schneller zu und man muss weniger füttern. (Besitzerin einer 22 Monate alten Dackel-Mix-Hündin)
Eine Gewichtszunahme traf auf 44 % der Hunde zu, deren Besitzer körperliche Folgen genannt haben, dies entspricht 21 % aller Hündinnen in der Bielefelder Studie. Die verfügbaren Vergleichszahlen anderer Studien lauten: Bis zu 38 % der kastrierten Hündinnen zeigen eine Gewichtszunahme (Johnston 1991). Kastrierte sind doppelt so häufig übergewichtig wie unkastrierte (Britische Studie von 1986, zit. nach Howe/Olson 2000). Man kann eine Zunahme um bis zu 50 % des Ausgangsgewichtes feststellen (Edney/Smith 1986, zitiert nach Mertens/Unshelm 1997). Laut Heidenberger (2000) wiegen kastrierte Hündinnen um 12 % mehr als intakte Hündinnen derselben Rasse. Lediglich Salmeri u.a. (1991) sehen keinen Effekt in Form einer Gewichtszunahme und/oder einer vermehrten Fetteinlagerung.
Zwischen Mischlingshündinnen und Rassehündinnen insgesamt zeigen sich keine relevanten Unterschiede, wohl aber zwischen den einzelnen Rassen: Die größte Gewichtszunahme unter den 5 Rassegruppen mit mindestens 30 Individuen verzeichnen die Jagdhunde mit 27 %, die geringsten die Retriever (14 %) und Gebrauchshunde (15 %). Von den 13 Herdenschutzhündinnen wird dagegen bei fast der Hälfte (46 %) über eine Gewichtszunahme berichtet.
Wiederum spielt das Alter eine Rolle: die höchste Rate mit 35 % haben die Hündinnen, die zum Zeitpunkt der Kastration älter als 8 Jahre waren. Mit zunehmendem Lebensalter steigt die Rate derer, die über Gewichtszunahmen ihrer Hündinnen klagen, linear an. Insgesamt sprechen die Zahlen deutlich für die Gefahr einer Gewichtszunahme.

Vermehrter Hunger

Was den vermehrten Hunger betrifft, so nannten diesen in der Bielefelder Studie 40 % aller Besitzer, die über körperliche Folgen berichteten, dies entspricht 19 % aller Hündinnenbesitzer. Heidenberger/Unshelm (1990) kommen auf eine Rate von 32 %, Johnston (1991) bejaht diese Folge, ohne konkrete Zahlen zu nennen, wiederum keine Veränderung sehen Salmeri u. a. (1991).

Zwischen Mischlingen und Rassehunden zeigen sich keine großen Unterschiede, wohl aber zwischen den Rassen: 46 % der Hütehundbesitzer gegenüber 9 % der Gebrauchshundbesitzer geben als Folge vermehrten Hunger an.

Die Daten für vermehrten Hunger und Gewichtszunahme decken sich nicht. So berichten zwar 46 % der Hütehundbesitzer über mehr Hunger ihrer Hündinnen, aber nur 21 % verzeichnen eine Gewichtszunahme. Umgekehrt ist bei nur 23 % der Herdenschutzhunde vermehrter Hunger feststellbar, 46 % haben aber eine Gewichtszunahme. Ein ähnlich verwirrendes Bild ergibt sich, wenn man den Altersfaktor mit einbezieht: So sind – wie oben beschrieben – die Seniorinnen am stärksten von einer Gewichtszunahme betroffen, doch liegen ihre Werte im Hinblick auf vermehrten Hunger mit 12 % im Vergleich zu den anderen Altersgruppen mit am niedrigsten, die höchste Rate mit 26 % haben die im Alter zwischen 24 und 26 Monate kastrierten. Lediglich bei den frühkastrierten passt das Bild: Sie nennen am seltensten eine Gewichtszunahme und am wenigsten vermehrten Hunger.

Hart & Hart (1990) verweisen auf eine Studie von Houpt und Mitarbeitern, die eine Gewichtszunahme um 2–3 Pfund nach der Kastration nachwiesen. Die Hunde hatten allerdings nicht mehr Unterhautfettgewebe aufgebaut, woraus die Autoren schließen, dass der wesentliche Einflussfaktor nicht die hormonelle Umstellung an sich, sondern veränderte Fütterung und/oder Bewegung gewesen seien.

Das Faktum der Gewichtszunahme ist offenbar nicht einfach nur einem gesteigerten Hungergefühl zuzuschreiben. Die Kastration hat Einflüsse auf den gesamten Stoffwechsel. Das bedeutet nicht nur, dass bei vielen kastrierten Hunden ein Sättigungsgefühl später eintritt, sondern auch, dass die Verstoffwechslung anders funktioniert, zum Teil einfach langsamer. Dies erklärt die immer wieder zu machende Beobachtung, dass kastrierte Hunde trotz – oft prophylaktisch – reduzierter Fütterung dennoch dicker werden. Es ist also nicht allein die Schiene: Der Hund hat mehr Hunger – der Halter gibt mehr zu fressen – daher wird der Hund dicker, sondern die Gewichtszunahme kann auch passieren, wenn Sie auf den gesteigerten Hunger Ihres Hundes nicht mit der Gabe von mehr Futter reagieren.

Ernährungsfacharzt Dr. Jürgen Zentek: „Damit (mit dem Wegfall der Produktion von Sexualhormonen) ändert sich der gesamte Stoffwechsel. Die Tiere haben größeren Appetit, futtern – sofern sie die Möglichkeit bekommen – bis zu 15 % mehr, werden aber gleichzeitig träger und verbrauchen weniger Kalorien." (zitiert nach Wissbar 2005)

Skelettentwicklung

Bei 4 % aller Hunde, die körperliche Folgen angegeben haben, wurde eine verlängerte Wachstumsperiode genannt. Diese Folge der Kastration betrifft vor allem die frühkastrierten Hunde: 9 % der Hündinnen, die zum Zeitpunkt der Kastration noch keine 6 Monate alt gewesen sind, 2 % aller im Alter zwischen 6–12 Monaten kastrierten und 3 % aller im Alter zwischen 12 und 18 Monaten kastrierten geben diese Folge an. Zwischen Mischlingen und Rassehunden zeigen sich keine Unterschiede.

Eine verlängerte Wachstumsperiode steht im Zusammenhang damit, dass sich die Wachstumsfugen (Epiphysen) verzögert schließen (Salmeri u. a. 1991). Gegenüber den nicht kastrierten Hunden verzögert sich der Epiphysenschluss um 3–4 Monate. Diese Verzögerung dauert bei den im Alter von unter 7 Wochen kastrierten noch einen Monat länger als bei den im Alter von 7 Monaten kastrierten. Frühkastrierte Hunde haben im Vergleich längere Röhrenknochen, das gilt besonders für die im Alter von 7 Wochen kastrierten.

In einer Langzeitstudie, in der die Entwicklung von früh kastrierten (vor dem Alter von 5,5 Monaten) und später kastrierten (bis zu einem Lebensjahr) verglichen wurde (Spain u.a. 2004), zeigte sich, dass die frühkastrierten eine höhere Rate von Hüftgelenksdysplasie aufwiesen, dafür war die Rate derer, die wegen dieser Hüftgelenksdysplasie eingeschläfert werden mussten, unter den später kastrierten größer. Leider macht die Studie keine Angaben zu den Daten für die Hündinnen und jenen für die Rüden, beider Daten werden zusammengefasst.

Geschlechtshormone spielen eine zentrale Rolle in der Skelettentwicklung, von daher ist es nicht überraschend, dass man Unterschiede zwischen kastrierten und nicht kastrierten findet – sofern die Hunde eben in der Phase des Wachstums kastriert werden. Aber auch bei im erwachsenen Alter kastrierten Hündinnen zeigen sich Veränderungen in der Knochenstruktur – ähnlich einer Osteoporose bei Frauen in der Menopause, jedoch hat man bei Hunden bislang keinen Hang zu verstärkten Knochenbrüchen festgestellt. Genaue Untersuchungen zu diesem Thema fehlen aber (Salmeri u.a. 1991). Eine Verzögerung der Schließung der Wachstumsfugen wird jedoch immer wieder im Hinblick darauf diskutiert, ob diese zu einer größeren Anfälligkeit für Verletzungen aller Art oder auch zu Fehlbildungen beitragen kann. Ob dies das von Cooley u.a. (2002) an Rottweilern beiderlei Geschlechts gefundene erhöhte Risiko für das Entstehen von Knochenkrebs bei kastrierten, insbesondere bei früh kastrierten erklären kann? Howe u.a. (2001) sehen jedoch keine negativen Auswirkungen auf die Skelettentwicklung bei früh kastrierten Hunden.

Sekundäre Geschlechtsmerkmale

Bei früh kastrierten Hündinnen ist eine unvollständige Ausbildung der *sekundären Geschlechtsmerkmale* zu beobachten: Solche Hündinnen haben häufig eine infantile, kleine Vulva (Salmeri u.a. 1991), diese bedingt eine erhöhte Gefahr für Entzündungen des umgebenden Gewebes, insbesondere wenn die Hündin zu dick ist

(Howe/Olson 2000, Gautschi 1998, Hecker u.a. 1999). Stolla (2001) erklärt dies mit dem Zusammenspiel von Unterentwicklung und vermehrter Fettablagerung, die den Abfluss von Urin und Vaginalsekreten erschwert und damit den Boden bildet für die Ansiedlung von Bakterien. In dem Zusammenhang muss auch erwähnt werden, dass die Junghundvaginitis in der Regel nach der ersten Läufigkeit verschwindet – was auf den Einfluss der Hormone hinweist.

Während die Studie von Howe u.a. (2001) frühkastrierte Hündinnen als nicht besonders gefährdet sieht, kommen andere Studien zu dem Ergebnis, dass eine ständig wiederkehrende Scheidenentzündung vor allem Hündinnen betrifft, die vor der ersten Hitze kastriert werden (siehe bei Johnston 1991).

Eine deutsche Studie (allerdings an lediglich 9 vor Eintritt der Geschlechtsreife kastrierten Hündinnen) konnte zeigen, dass die Ausprägung der äußeren Genitalien ab dem Zeitpunkt der Kastration vollständig unterbunden wurde. Nachuntersuchungen zeigten Sekretverklebungen in der Hautfalte, die die minderentwickelte kleine Scheide verdeckt (Hecker u.a. 1999). Die Autoren sehen einen klaren Risikofaktor in der Frühkastration, was die Erkrankung an einer Vaginitis (also einer akuten oder chronischen Entzündung der Scheide im Sinne des inneren Geschlechtsorgans) und einer Vestibulitis (Entzündung des Scheidenvorhofs) betrifft.

Wenn Ihre junge, noch nicht geschlechtsreif gewordene Hündin immer wieder mit Ausfluss zu kämpfen hat, immer wieder dagegen behandelt werden muss, sollten Sie auf jeden Fall Abstand nehmen von einer Kastration vor der ersten Läufigkeit, da Sie sich so die Chance nehmen, dass sich die Angelegenheit ganz von allein regelt. Treten bei Ihrer Hündin nach der Kastration immer wieder Entzündungen im Geschlechtsbereich auf, sollten Sie sich fragen, ob Ihre Hündin vielleicht zu dick ist, denn bei dicken Hündinnen bilden sich oft im entsprechenden Bereich Hautfalten, in denen sich dann Bakterien einnisten können. Abspecken wäre eine erste, sinnvolle Maßnahme.

Inkontinenz

Inkontinenz, also das unwillkürliche, unbewusste Harnträufeln wird in der medizinischen Literatur immer wieder als das Hauptproblem nach einer Kastration der Hündin diskutiert. Typischerweise verlieren die Hündinnen hauptsächlich im Schlaf und im Wachzustand in der liegenden Position den Urin. Das Harnträufeln kann durchgängig auftreten oder sporadisch. Interessanterweise ist der Zeitraum nach der Operation, zu dem zum ersten Mal das Harnträufeln beobachtet wird, absolut unterschiedlich und reicht von wenigen Monaten bis über 5 Jahre (Arbeiter 1986). Gautschi (1998) nennt einen Durchschnittswert von 3 Jahren nach der Operation.

Seit meine Hündin regelmäßig ihre Tablettendosis bekommt, haben wir das Problem (wegen dem sie damals ins Tierheim kam) gut in den Griff bekommen. Vergesse ich aber einmal die Gabe der Tabletten, fängt sie sofort das Harnträufeln, bzw. das Laufen an! Das ist meiner Hündin dann immer sehr „peinlich"! (Besitzerin einer Riesenschnauzer-Deutsch-Drahthaarhündin, keine Altersangabe)

In der Bielefelder Studie waren 28% der Hündinnen, bei denen körperliche Folgen beobachtet worden sind, betroffen. Das entspricht 13% aller Hündinnen. Rassehündinnen sind etwas mehr betroffen (14%) als Mischlingshündinnen (11%). Diese Zahlen sind höher als in manch anderen Studien – Heidenberger/Unshelm (1990) geben z.B. eine Rate von nur 4% an.

Arnold (1989 und 1997) nennt dagegen eine Rate von durchschnittlich 20% bei den spätkastrierten Hündinnen und 10% bei den frühkastrierten. Handelt es sich um Hündinnen, die schwerer als 20 kg sind, beziffert sie die Anzahl der inkontinenten Hündinnen gar auf 31% (Gautschi und Arnold 1999). Laut Spain u.a. (2004) haben die Hündinnen, die vor dem 3. Lebensmonat kastriert worden sind, das höchste Inkontinenzrisiko. In ihrer Studie wurden 13% dieser so früh kastrierten Hündinnen inkontinent, bei den anderen, die zwischen dem 3. und 12. Lebensmonat kastriert worden sind, beziffern sie die Rate mit 5%.

Ursachen

Die Ursache(n) der Inkontinenz nach einer Kastration ist unge-klärt. So nennt Stolla (2001) als mögliche Verursacher die Position von Blase und Blasenhals, eine Schädigung der nervösen Versor-gung der Sphinktermuskulatur als Folge der Operation, die Metho-de selbst – Ovarektomie (nur die Eierstöcke werden entfernt) versus Ovariohysterektomie (die Gebärmutter wird zusätzlich zu den Eier-stöcken entfernt), das Kupieren der Rute – und eben Östrogen-mangel.

Man kann verschiedene Inkontinenz-Ursachen bei Hündinnen ausmachen, nicht immer steht im Hintergrund eine Kastration. Nicht jede kastrierte Hündin wird inkontinent und nicht jede in-takte Hündin bleibt von der Inkontinenz verschont.

Bei der Inkontinenz nach einer Kastration spricht man in der Regel von einer sogenannten „Sphinkterinkompetenz" – der Schließ-muskel versagt teilweise. Infolge eines verminderten Verschluss-druckes der Harnröhre, durch die sich die Blase entleert, reicht der normalerweise gegebene Ruhetonus nicht aus, um den Harn zu halten – die Hündin läuft im Liegen/Schlafen aus.

Es werden nun verschiedene Ursachen dafür diskutiert, wie es zu dieser Sphinkterinkompetenz kommen kann: So fassen Blendinger u.a. (1995) zusammen: Es kann sich um durch die Operation ver-ursachte mechanische Nervenschädigungen handeln. Es kann eine veränderte Position von Blase und Blasenhals vorliegen, insbeson-dere, wenn auch die Gebärmutter entfernt worden ist. Oder es liegt ein Östrogenmangel vor – weil ja die das Östrogen produzierenden Eierstöcke nicht mehr vorhanden sind. Doch was wirklich den Aus-schlag gibt – darüber streiten die Experten. Während einige Auto-ren eine mechanische Schädigung in Betracht ziehen, kommen an-dere zu dem Schluss, dass aufgrund der anatomischen Verhältnisse eine direkte Schädigung eher auszuschließen ist (Blendinger u.a. 1995). Diese Autoren verweisen ferner auf ein Ergebnis aus der Schweiz, wonach es keinen Einfluss hat, ob die Gebärmutter mit entfernt worden ist (Gautschi und Arnold 1999). Auch zweifeln sie an der Bedeutung der Lage der Blase im Becken, da die sowieso von

Hund zu Hund variiere und sich die Anatomen streiten, was denn eigentlich die „normale" Lage der Blase ist. Was nun den Mangel an Östrogenen betrifft, so stellt sich natürlich die Frage, warum dann nicht alle kastrierten Hündinnen inkontinent werden. Einige Hündinnen sprechen auf eine Östrogentherapie an – das spricht also für eine durch Östrogenmangel verursachte Inkontinenz, aber bei anderen nutzt eine Östrogentherapie nichts – was wieder gegen den hormonellen Faktor spricht.

Zusammengefasst: Man weiß nicht wirklich genau, warum kastrierte Hündinnen so häufig inkontinent werden.

Einfluss von Größe und Gewicht

Es gibt jedoch einen Faktor, der von wesentlicher Bedeutung zu sein scheint: die Größe der Hunde. Diverse Studien haben sich mit der Frage beschäftigt, ob es erstens Rassen gibt, die eher zu Inkontinenz nach Kastration neigen und ob es zweitens – rasseunabhängig – von Bedeutung ist, wie groß und damit auch wie schwer die Hündinnen sind.

Es scheint die Faustformel zu gelten: kleinere Rassen sind seltener, größere Rassen sind häufiger betroffen. Doch nicht einmal diese Faustformel stimmt so pauschal: Es decken sich längst nicht alle Ergebnisse:

Zwischen den Rassegruppen zeigten sich in der Bielefelder Studie große Unterschiede. Die höchste Rate hatten bei den Hündinnen die Hütehunde und Sennenhunde (je 23 %), es folgen Gebrauchshunde (17 %), Nordische Hunde (16 %), (Terrier 16 %), Herdenschutzhunde (15 %), Gesellschaftshunde (14 %), Retriever (11 %) Jagdhunde (10 %). Hier lässt sich kein klarer Größenzusammenhang erkennen. Wieso sind die Hütehunde führend? Warum gibt es keinen relevanten Unterschied zwischen den kleinen Terriern und Gesellschaftshunden auf der einen Seite und den großen Herdenschutzhunden auf der anderen Seite?

Andererseits: Bei einer Analyse des möglichen Zusammenhangs zwischen Größe (unter 40 cm vs. über 40 cm) und Inkontinenzrate zeigten sich in der Bielefelder Studie erhebliche Unterschiede:

13% der Hündinnen, die unter 40 cm groß sind, gegenüber 33% der größeren Hündinnen, wurden nach der Kastration inkontinent – dies könnte als Entsprechung zu den bisherigen Ergebnissen zum Zusammenhang zwischen Gewicht und Inkontinenz gesehen werden. Offensichtlich spielt aber die Rassezugehörigkeit neben der bloßen Größe ebenfalls eine wichtige Rolle.

Zum Vergleich die Zahlen anderer Studien: Eine großangelegte britische Studie von Holt und Thrusfield (1993) sieht erstens besonders die großen Rassen betroffen und zweitens besonders die Rassen, deren Ruten kupiert werden (wurden). Sie stellen eine besondere Häufung bei Bobtails, Rottweilern, Dobermännern, Weimaranern, Springerspaniels, Irish Setter und Collies fest, wohingegen Labradore und Deutsche Schäferhunde ein geringeres Risiko tragen. Im Unterschied zu anderen Autoren (wie z. B. Arnold u. a. 1989, Ruckstuhl 1978, Arbeiter 1986, Gautschi 1998) sehen die Briten kein erhöhtes Risiko beim Boxer. Es gibt hier jedoch ein Aber: Denn die Autoren haben eine Häufung bei an der Rute kupierten Rassen gefunden – dies sind wiederum in der Studie vor allem die großen Rassen gewesen! Das macht es also schon schwer, den ursächlichen Grund zu ermitteln: Sind z. B. Rottweiler nach Kastration so häufig inkontinent, weil ihre Rassezugehörigkeit sie dazu prädestiniert? Weil sie groß und schwer sind? Oder weil sie (1993) grundsätzlich kupiert gewesen sind?

Man müsste heute Vergleichsstudien machen, in denen man kupierte und unkupierte Hunde einer Rasse vergleicht sowie kleine kupierte und große kupierte – derartige Studien sind mir aber nicht bekannt.

Blendinger u. a. (1995) sehen in ihrer deutschen Studie Boxer, Bobtails, Irish Setter und Riesenschnauzer als besonders betroffen, selten Berner Sennenhunde und Deutsche Schäferhunde. Abweichend von anderen Ergebnissen waren in ihrer Studie die Rottweiler selten betroffen.

Gautschi und Arnold (1999) fanden in ihrer Studie, dass von 6 frühkastrierten Boxerhündinnen keine einzige inkontinent geworden ist, aber von den 20 spätkastrierten Boxern 65%. Alter scheint also auch eine Bedeutung zu haben (siehe unten) – und es könnte sein, dass der Einfluss des Alters wiederum bei verschiedenen Rassen unterschiedlich ausfällt, was die inkonsistenten Ergebnisse hinsichtlich den Auswirkungen einer Frühkastration betrifft.

Stöcklin-Gautschi (2000) konnte einen Einfluss des Gewichts nachweisen: 13 % der über 20 kg schweren gegenüber nur 5 % der unter 20 kg leichten Hündinnen wurden nach der Kastration inkontinent.

In Ruckstuhls (1978) Studie zeigt sich ebenfalls der Einfluss des Gewichts: 6 % der unter 15 kg schweren, aber 17 % der über 16 kg schweren Hündinnen wurden inkontinent.

Das Besondere an der Studie von Blendinger u. a. (1995) ist, dass sie nicht einfach zwei Gewichtsklassen vergleichen, sondern die schweren Hunde in 3 Klassen unterteilen: 20–30 kg, 30–40 kg, über 40 kg. Es zeigt sich, dass das höchste Risiko in der Gruppe der 20–30 kg schweren liegt, in den schwereren Gruppen ist es dann wieder rückläufig, so dass bei den über 40 kg schweren kein Unterschied zu den 10–20 kg schweren besteht! Diese deutsche Studie bestätigt also zwar einerseits, dass eher schwerere Hündinnen über 20 kg betroffen sind – 58 % der Hündinnen. Andererseits konnte die These, dass besonders schwere Vertreter einer Rasse im Vergleich zu den leichten Vertreten der gleichen Rasse ein höheres Risiko haben, nicht pauschal belegt werden: Beim Deutschen Schäferhund, beim Boxer und beim Irish Setter waren die inkontinenten Hündinnen leichter als die nicht inkontinenten schwereren Vertreter der gleichen Rasse. Bei den Cockern, Riesenschnauzern, Bobtails und Deutsch Drahthaar war das Gegenteil der Fall. Bei Mischlingen wiederum lag das Durchschnittsgewicht der inkontinenten deutlich über dem der nicht inkontinenten.

Kastrationsalter und Inkontinenz

Neben Größe/Gewicht/Rasse wird auch das Alter bei der Kastration als Einflussfaktor diskutiert. Bietet eine Frühkastration einen größeren Schutz vor der Entstehung einer Inkontinenz? Oder ist genau das Gegenteil der Fall? Doch auch hier sind die Ergebnisse nicht einheitlich.

In der Bielefelder Studie wiesen die Hündinnen, die im Alter von unter 6 Monaten kastriert worden sind, die geringste Rate (3%) auf und jene, die zwischen ihrem 6. und 12. Lebensmonat kastriert worden sind, eine Rate von 10%. Bei allen Altersstufen darüber schwankt die Quote zwischen 15% und 18%. Interessanterweise gibt keiner der Seniorenbesitzer an, dass seine Hündin nach der Kastration inkontinent geworden ist.

Auch Arnold (1997) stellt eine geringere Inkontinenzrate bei den früh kastrierten fest. Howe u.a. (2001) sehen zumindest keine erhöhte Inkontinenzrate bei früh kastrierten. Stolla (2001) verweist dagegen auf eine britische Studie, in der die Rate der vor der ersten Läufigkeit kastrierten Hündinnen mit 10% deutlich höher ist als jene der nach der ersten Läufigkeit kastrierten (4%). Auch Arbeiter (1986) verweist auf eine Britische Studie, nach der die Rate der an Inkontinenz erkrankten Hunde bei den vor der ersten Läufigkeit kastrierten Hunden mit 21% deutlich höher war als bei den nach der ersten Läufigkeit kastrierten mit 0,6%.

Gautschi und Arnold (1999) können retrospektive Daten zu einer größeren Fallmenge (412 kastrierte Hündinnen, darunter 206 frühkastrierte) vorlegen. Der Vergleich von früh mit spät kastrierten Hündinnen lässt sich wie folgt zusammenfassen:

Pro Frühkastration spricht, dass die Auftretenswahrscheinlichkeit bei den frühkastrierten geringer ist: 5% der frühkastrierten gegenüber 9% der spätkastrierten Hündinnen unter 20 kg, und 13% der frühkastrierten gegenüber gar 31% der spätkastrierten Hündinnen über 20 kg entwickelten eine Inkontinenz. Das durchschnittliche Intervall zwischen der Kastration und dem erstmaligen Auftreten unterscheidet sich mit 2,8 bzw. 2,9 Jahren nicht voneinander.

Aber: Die Symptome bei den frühkastrierten sind heftiger: Während 98% der spätkastrierten den Urin nur während des Schlafes verlieren, verlieren 60% der frühkastrierten sowohl im Schlaf als auch im Wachzustand den Urin. Während 57% der spätkastrierten täglich, 30% einmal die Woche und 13% einmal pro Monat Urin verlieren, lauten die Zahlen für die frühkastrierten: 90 % verlieren täglich, die restlichen 10 % einmal pro Woche den Urin.

Alles zusammen genommen muss man zu dem Schluss kommen, dass das Risiko des Auftretens einer Inkontinenz nach einer Kastration bei der Hündin schwer abzuschätzen ist. Man kann wohl lediglich mit einiger Sicherheit resümieren, dass die unter 10 kg schweren Hunde eher selten betroffen sind und dass große Hunde zwischen 20 und 30 kg eher häufiger betroffen sind. Da in Deutschland das Rutenkupieren glücklicherweise verboten ist, braucht man nicht mehr darauf hinzuweisen, dass Kupierte ein erhöhtes Risiko zu tragen scheinen. Hinsichtlich konkreter Rasseangaben muss man sich schwer tun. Tendenziell scheinen Boxer, Dobermänner, Rottweiler, Bobtails und Irish Setter besonders betroffen – aber auch diese Aussage ist nur mit großem Vorbehalt zu treffen. Als relativ aus dem Schneider sind die Dackelbesitzer zu nennen, für die Besitzer der ebenfalls kleinen Terrier kann man das aber so nicht stehen lassen. Und man kann auch keinen eindeutigen Ratschlag geben, in welchem Kastrationsalter das Risiko der Entwicklung einer Inkontinenz am geringsten ist.

Therapiemöglichkeiten

Abschließend noch einige Worte zu den Behandlungsmöglichkeiten. Inkontinenz ist für alle Beteiligten – auch für die Hündin selbst – ein schwer belastender Faktor. Bei den großen Hunden fällt es in der Regel noch mehr ins Gewicht, da größere Blasen natürlich größere Mengen Urins enthalten und so der austretende Urinsee bei größeren Hunden schon ziemlich heftig ausfallen kann. Kein Hund wacht gern im eigenen Urin auf. Man muss also etwas unternehmen – vom Gestank und von Hygienefragen für den Menschen mal ganz abgesehen.

Welche Möglichkeiten hat man? In der Regel versuchen die Tierärzte, das Problem medikamentös in den Griff zu bekommen. Hierbei gibt es zwei unterschiedliche Ansätze: Erstens die **Östrogentherapie**. Wie oben beschrieben, wird der Östrogenmangel als Einflussfaktor auf das Entstehen einer Inkontinenz gesehen. Konsequenterweise besteht ein Therapieansatz darin, der Hündin Östrogene zuzuführen. Diese sollen z. B. einen direkten Einfluss auf die Muskelfasern des Schließmuskels haben. Einschränkend ist jedoch zu sagen, dass nicht alle Hündinnen auf diese Therapie ansprechen. Was aber schwerer wirkt, sind mögliche Nebenwirkungen der Therapie, unter denen vor allem die potentielle Schädigung des Knochenmarkes mit daraus resultierenden Erkrankungen zu nennen ist: z. B. eine Anämie (die roten Blutkörperchen werden beschleunigt abgebaut, haben eine verkürzte Lebensdauer, dadurch kommt es u. a. zu einer Mangelversorgung mit Sauerstoff), eine Leukopenie (zu wenige weiße Blutkörperchen, dadurch kommt es zu Störungen des Immunsystems) oder eine Thrombozytopenie (Verringerung der für die Blutgerinnung zuständigen Blutplättchen) (Blendinger u. a. 1985). All dies kann lebensbedrohlich sein. Ferner kann eine Östrogentherapie dazu führen, dass die Hündin für Rüden attraktiv riecht und entsprechend belästigt wird. Arbeiter (1986) spricht sogar davon, dass es in diesen Fällen dazu kommen kann, dass die Hündin von Rüden vergewaltigt und dabei verletzt werden kann. Schließlich kann die Östrogentherapie auch eine Alopezie – also eine Kahlheit durch Haarausfall hervorrufen.

Zweitens: Die Therapie mit sogenannten „Sympathomimetika" – das sind Stoffe, die die Wirkung des Sympathikus nachahmen. Sie wirken entweder direkt erregend auf die entsprechenden adrenergen Rezeptoren, oder sie wirken indirekt darüber, dass sie die Ausschüttung von Noradrenalin bewirken – und dieses Noradrenalin bewirkt dann die entsprechende Erregung. Die adrenergen Rezeptoren spielen eine wichtige Rolle bei der Speicherung des Urins. Durch die Stimulierung der Rezeptoren am Blasenhals und der Harnröhre wird der Tonus der Harnröhre erhöht, der Schließmuskel gestärkt. Sie führen zu einer Erhöhung des Verschlussdruckes in der Harnröhre, die Hündin erlangt wieder Kontinenz.

Man verwendet dabei die Wirkstoffe Ephedrin oder Phenylpropanolamin. Blendinger u. a. haben 1995 beide Substanzen in ihrer Wirkweise verglichen. Beim Einsatz von Ephedrin verschwand bei 70 % der Hündinnen das Problem – so lange die Medikamentation erfolgte. Bei 93 % wurde es insgesamt besser. 26 % der Hündinnen entwickelten vorübergehende Nebenwirkungen. Typische Nebenwirkungen beim Ephedrin sind als körperliche Folgen: Blutdrucksteigerung, Herzarythmien, Unruhe, Schwindel. Wenn das Herz Ihrer Hündin nicht in Ordnung ist, sollte sie nicht mit Ephedrin behandelt werden. Aber auch Verhaltensfolgen werden genannt: Übererregbarkeit und Ängstlichkeit.

Beim Einsatz von Phenylpropanolamin reagierten 97 % der Hündinnen positiv. Eine geringere Anzahl (9 %) zeigte Nebenwirkungen. Als Nebenwirkungen werden Lethargie und Inappetenz (fehlendes Verlangen, z. B. nach Nahrung) genannt, aber auch Übererregbarkeit und Aggressivität.

Der britische Biologe und Verhaltenstherapeut Dr. Peter Neville hat auf Erfahrungsberichte seiner Praxis hingewiesen, wonach kastrierte Hündinnen, die mit Propanol behandelt wurden, ein gesteigertes Aggressionsverhalten gezeigt haben. Neville erklärt diese Beobachtung mit einer Nebenwirkung dieses Stoffes im Gehirn: Er wirkt enthemmend. Neville diskutiert, ob die häufige Beobachtung einer Aggressionssteigerung bei Hündinnen nach Kastration auf den Wegfall der „friedensstiftenden" Östrogene oder vielleicht auf die Behandlung einer Inkontinenz mit Propanol zurückzuführen ist (persönliche Mitteilung). Blendinger u.a. (1995) plädieren aufgrund geringerer Nebenwirkungen für den Einsatz dieser Sympathomimetika anstatt einer Östrogenbehandlung.

Neben der medikamentösen Behandlung sind noch andere Maßnahmen möglich: So beschreibt Arbeiter (1986) gute Erfahrungen mit Akupunktur und Neuraltherapie, aber auch mit der Verabreichung eines Homöopathikums (Causticum D6). Gautschi (1998) verweist auf gute Erfahrungen mit der Injizierung von Kollagen in die Harnröhrenwand. Schließlich sind noch operative Maßnahmen denkbar. Eine Methode ist z. B. ein künstlicher Schließmuskel. Kniese (2005) berichtet über eine neue Operationsmethode, bei der die Blase fixiert wird (Kolposuspension). Hintergrund: Man nimmt an, dass eine Verlagerung der Harnblase nach hinten ins Becken für die Inkontinenz verantwortlich sein könnte.

Man kann die Inkontinenz der Hündin medikamentös in der Regel gut behandeln. Doch handelt es sich dabei meist um eine lebenslange Dauertherapie, und die Nebenwirkungen können bedeutsam sein – insbesondere was die körperlichen Auswirkungen einer Östrogentherapie auf eine mögliche Schädigung des Knochenmarks anbelangt und was die Therapie mit Sympathomimetika in bezug auf unerwünschte Verhaltensänderungen betrifft.

Sollten Sie bei Ihrer kastrierten Hündin, die wegen Inkontinenz medikamentös behandelt wird, Verhaltensänderungen wie Aggression, Übererregbarkeit oder Ängstlichkeit feststellen, dann sollten Sie in Absprache mit Ihrem Tierarzt eine eventuelle Umstellung, ein zeitweises Absetzen besprechen, um zu sehen, ob sich die Verhaltensveränderungen dann geben.

Neben den bisher genannten körperlichen Auswirkungen einer Kastration wurden in der Bielefelder Studie von einigen Haltern weitere Anmerkungen gemacht:

So sehen einige Besitzer nach der Kastration aufgetretene Erkrankungen in einem direkten Zusammenhang zur Kastration:

Nach einer Woche trat Epilepsie auf, mit 3 ½ Jahren mussten wir sie einschläfern lassen. Sie wurde bei der Kastration nicht richtig ausgeräumt. Deshalb war es noch schwieriger. (Besitzerin einer DSH-Border Collie-Labradormixhündin)

Andere sehen die Kastration vor dem Hintergrund anderer Krankheiten oder gar Operationen, die der Hund durchmachen musste, als einen Eingriff, den man dem Hund nicht auch noch hätte zumuten müssen, weil es keine eigentliche medizinische Notwendigkeit gegeben hatte:

Die Kastration war ein Eingriff, der nicht nötig war. Unser Hund hatte in den zwei folgenden Jahren zwei Krankheiten zu überstehen (schwere Blasenentzündung mit OP, Schilddrüsenunterfunktion), da hätte ich ihr die Kastration nicht auch noch zumuten müssen. Wer weiß, ob sie jemals Mammatumore bekommen hätte. Vielleicht bekommt sie die trotz Kastration noch ... (Besitzerin einer Schapendoeshündin)

Eine Reihe von Haltern berichtet von Komplikationen nach der Kastration, wie z. B. die Besitzerin einer achtjährigen Malteserhündin:

Nie mehr, da absolut kein Vertrauen zu Tierärzten! Der Hund hat zwei Jahre gelitten! (Besitzerin einer Malteserhündin)

Zu erwähnen sind auch noch die Bemerkungen einiger Halter, die auch bei ihrer kastrierten Hündin typische Läufigkeitsanzeichen beobachtet haben:

Hündin hat nach der OP noch ca. vier Jahre lang im richtigen Rhythmus Anzeichen wie bei einer Läufigkeit gehabt, vermehrtes Interesse an Rüden, Markieren beim Gassigehen, leichten Ausfluss, für Rüden gut gerochen. (Besitzerin einer bei der Kastration 17 Monate alten Berner Sennenhündin)

Der Grund für diese Beobachtung, die mir immer wieder von Hundehaltern geschildert wird, scheint eine nicht wirklich vollständige Entfernung der Eierstöcke zu sein. Wenige Zellen verbleibenden Gewebes können dazu führen, dass der Körper die Hormone bildet, die in der Läufigkeit eine Rolle spielen (siehe oben).

Eine erhoffte Verbesserung einer bestehenden Erkrankung wurde nur bei einer Hündin angegeben – eine Zahl, die verwundert, denn wenn Hündinnen wegen akuter Gebärmutterentzündung kastriert werden, ist diese schließlich mit der Kastration, bei der ja in der Regel die Gebärmutter mit entfernt wird, beendet. Warum die Halter dieser Hündinnen hier keine entsprechende Angabe gemacht haben, kann ich nicht beantworten.

Nachfolgendes Zitat ist gewissermaßen als Zusammenfassung möglicher negativer Folgen zu lesen:

Gewichtsprobleme, ständig hungrig und verfressen, im Alter von 7,5 Jahren Inkontinenz; attackiert 99% aller fremden Hunde (die sie vor der Kastration noch nicht kannte) – so die Besitzerin einer bei der Kastration 22 Monate alten Wolfsspitzhündin.

Mögliche Verhaltensveränderungen

Haben Hündinnenbesitzer bei ihrem Hund Verhaltenveränderungen nach der Kastration beobachtet und – wenn ja – welche?

Nur 14 % der Hündinnenbesitzer haben wie gesagt ihre Hündin

kastrieren lassen, weil sie deren Verhalten positiv beeinflussen wollten – aber 43 % der Hündinnenbesitzer berichten über Verhaltensveränderungen.

Von den Hündinnenbesitzern, die Verhaltensveränderungen gesehen haben, werden folgende Veränderungen angegeben (in Klammern jeweils die Prozentzahl bezogen auf alle kastrierten Hündinnen der Studie):

Ausgeglichener: 51 % (22 %), aktiver/lebhafter 21 % (9 %), sicherer gegenüber Artgenossen 18 % (8 %), träger/lethargischer 15 % (6 %), weniger aggressiv gegen gleichgeschlechtliche Hunde 12 % (5 %), weniger aggressiv gegen Hunde im allgemeinen 12 % (5 %), aggressiver gegen Artgenossen im allgemeinen 12 % (5 %), gehorcht besser 10 % (4 %), kann sich besser konzentrieren 10 % (4 %), unsicherer gegenüber Artgenossen 10 % (4 %), aggressiver gegen gleichgeschlechtliche Hunde 10 % (4 %), verschmuster 5 % (2 %).

Hündinnen werden zwar viel seltener als Rüden aus Gründen einer erhofften Verhaltenskorrektur kastriert, doch man kann feststellen, dass eine Kastration auch bei Ihnen Auswirkungen auf ihr Verhalten haben kann.

Bessere Erziehbarkeit?

Die von 17 % der Befragten formulierte Hoffnung, ihr Hund möge sich *besser erziehen* lassen, erfüllte sich nur für 5 % aller Halter – Rasse- wie Mixbesitzer. Mit 12 % sind es noch am ehesten die Seniorinnen, bei denen diese Verhaltensauswirkung beobachtbar ist, die Werte für die früh kastrierten liegen deutlich niedriger (0 % bzw. 4 %).

Der Hund macht jetzt Sitz und Platz. Das war vorher nicht denkbar. (Besitzerin einer dreieinhalbjährigen Samojedenhündin)

Interessanterweise findet sich bei den Hündinnen, die im Alter zwischen 18 und 24 Monaten kastriert worden sind, ein totaler Ausreißerwert: 39 % von deren Besitzern sagen, ihre Hündin gehorche nach der Kastration schlechter – was von den Besitzern aller anderen Altersgruppen so gut wie nie als Verhaltensfolge genannt wird! Der Frage eines möglicherweise besseren Gehorsams sind auch

Heidenberger/Unshelm (1990) nachgegangen – mit dem Ergebnis, dass sich der Gehorsam bei einigen wenigen Hündinnen verbessert hat, die meisten zeigten sich da unverändert.

Kindlich bleiben

Einige Hündinnenbesitzer bemerkten positiv, dass ihre (früh kastrierte) Hündin kindlich verspielt geblieben sei.

Sowohl Hündinnen als auch Rüden gegenüber sehr verträglich, immer noch verspielter, quirliger „Welpe". (Besitzerin einer Schäferhund-Ridgeback-Mixhündin)

Ausgeglichenheit

Als häufigste Verhaltensveränderung wird mit 22 % eine größere Ausgeglichenheit genannt. Während sich diesbezüglich keine Unterschiede zwischen Rassehündinnen und Mischlingshündinnen finden lassen, scheint das Kastrationsalter eine Rolle zu spielen: Ins Auge fällt, dass diese Folge der Kastration mit Abstand am häufigsten (42 %) von jenen Besitzern genannt wird, deren Hündin zum Zeitpunkt der Kastration bereits über 8 Jahre alt gewesen ist. Zum Vergleich: diese Auswirkung wird von Besitzern früh kastrierter Hündinnen wesentlich seltener genannt: nur von 9 % jener Besitzer, deren Hündin zum Zeitpunkt der Kastration jünger als 6 Monate gewesen ist und von 16 % jener, deren Hündin im Alter zwischen 6 und 12 Monaten kastriert worden ist.

Dass die häufigste Verhaltensveränderung in der größeren Ausgeglichenheit liegt, verwundert nicht, wenn man die hormonell bedingten Stimmungsschwankungen, die auch Frauen wohl nicht ganz unbekannt sind, bedenkt. Entfallen die zyklischen Veränderungen, entfallen auch die damit häufig einhergehenden Stimmungsschwankungen. Wer diese Stimmungsschwankungen bei seiner Hündin nicht ertragen kann, dem ist natürlich mit einer Kastration geholfen. Es fragt sich nur, ob es ethisch vertretbar ist, einen Hund aus diesem Grund zu kastrieren – von der rechtlichen Situation (siehe Seite 128) – einmal ganz abgesehen. Warum eher ältere Hündinnen sich nach einer Kastration in Richtung größerer Ausgeglichenheit entwickeln, kann nicht beantwortet werden. Vielleicht wird eine eigentlich altersbedingte größere Ruhe der Kastration zugeschrieben?

Ruhiger bzw. aktiver werden?

12 % der Rassehündinnen, aber nur 5 % der Mischlingshündinnen werden in der Bielefelder Studie als aktiver nach der Kastration beschrieben. Hier fällt auf, dass diese Auswirkung mit 24 % vor allem von Besitzern jener Hündinnen genannt wird, die zum Zeitpunkt der Kastration älter als 8 Jahre alt gewesen sind – bei den frühkastrierten sind es nur 6 %, bzw. 5 %. Eine Verhaltensveränderung in Richtung mehr Aktivität ist also – wenn überhaupt – vor allem bei älteren Hündinnen zu erwarten.

In Heidenbergers Studie (2000) bleiben zwei Drittel der Hündinnen in ihrem Aktivitätsniveau unverändert. Bei 18 % nahmen die Besitzer eine Zunahme der Ruhezeit wahr. Was den Spieltrieb betraf, so hielten sich – anders als bei den Rüden – ein vermehrter und ein verringerter nicht die Waage: bei den Hündinnen spielen 19 % nach der Kastration mehr, 9 % spielten weniger als vor der Kastration. Laut Heidenberger zeigen kastrierte Hündinnen eine erhöhte Wachsamkeit und Ausdauer.

Trotz des hohen Alters von 9 Jahren wirkt unsere Hündin nach der Kastration jünger und verspielter. (Besitzerin einer Deutschen Schäferhündin)
Kastration nach dem letzten Wurf, da nach jeder Läufigkeit lustlos und träge, die Hündin ist jetzt immer wie in ihren besten „normalen" Zeiten fröhlich und aktiv. Jede Scheinträchtigkeit war eine psychische Qual. Scheinträchtig wurde meine Hündin stets nach dem 1. Wurf (wenn sie dann in jeder 2. Hitze nicht gedeckt wurde). (Besitzerin einer 8jährigen Hovawarthündin)

Der Anteil von Hündinnen, die von ihren Besitzern als lethargischer beschrieben werden, liegt bei Mischlings- wie Rassehündinnen bei 6 %. Das Kastrationsalter scheint hierbei keinen so wesent-

lichen Einfluss zu haben. Auch hier „führen" die Seniorinnen (12 %), aber die Unterschiede zu den im jungen Erwachsenenalter kastrierten Hündinnen sind marginal. Frühkastrierte Hündinnen werden durch die Kastration offenbar nur sehr selten träge (zu 3 %).
Meine Hündin wurde deutlich ruhiger. (Besitzerin einer 16 Monate alten Westie-Hündin)
Ob Hunde durch eine Kastration erwünscht *ruhiger* bzw. unerwünscht *lethargischer* werden – da streiten sich die Geister. Und auch die Zahlen vorhandener Studien sprechen keine eindeutige Sprache. Salmeri u.a. (1991) fanden bei ihrer Studie an im Alter von 7 Wochen und 7 Monaten kastrierten Welpen/Junghunden ein erhöhtes Aktivitätsniveau aller kastrierten im Vergleich zu den nicht kastrierten. Johnston (1991) verweist auf eine Studie, die schlechtere Leistungserfolge bei kastrierten im Vergleich zu unkastrierten Hündinnen belegt, diskutiert aber zugleich die Frage, wie die Veränderungen in der Aktivität mit zunehmendem Alter zu unterscheiden sind von direkten Auswirkungen der Kastration. O'Farell/Peachy (1990) sehen keine Veränderung im Aktivitätsgrad. Heidenberger/Unshelm (1990) fanden bei 18 % der untersuchten Hündinnen eine Abnahme der Aktivität, bemerken aber gleichzeitig, dass Spieltrieb und Ausdauer dagegen unverändert seien. Sie können auch einen klaren Zusammenhang zwischen einer Abnahme der Aktivität und einer vermehrten Futteraufnahme und Gewichtszunahme nachweisen – ein Zusammenhang, der einleuchtet. Die oft formulierte Behauptung, eine Kastration mache eine Hündin notwendig lethargisch, lässt sich empirisch nicht halten. Erklärbar wäre eine Abnahme der Aktivität jedoch durchaus, denn man hat nachgewiesen, dass Östrogengaben bei den meisten Säugetieren – also auch bei Hunden – die Aktivität steigern. Eine Verminderung des Östrogenspiegels durch die Kastration könnte demnach ein ruhigeres Verhalten produzieren – doch wie die Daten zeigen, trifft das nur für einen Teil der Hündinnen zu. Die meisten bleiben diesbezüglich unverändert, eine ganze Reihe wird aktiver. Und das Alter zum Zeitpunkt der Kastration scheint ebenfalls eine entscheidende Rolle zu spielen.

Aggressionsverhalten

Besitzer aller Altersgruppen sehen keine Veränderung in bezug auf Aggressionsverhalten gegen Familienmitglieder (Zahlen zwischen 0 % und 2 %) oder gegenüber Fremdpersonen (Zahlen liegen zwischen 0 % und 3 %) – mit einer totalen Ausnahme: Die Halter jener Hündinnen, die zum Zeitpunkt der Kastration zwischen 18 und 24 Monate alt gewesen sind, sagen zu 39 %, ihre Hündin sei weniger aggressiv gegen Fremde. Gleichzeitig stellt diese Gruppe den totalen Ausreißerwert in puncto Verschlechterung des Gehorsams – siehe oben. Erklären kann ich das nicht.

Ca. 5 % der Rasse- wie Mixbesitzer geben an, ihre Hündin sei weniger aggressiv gegen Hunde im allgemeinen. Die diesbezüglichen Zahlen unterscheiden sich nicht nach Lebensalter zum Zeitpunkt der Kastration. Ebenso wenige sehen eine Abnahme der Aggression gegen gleichgeschlechtliche Hunde.

Teilt jetzt Futter und Spielzeug mit anderen Hunden, vor der Kastration gab es immer eine Beißerei. (Besitzerin einer zweijährigen Boxer-Dobermann-Mix-Hündin)

Hier ist jedoch eine Zahl auffällig: die Hündinnen, die im Alter von über 8 Jahren kastriert worden sind, zeigen mit einer Quote von 30 % weniger aggressiven Verhaltens gegenüber anderen Hündinnen einen totalen Ausreißerwert. Die Werte für die Hündinnen, die in ihren ersten 3 Lebensjahren kastriert worden sind und danach weniger aggressiv gegen andere Hündinnen waren, betragen lediglich zwischen 3 % und 5 %, jene, die zwischen dem 3. und 8. Lebensjahr kastriert worden sind, kommen auf einen Wert von 11 %! Ebenfalls 11 % der Hündinnenhalter finden jedoch, ihre Hündin sei aggressiver gegen Hunde im allgemeinen geworden, frühkastrierte Hündinnen sind hier tendenziell etwas weniger stark betroffen als später kastrierte.

Ich vermute, dass meine Hündin nach der Kastration zu Angstattacken überging, aber ohne zu beschädigen. Davor ist sie jedem Hund gegenüber „normal" oder abweisend gewesen. (Besitzerin einer dreijährigen Malinois-Podenco-Mix-Hündin)

Was die Hoffnung, Aggressionsverhalten mittels Kastration positiv

beeinflussen zu können, betrifft, so sind die Ergebnisse ernüchternd: 25% der Halter, die ihre Hündin aus Verhaltensgründen haben kastrieren lassen, hofften, die Aggression ihrer Hündin gegen
andere Hündinnen würde abnehmen – aber nur bei 5% der Hündinnen wurde diese Folge genannt. 4% sahen ihre Hündin gar als
aggressiver gegen gleichgeschlechtliche an.

26% der Besitzer, die ihre Hündin aus Verhaltensgründen haben
kastrieren lassen, versprachen sich eine Verminderung der Aggression ihrer Hündin, die diese gegen Artgenossen beiderlei Geschlechts richtet. Bei 5% der Hündinnen trat das ein – bei ebenfalls
5% passierte jedoch das genaue Gegenteil: deren Hündinnen waren nach der Kastration noch aggressiver gegen Artgenossen.

Kastration zwecks Bekämpfung aggressiven Verhaltens einer Hündin bringt offenbar keine Verbesserung (Bernauer-Münz/Quandt
1995).

Daten/Einschätzungen anderer Studien bestätigen dieses Ergebnis: So verweisen Heidenberger und Unshelm (1990) darauf, dass
aggressives Verhalten gegenüber Artgenossen beiderlei Geschlechts und auch gegenüber Menschen häufig erst nach der Kastration auftritt. Begründet wird diese Beobachtung damit, dass Östrogenen eine aggressionshemmende Wirkung zugeschrieben
wird, die nach der Kastration stark vermindert ist.

„Sie (kastrierte Hündinnen) zeigen unter anderem häufiger unfreundliches Verhalten gegenüber Kindern im gleichen Haushalt.
Sind Hündinnen bereits vor der Kastration aggressiv, führt der Eingriff mitunter zu einer Verschlimmerung des Problems – besonders bei Dominanz- und Besitzaggression. Einige Hündinnen legen auch erst nach der Kastration ein problematisch aggressives
Verhalten an den Tag." (S. 192) In ihrer Studie trat bei knapp 20%
der Hündinnen aggressives Verhalten erst nach der Kastration auf.
O'Heare (2001) verweist auf eine Studie von Beaver, die gezeigt hat,
dass kastrierte Hündinnen sich innerhalb der Familie aggressiver
verhalten als nicht kastrierte.

Hart/Eckstein (1997) zitieren eine Studie von O'Farell/Peachy
(1990), in der sich zeigte, dass eine Aggressionssteigerung nur bei

solchen Hündinnen zu beobachten war, die zum Zeitpunkt der Kastration jünger als 12 Monate waren und die bereits vor der Kastration übermäßig aggressives Verhalten gezeigt hatten – was für eine Kastration nach Eintritt der Geschlechtsreife sprechen würde. Spain u.a. (2004) wiederum konnten keine Aggressionssteigerung bei den frühkastrierten sehen.

Hart (1985) verweist auf die Bedeutung des Zeitpunktes der Kastration bezogen auf den Zyklusabschnitt: So zeigen Hündinnen, die während oder kurz nach der Läufigkeit kastriert werden, häufiger Verhaltensveränderungen, insbesondere Depression und Aggression. Dies wird auf den massiven Abfall von Progesteron zurückgeführt. Hündinnen befinden sich rund um ihre Hitze in einem ca. zweimonatigen Status eines erhöhten Progesteronniveaus (siehe oben). Progesteron hat einen beruhigenden Effekt. Künstliche Progesteronzuführungen haben gezeigt, dass bei hohen Gaben ein regelrecht betäubender Effekt zu erzielen ist, selbst bei niedrigen Dosierungen wird Beruhigung, Entspannung erzielt (Hart/Hart 1991). Hart und Eckstein (1997) vermuten, dass eine Kastration, die genau in diese Phase besonders erhöhten Progesterons fällt und damit einen sehr plötzlichen Wechsel hervorruft, Aggressivität, Reizbarkeit, Irritierbarkeit erhöhen könnte. Daraus wäre abzuleiten, eine Kastration erst mindestens zwei Monate nach einer Läufigkeit vorzunehmen. Unter dem Aspekt ist das Ergebnis der Bielefelder Studie, nach dem 47 % der Hündinnen in einem Abstand von unter 9 Wochen nach ihrer Hitze kastriert werden, als bedenklich einzustufen. Das gilt auch im Hinblick auf eine erhöhte Gefahr einer Scheinschwangerschaft, die 3 bis 4 Tage nach der Kastration einsetzen kann, sofern diese in den zwei Monaten nach der Läufigkeit vorgenommen wird (Johnston, 1991). Andere Autoren sehen nicht den Zeitpunkt der Kastration als entscheidend für eine Aggressionssteigerung an, sondern generell den Verlust von Progesteron als „Beruhigungshormon" (O'Heare 2001). Die Kastration einer Hündin aus Gründen der Aggressionsminderung ist nicht angezeigt, sofern es sich nicht um eine Aggression handelt, die nur um die Zeit der Läufigkeit oder in der Phase einer ausgeprägten Scheinschwangerschaft herum auftritt (siehe dazu Appleby 1997, Clark & Boyer 1995, Führmann/Franzke 2004). Im Gegenteil: Man hat gute „Chancen", dass die Hündin noch aggressiver wird (Appleby 1997, Askew 1992, Dodmann 1997, Heidenberger 2000, Mugford 1984a, O'Farell & Peachey 1990, O'Farell 1991, Schmidt 2002).

Verhaltensveränderungen

In bezug auf die Verhaltensveränderungen dürfte eines klar sein: dass nichts klar ist. Eine Hündin kann sich verändern – sie kann in ihrem Verhalten aber auch unverändert bleiben. In welche Richtung eine mögliche Veränderung geht – das kann diametral entgegengesetzt sein. Pauschal zu behaupten, Hündinnen würden lethargischer, ist Unsinn. Pauschal zu sagen, sie würden nicht ruhiger, wäre ebenso Unsinn. Abraten kann man mit einiger Gewissheit davon, Hündinnen aufgrund von Aggressionsproblematiken kastrieren zu lassen – es sei denn, diese spielten sich nur im Bereich von Läufigkeit und eventueller Scheinschwangerschaft ab.

Die unmittelbar mit Läufigkeit und Trächtigkeit/Scheinschwangerschaft einhergehenden Verhaltensweisen sind geschlechtshormonbedingt, eine Kastration müsste hier also eine Wirkung zeigen. Es wird aber kontrovers diskutiert, ob der Einfluss des „weiblichen" Hormons Östrogen auf neurophysiologische Mechanismen, die die geschlechtsgebundenen Verhaltensweisen steuern, vergleichbar ist mit dem des „männlichen" Hormons Testosteron (Stolla 2001).

Fazit

Eine Kastration der Hündin zwecks Verhaltenstherapie macht nur Sinn bei übersteigert aggressivem Verhalten, das ausschließlich in der Zeit der Läufigkeit/der Scheinschwangerschaft auftritt. Ansonsten ist unter dem Verhaltensgesichtspunkt eine Kastration nicht nur nicht anzuraten, sondern man muss wegen der Gefahr einer gesteigerten Aggression sogar abraten.

Zusammenfassende Empfehlungen

Die tierschutzrechtliche Seite

Die Kastration eines Hundes ist keine Kleinigkeit, sondern gilt nach deutschem Tierschutzrecht als Amputation. Eine Amputation kann man nicht einfach nach Lust und Laune durchführen, sondern es bedarf einer medizinischen Indikation. Diese ist selbstverständlich bei akuten Erkrankungen wie einer Gebärmutterentzündung gegeben. Frühstkastrationen organisch gesunder Hunde kann man mit gutem Willen als gesundheitliche Vorsorge ansehen – zumindest so lange, wie mögliche gesundheitliche Negativwirkungen entweder nicht erforscht sind – oder was hier eher der Fall zu sein scheint – zu wenig bekannt sind. Bedenkt man das Inkontinenzrisiko bei kastrierten Hündinnen jedweden Alters, so stellt sich aber die Frage, ob Kastration als reine Prophylaxemaßnahme tatsächlich eine eindeutige medizinische Indikation ist.

Günz-Apel (1998) hinterfragt in ihrer Auslegung des Tierschutzgesetzes, ob eine präventive Entfernung gesunder Organe überhaupt vom Gesetz her gedeckt ist und verneint dieses (mir ist jedoch nicht bekannt, dass jemals ein Hundehalter und/oder ein Tierarzt erfolgreich verklagt worden sind, die eine Hündin aus dem medizinischen Prophylaxegedanken heraus kastriert haben).

Über den Gedanken einer gesundheitsbezogenen Prävention kann man streiten.

Nicht bestreitbar ist jedoch, dass es nicht dem Sinne des Tierschutzes entspricht, wenn Halter ihre Hündin aus bloßen Bequemlichkeitsgründen kastrieren lassen. Hier muss mit Heidenberger/Unshelm klar festgehalten werden: „Eine Erleichterung der Haltung allein ist kein unerlässlicher Grund für eine Kastration. Ist der Anlass für eine Kastration das Vermeiden von Nachwuchs oder Läufigkeit, so handelt es sich nicht um eine medizinische Indikation, sondern nur um eine die Haltung des Tieres erleichternde Maßnahme. Als Konsequenz müsste die Kastration in diesem Falle somit abgelehnt werden" (1990, S. 74).

Mit der Novellierung des Tierschutzgesetzes (2000) ist jedoch eine Hintertür geschaffen worden: Die Kastration ist erlaubt, wenn es die weitere Nutzung des Tieres erforderlich macht (hier hatte der Gesetzgeber jedoch die Nutztierhaltung, weniger die Haustierhaltung im Blick). Somit handelt ein Tierarzt noch gemäß des geltenden Tierschutz*rechtes*, wenn er auf Wunsch der Halter eine Hündin kastriert, sofern diese ihm bedeuten, sie könnten die Hündin nicht länger halten, wenn diese weiterhin läufig werde. Ferner können sich Halter und Tierärzte auf die Ausschlussklausel berufen, wonach eine Amputation zur Verhinderung unkontrollierter Fortpflanzung erlaubt ist – nur, wer allen Ernstes behaupten will, dass eben diese unkontrollierbare Fortpflanzung nur durch Kastration zu verhindern ist, der muss sich fragen lassen, wie viel er von Hundehaltung und Hundeverhalten versteht.

Wir haben es hier mit einer Grauzone zu tun, die offenbar nicht weiter diskutiert wird. Selbst wenn man die Ausnahmeklauseln von § 6 TierSchG großzügig auslegen will und so die Kastration normaler Haushunde in Familien als gedeckt ansieht – ein schaler Beigeschmack bleibt: Die Kastration bedeutet eine Amputation und steht – vom Gesetz her gesehen – damit in einer Reihe mit dem Kupieren von Ohren und Ruten.

Schlussfolgerungen

Sie, lieber Leser, sitzen jetzt vielleicht etwas ratlos vor diesen Zeilen. Vermutlich haben Sie erwartet, ein klares Pro oder Contra Kastration für sich mit auf den Weg nehmen zu können. Diese Hoffnung muss ich enttäuschen.

Sie haben sehr viele Informationen erhalten, aus denen Ihnen klar geworden sein dürfte, dass:

► insgesamt gesehen das Wissen um Auswirkungen der Kastration immer noch sehr zu wünschen übrig lässt,

► andererseits Wissen vorhanden ist, das nur leider selten seinen Weg zu den Hundebesitzern findet (Beispiel: die Rolle der Fettleibigkeit in der Genese von Mammatumoren),

► die Mediziner durchaus nicht einer Meinung sind, was Risikoeinschätzungen betrifft (Beispiel: Risiko Mammatumor),

► die Mediziner sich noch nicht einmal einig sind, wie die Kastration auszusehen hat (mit oder ohne zusätzliche Entfernung der Gebärmutter),

► die Mediziner ebenfalls nicht einer Meinung sind, was Behandlungsformen angeht (z.B. Hormontherapie bei Gebärmutterentzündung),

► die Folgen auf der gesundheitlichen Ebene wie auch der Verhaltensebene offenbar auch abhängen von dem Lebensalter, in welchem kastriert wird (Beispiel Gewichtszunahme und Aggressionsverhalten gegen andere Hündinnen),

► die Folgen auf der gesundheitlichen Ebene wie auch der Verhaltensebene offenbar auch abhängen von der Rassezugehörigkeit eines Hundes (Beispiel Inkontinenz).

Trotz all der Wenns und Abers kann man einige Empfehlungen – basierend auf dem derzeitigen Wissensstand – geben:

Medizinische Gründe, die für eine Kastration sprechen

► Akuterkrankungen der Geschlechtsorgane. Hier ist vor allem an die Gebärmutterentzündung zu denken. Sie muss zwar nicht notwendigerweise eine Kastration nach sich ziehen, trotzdem ist diese häufig das Mittel der Wahl. Sie können mit der Kastration auf Nummer sicher gehen. Bei Krebserkrankungen der Eierstöcke und auch der Gebärmutter ist meistens auch zur Kastration zu raten (Krebserkrankungen der Geschlechtsorgane sind jedoch sehr selten).

► Schwere hormonelle Störungen, die zu Zysten, zu Haut- und Fellproblemen, zu Ohrenentzündung, zu abnormem Anschwellen der Scheide führen, sowie Scheidenvorfall.

- Diabetes mellitus.
- Wenn Hündinnen das ganze Jahr über so attraktiv riechen, dass sie permanent von Rüden belästigt werden und darunter leiden.
- Wiederholte, ausgeprägte Scheinschwangerschaften der Hündin, die mit einer starken Beeinträchtigung des Allgemeinbefindens, mit übermäßiger Milchproduktion bis hin zur Gesäugeentzündung einhergehen.

Kastration als medizinische Prävention?

Dafür spricht:

- Entfernte Organe können keinen Ärger mehr machen. Es kann nicht zu Zystenbildung, zu Entzündungen, zu Krebs etc. kommen. Gebärmutterentzündungen treten bei über 8jährigen Hündinnen häufig auf (ca. bei einem Viertel).
- Eine Frühkastration vor der ersten Läufigkeit reduziert das Risiko einer Erkrankung an Gesäugetumoren gegen Null. Gesäugetumore zählen zu den häufigsten Krebserkrankungen (älterer) Hündinnen. Bösartige Tumore sind schwer zu behandeln.

Dagegen spricht:

- Hormone werden im Körper nicht nur für die Fortpflanzung gebraucht. Eierstöcke sind auch bei Hündinnen, die niemals Welpen bekommen sollen, nicht „nutzlos".
- Wir wissen zu wenig über das Geschlechtshormongeschehen beim Hund. Und das, was wir wissen, deutet darauf hin, dass Hunde extrem sensibel auf Eingriffe in ihren Hormonhaushalt reagieren.
- Das wesentliche Präventionsargument der Verhinderung von Gesäugetumoren greift bei frühkastrierten Hündinnen. Doch die Frühkastration bedeutet, dass eine Hündin niemals richtig erwachsen werden kann. Ferner bedeutet sie einen erheblichen Eingriff in das Reifungsgeschehen bei einer sich noch im Wachstum befindlichen Hündin.
- Das Risiko, an Gesäugetumoren zu erkranken, wird unterschiedlich hoch eingeschätzt, es muss jedoch nach bisheriger Da-

tenlage von einer niedrigen Rate von ca. 2 % aller Hündinnen ausgegangen werden (bei den über 10jährigen liegt es höher).

▸ Das Risiko, an Eierstockskrebs oder Gebärmutterkrebs zu erkranken, ist noch wesentlich niedriger.

Letztlich müssen Sie als Hundehalter das Für und Wider einer Kastration zwecks Prävention abwägen. Das Risiko möglicher Erkrankungen muss den Risiken der Operation, vor allem aber möglicher körperlicher Folgen wie auch Auswirkungen auf der Verhaltensebene gegenüber gestellt werden. Niemand kann Sie davor bewahren, sich irgendwann Vorwürfe zu machen, wenn Ihre Hündin doch an einem Gesäugetumor erkrankt oder eine Gebärmutterentzündung erleidet, dann doch kastriert werden muss und dabei einem höheren Risiko unterliegt, als wenn Sie sie im gesunden Zustand hätten kastrieren lassen. Und genauso kann Sie niemand davor bewahren, sich Vorwürfe zu machen, weil Ihre Hündin die Operation vielleicht schlecht verkraftet, weil sie sich nach der Kastration negativ in ihrem Verhalten verändert, permanent nach Futter giert, weil Sie sie aufgrund von Gewichtszunahme reduziert füttern müssen oder weil Ihre Hündin inkontinent geworden ist etc.

Verhaltensprobleme, die mittels Kastration positiv zu beeinflussen sind

▸ *Extremes* Aggressionsverhalten, das die Hündin *wiederholt ausschließlich* während der Zeit der Läufigkeit und/oder einer Scheinschwangerschaft zeigt.

▸ Ausgeprägte Depressionen der Hündin bei wiederholt auftretenden, extrem verlaufenden Scheinschwangerschaften.

Verhaltensprobleme, die mittels Kastration nicht positiv zu beeinflussen sind

▸ Aggressionen gegen Familienmitglieder
▸ Aggressionen gegen fremde Menschen

- Ängste und Phobien
- Jagdverhalten
- Ungehorsam
- Mangelnde Stubenreinheit
- Neurotisches Zwangsverhalten

Verhaltensprobleme, bei denen von einer Kastration dringend abgeraten werden muss

- Aggressionsverhalten gegen andere Hunde, das zyklusunabhängig auftritt.
Achtung! Friedfertige Hündinnen können erst durch die Kastration aggressiv werden.

Wann eine Kastration nicht gerechtfertigt ist

- Wenn Sie einfach weniger Unannehmlichkeiten in der Zeit der Läufigkeit haben wollen, wie keine Blutflecken, keine Rüden im Vorgarten, unbeschwerte Spaziergänge zu jeder Zeit, ungestörte Urlaubspläne, kein Aussetzen im Hundesport, kein Leistungsabfall der Hündin, keine Stimmungsstörungen etc.
Wer allein aus Gründen der Unannehmlichkeiten in der Läufigkeit seine Hündin kastrieren lässt, dem ist erstens zu entgegnen, dass er sich tierschutzwidrig verhält und zweitens, dass er mit einem Stoffhund wohl besser beraten wäre. Zum Lebewesen Hund gehören auch sein geschlechtsspezifisches Verhalten, die Stimmungsschwankungen bei hormonellen Veränderungen, seine Veränderung im Wesen, wenn er pubertiert und langsam erwachsen wird. Wer diesen Weg nicht mit seiner Hündin mitgehen will – der sollte auf das Halten eines Hundes besser verzichten.
- Wenn die Vermeidung ungewollter Welpen im Mittelpunkt steht. Die Kastration ist nicht das Mittel der Wahl zur Trächtigkeitsprophylaxe. Als verantwortungsvolle Hundehalter sollten Sie in der Lage sein, in den wenigen gefährlichen Tagen im Jahr auf Ihre Hündin entsprechend Acht zu geben. Wenn die Hündin mit einem

intakten Rüden zusammenlebt, sieht die Sache komplizierter aus, obwohl eine Kastration durchaus nicht pauschal nötig ist. Wenn kastriert werden soll, sollte genau abgewogen werden, ob es die Hündin oder den Rüden treffen soll. Um diese Entscheidung treffen zu können, lesen Sie bitte auch das nachfolgende Kapitel zur Kastration des Rüden. Die Kastration ist jedoch immer noch unschädlicher für die Hündin als die Praxis der Läufigkeitsunterdrückung durch Hormonspritzen, da diese extrem krebserregend sind und häufig Gebärmutterentzündungen verursachen.

Wenn es um die bloße Schwangerschaftsverhütung geht, besteht schließlich auch die Möglichkeit der Sterilisation!

Geeigneter Zeitpunkt einer Kastration

Dies betrifft zwei Fragen: Geeignetes Lebensalter und geeigneter Zeitpunkt im Zyklusgeschehen. **Zum Zykluszeitpunkt:** Die Operation sollte frühestens zwei Monate nach Abschluss der Hitze durchgeführt werden, also wenn sich die Hündin in der hormonellen Ruhephase befindet.

Zum Lebensalter: Welchen Ratschlag man hier geben kann/muss, hängt im wesentlichen von der Prioritätensetzung ab. Wenn es Ihnen allein um die Mammatumorenprophylaxe geht, müssen Sie früh, d. h. vor der ersten Hitze, oder spätestens nach der ersten Läufigkeit kastrieren. Die Bielefelder Studie hat ein geringeres Risiko für Inkontinenz, Fellveränderungen und Gewichtszunahme bei den frühkastrierten ergeben, andere Studien kommen jedoch z.T. zu gegenteiligen Ergebnissen. Auch negative Langzeitauswirkungen wiederum wurden eher bei frühkastrierten beschrieben. Auch negative Auswirkungen auf der Verhaltensebene scheinen eher bei frühkastrierten einzutreten.

Mein persönliches Fazit

Warten Sie mit der Kastration, bis Ihre Hündin körperlich und mental/seelisch erwachsen ist, d. h. je nach Rassezugehörigkeit bis zum vollendeten 2. oder 3. Lebensjahr. Geben Sie ihr die Chance, körperlich voll auszureifen und zu einer erwachsenen Persönlichkeit zu werden. Warten Sie erstmal ab, ob die Läufigkeit wirklich so viele Unannehmlichkeiten mit sich bringt, wie Sie vielleicht befürchten. Warten Sie ab, ob Ihre Hündin die Läufigkeiten und Scheinschwangerschaften gut übersteht oder leidet. Betreiben Sie Fortpflanzungskontrolle über ein Vertrautwerden mit den körperlichen Abläufen bei Ihrer Hündin und einen kontrollierten Umgang in den kritischen Tagen. Beobachten Sie Ihre Hündin in den zwei Monaten nach der Läufigkeit genau, um etwaige Anzeichen einer Gebärmutterentzündung frühzeitig zu erkennen. Betreiben Sie Mammatumorenprophylaxe nicht über die Frühkastration, sondern leisten Sie einen Beitrag über eine vernünftige Ernährung der Hündin – sprich nicht zu fleischreich – und vor allem über das Schlankhalten der Hündin insbesondere im ersten Lebensjahr.

Oberstes Entscheidungsprinzip in der Frage der Kastration sollte das Wohl des Hundes sein, in jedem Einzelfall ist zu klären, ob eine Kastration vielleicht angebracht wäre.

Pauschal ist folgendes zu sagen: Man kann sich nicht pauschal pro oder contra Kastration aussprechen, aber man kann sich dagegen aussprechen, dass Hündinnen pauschal kastriert werden.

Wenn Rüde und Hündin im gleichen Haushalt leben, erwägen viele Hunde-halter eine Kastration.

Sie sind zwar süß, aber man sollte trotzdem nicht mal einfach so Welpen in Kauf nehmen.

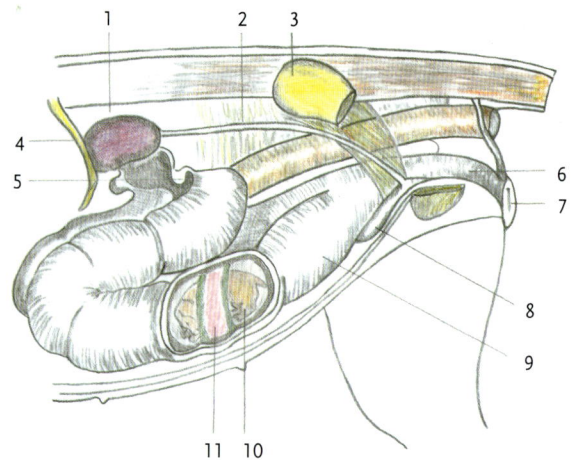

Geschlechtsorgane der Hündin
1 linke Niere, 2 Harnleiter, 3 Darmbeinschaufel (Teil des Beckens), 4 letzte
Rippe, 5 Eierstock, 6 Vagina, 7 Vulva, 8 Blase, 9 linkes Uterushorn, 10 Fötus,
11 Gürtelplazenta

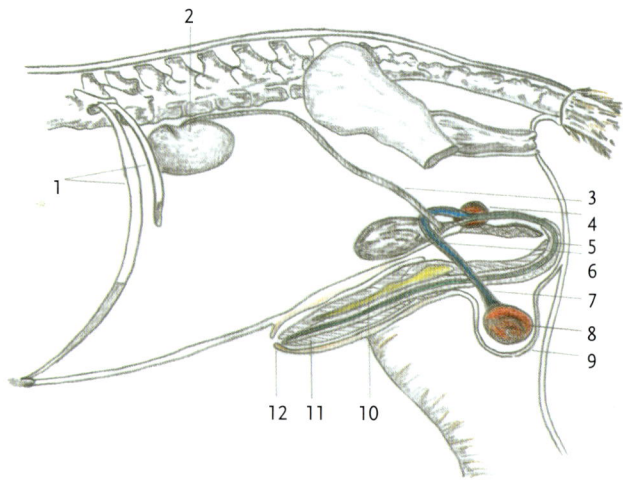

Geschlechtsorgane des Rüden
1 letzte und vorletzte Rippe, 2 linke Niere, 3 Harnleiter, 4 Prostata, 5 Harnröhre, 6 Blase, 7 linker Samenleiter, 8 linker Hoden, 9 Hodensack, 10 Penis-
knochen, 11 Peniskörper mit Schwellkörpern, 12 Vorhaut

Der Rüde prüft bei der Hündin den Stand ihres Zyklus.

Versuchen Sie niemals, bei einem unerwünschten Deckakt den Rüden von der Hündin herunterzuziehen, wenn dieser bereits in sie eingedrungen ist – die Verletzungsgefahr ist groß.

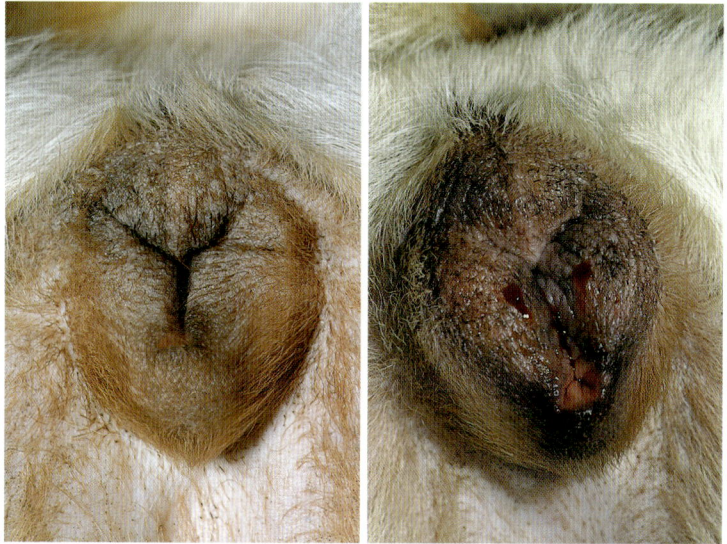

So sieht die Scham Ihrer Hündin im nicht läufigem (links) und im läufigen Zustand aus (rechts).

Sexuelle Gelüste können ganz schön schnell machen!

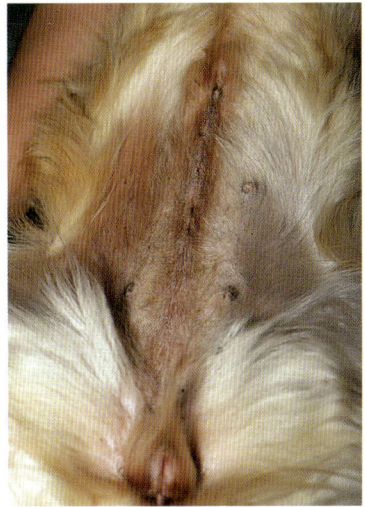

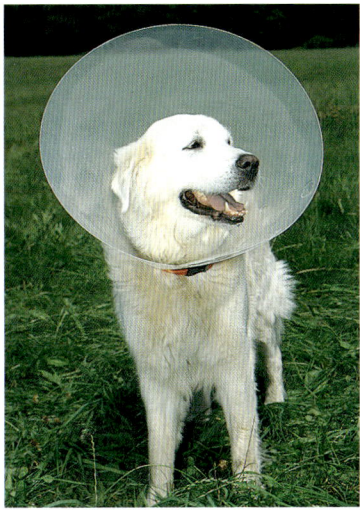

*Nicht jeder Tierarzt hinterlässt eine
derart lange Operationsnarbe!*

*Statt der den meisten Hunden verhass-
ten Halskrause kann auch ein T-Shirt
gute Dienste leisten, um das Lecken an
der Naht zu verhindern.*

*Häufiges Belecken der Scham kann ein Indiz für Ausfluss und damit eventuell
für eine Gebärmutterentzündung sein.*

Hündinnen

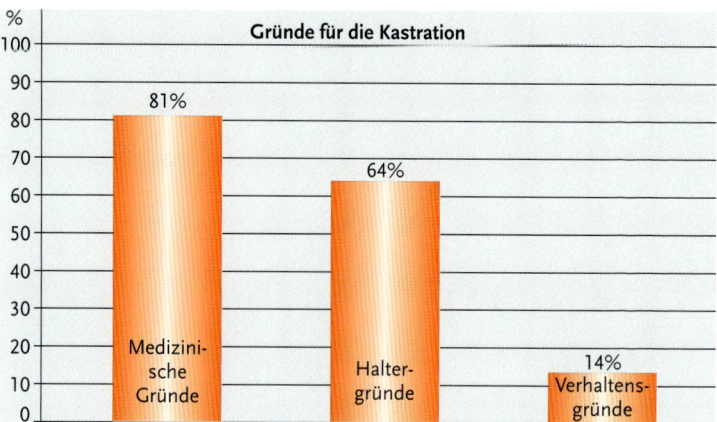

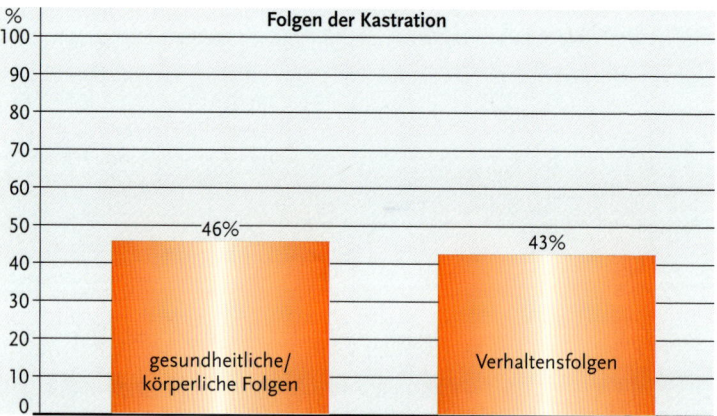

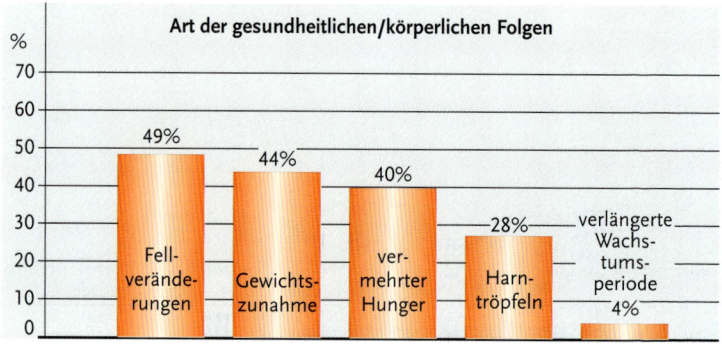

Rüden

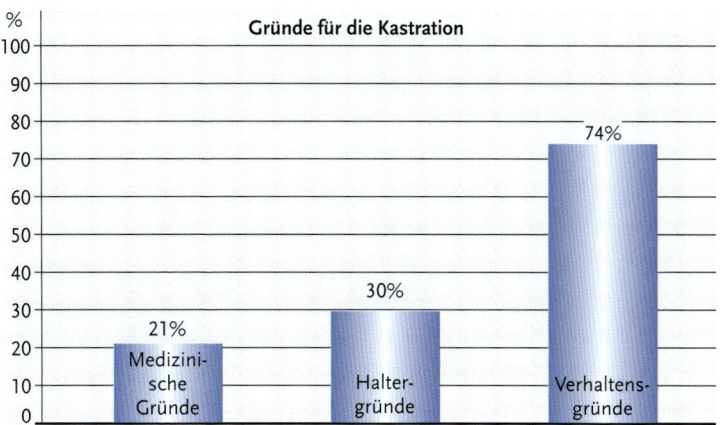

Gründe für die Kastration

- 21% Medizinische Gründe
- 30% Haltergründe
- 74% Verhaltensgründe

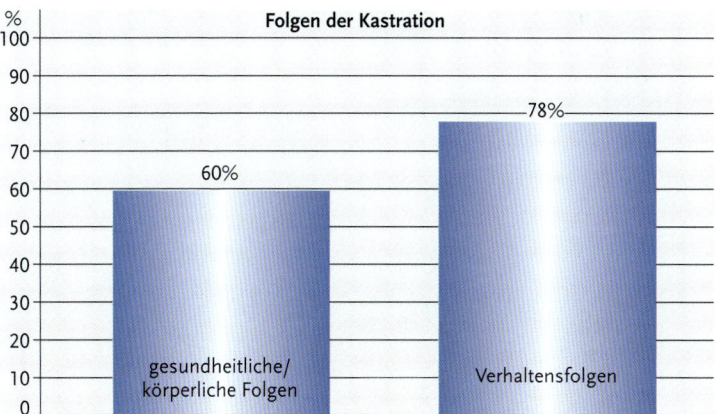

Folgen der Kastration

- 60% gesundheitliche/körperliche Folgen
- 78% Verhaltensfolgen

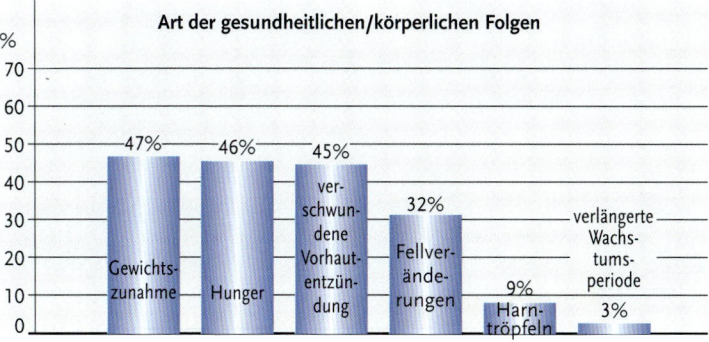

Art der gesundheitlichen/körperlichen Folgen

- 47% Gewichtszunahme
- 46% Hunger
- 45% verschwundene Vorhautentzündung
- 32% Fellveränderungen
- 9% Harntröpfeln
- verlängerte Wachstumsperiode 3%

Viel aktive Beschäftigung mit der Hündin lenkt diese von ihren Scheinschwangerschaftsallüren ab.

Heftig scheinschwangeren Hündinnen sollte man Stofftiere als Bemutterungsobjekte entziehen.

Der Rüde

Was passiert bei einer Kastration?

Kastration und Sterilisation – eine Begriffsklärung

Oft werden die Begriffe „Kastration" und „Sterilisation" durcheinandergeworfen. Manche Hundehalter denken, dass beide Begriffe das gleiche bedeuten und man lediglich bei einem Geschlecht den einen, beim anderen Geschlecht den anderen Begriff verwende – dass man Hündinnen kastriere und Rüden sterilisiere (oder umgekehrt). Das ist falsch.

Die **Kastration** bedeutet, dass die Keimdrüsen eines Tieres entfernt werden. Beim Rüden werden somit die Hoden entfernt (bei der Hündin die Eierstöcke). Da sich beim Rüden die Keimdrüsen sozusagen außerhalb des Körpers im Hodensack befinden, ist, anders als bei der Hündin, keine Öffnung der Bauchhöhle notwendig.

Eine **Sterilisation** bedeutet demgegenüber, dass die keimableitenden Wege unterbunden oder teilweise herausgenommen werden. Beim Rüden wird der Samenstrang durchtrennt/abgebunden (bei der Hündin ist es eine Durchtrennung/Abbindung der Eileiter).

Im Falle der Sterilisation wird das Tier unfruchtbar gemacht, *ohne* dass auf die hormonelle Situation des Rüden Einfluss genommen wird. Manche Autoren (z. B. Asa 2006) plädieren für eine Sterilisation anstelle einer Kastration in Fällen, in denen keine pathologischen Auswirkungen der Geschlechtshormone auf den Gesamtorganismus zu erwarten sind. Fakt ist jedoch, dass die Sterilisation eines Rüden gegenüber der Kastration eine absolute Ausnahme darstellt.

Was bewirken Kastration und Sterilisation?

Die chirurgische Kastration

Diese ist die verbreitetste Methode. Dabei werden die Hoden entfernt. Manche Tierärzte entfernen den Hodensack mit, andere belassen ihn. Eine chirurgische Kastration macht einen Rüden unfruchtbar, weil die die Spermien produzierenden Keimdrüsen nicht mehr vorhanden sind. Der Verlust der Fortpflanzungsfähigkeit ist nicht mehr rückgängig zu machen. Die Bildung der typischen Geschlechtshormone erfolgt nicht mehr – mit Folgen für Aussehen und Verhalten. Die Kastration des Rüden ist keine so aufwendige Angelegenheit wie die Kastration der Hündin: „Die Kastration des Rüden ist eine relativ unkomplizierte, weil mehr ‚oberflächliche' Operation" (Kniese 2005, S. 21).

Bei der Hündin dagegen wird bei einer Kastration die Bauchhöhle geöffnet – eine solche Operation birgt entsprechend höhere Risiken.

Aber auch für Rüden gilt, dass der Eingriff unter Vollnarkose vorgenommen werden muss. Und das beinhaltet natürlich die gleichen Narkoserisiken wie im Kapitel über Hündinnen bereits geschildert (siehe Seite 38).

Die Sterilisation

Bei einer Sterilisation werden die Samenleiter abgebunden. An der Hormonlage des Rüden ändert sich nichts. Es besteht die Chance einer Reversibilität, indem die Samenstränge per erneuter Operation wieder durchgängig gemacht werden.

Auch eine Sterilisation wird unter Vollnarkose durchgeführt, für sie gelten also ebenfalls mögliche spezielle Narkoserisiken.

Nach einer Sterilisation ist der Rüde unfruchtbar, weil die Spermien nicht mehr in die Harnröhre und damit auch nicht in den Penis gelangen. Der Rüde kann zwar die Hündin bespringen, er kann in sie eindringen, das Hängen vollziehen – aber in seinem Ejakulat befinden sich keine Spermien, die die Eizellen der Hündin befruchten könnten.

Im Bereich der Wildtierbiologie und der Haltung von Zootieren wird – anders als in der Haustierhaltung – viel mehr darüber nachgedacht, wie man eine Fortpflanzungskontrolle anlegen könnte, die reversibel, also wieder rückgängig zu machen ist. Mit der Kastration geht das genetische Potential eines Tieres unwiederbringlich verloren.

Eine Sterilisation jedoch beinhaltet die Chance, rückgängig gemacht werden zu können und somit die Fortpflanzungsfähigkeit des betreffenden Tieres wieder möglich zu machen. So berichten Asa & Porton (2006) von erfolgreichen Versuchen an Buschhunden, eine sogenannte Vasektomie rückgängig zu machen, wenn dabei bestimmte Techniken angewendet werden.

Wenn also Ihr Ziel darin besteht, im Sinne des Tierschutzes zu verhindern, dass Ihr Rüde für eine weitere unerwünschte Hundevermehrung „verantwortlich" ist – so würde de facto eine Sterilisation ausreichen.

Aber: Bei einer Sterilisation bleiben die Hoden ja intakt, können also weiter ihre Arbeit leisten. Positiv gesprochen bedeutet dies, dass in den Hormonhaushalt des Rüden nicht eingegriffen wird, die Natur geht ihren Gang. Negativ gesprochen heißt dass, dass das, was viele Rüdenbesitzer als Unannehmlichkeiten sehen, nämlich der Sexualtrieb ihres Rüden, von einer Sterilisation nicht beeinflusst wird. Das heißt konkret, dass er weiterhin auf heiße Hündinnen reagieren wird, dass sich an eventuellem Streunen oder hypersexuellem Verhalten durch eine Sterilisation nichts ändern wird. Der Rüde weiß ja nicht, dass seine Liebesbemühungen fruchtlos bleiben werden.

Wenn Ihr Problem darin besteht, dass Sie sowohl mit einem Rüden als auch mit einer Hündin leben, so könnte eine Sterilisation Ihr Problem insofern lösen, als Sie keinen unerwünschten Welpensegen zu befürchten hätten. Wenn Ihre Hündin Ihren Rüden erhört, werden die beiden eine Menge Spaß miteinander haben können. Wenn Ihre Hündin jedoch Ihren Rüden abweist, dann haben Sie natürlich weiterhin ein Problem: nämlich das einer unter Umständen tagelang heulenden, jammernden, leicht durchgedrehten und die Nahrung verweigernden männlichen Nervensäge, die eventuell gar versucht, Ihre Hündin zu vergewaltigen, was im schlimmsten Fall zu Verletzungen führen kann.

Lassen Sie Ihren Rüden dagegen kastrieren, so haben Sie immerhin gute Chancen, dass er auf eine Läufigkeit Ihrer Hündin entweder gar nicht oder sehr gemäßigt reagiert. Ich sage bewusst, dass Sie die *Chance* haben – eine Sicherheit haben Sie nicht. Es gibt viele kastrierte Rüden, die nach wie vor auf läufige Hündinnen reagieren, die streunen gehen. Viele Kastraten sind in der Lage, eine Hündin zu bespringen und ihren Penis einzuführen, nur das Hängen klappt in den seltensten Fällen. Besonders bei früh kastrierten Rüden ist der Penis häufig unterentwickelt – er ist schlicht zu mickrig, um seine Funktion zu erfüllen.

De facto werden Rüden in der Regel kastriert und nicht sterilisiert. Heider (1990) bringt auf den Punkt, warum das so ist: „Die reine Sterilisation bietet gegenüber der Kastration keine Vorteile. Neben der angestrebten Unfruchtbarmachung wird die Ausschaltung der eben erwähnten geschlechtspezifischen Verhaltensweisen gewünscht, so dass im allgemeinen die Kastration durchgeführt wird." (S. 644).

Viele der „unerwünschten" Verhaltensweisen eines Rüden werden hormonell beeinflusst – oder man *glaubt,* sie seien von den Geschlechtshormonen beeinflusst. Logisch, dass man sich da sagt: Nägel mit Köpfen machen. Der Rüde wird nicht nur unfruchtbar, sondern man macht es sich insgesamt mit der Haltung und Erziehung leichter oder kann sogar ganz konkret problematisches Verhalten „therapieren". Wie Sie unten in der Auswertung der Gründe für eine Kastration des Rüden lesen werden, ist der Hauptgrund der Wunsch, dessen Verhalten positiv zu beeinflussen – und da bringt logischerweise eine Sterilisation gar nichts. Ob eine Kastration immer die gewünschten Resultate bringen kann? Auch das werden Sie an späterer Stelle lesen.

An dieser Stelle soll noch auf jüngste Forschungen zum Zusammenhang zwischen Geschlechtshormonen und kognitiven Funktionen bei alten Hunden hingewiesen werden. So fand Hart (2001), dass zwar bei Hunden im allgemeinen im Alter schwere kognitive Dysfunktionen wie sie bei Menschen z. B. unter dem Stichwort Alzheimer bekannt sind, eher selten sind. Doch kastrierte Hunde zeigen ein gegenüber nicht kastrierten Hunden erhöhtes Risiko. Hart begründet dies damit, dass nach jüngsten Forschungsergebnissen Testosteron eine „neuroprotektive" Funktion im Bereich der Gehirnzellen ausübt und von daher den mit dem Alter einhergehenden Verfall kognitiver Leistungsfähigkeit abmildern/verlangsamen kann. Hart stellt die Frage in den Raum, ob Kastrationen angesichts dieser Erkenntnisse anders zu bewerten sind, oder ob letztlich die Vorteile einer Kastration den Nachteil einer größeren Gefahr in Bezug auf eine mögliche Alterssenilität ausgleichen. Er plädiert dafür, entweder größere Erfahrungen mit Sterilisationen zu sammeln oder aber mit Hormontherapien bei alterssenilen Hunden.

Operations- und Narkoserisiken

Das Narkoserisiko wird im allgemeinen bei einem gesunden Rüden als eher gering eingeschätzt.

„Jede Narkose bedeutet natürlich ein gewisses Risiko. Moderne Narkosemittel, gut steuerbare Verfahren und Möglichkeiten der Überwachung von Kreislauf und Atmung (Monitoring) gewährleisten eine hohe Sicherheit, so dass Narkosezwischenfälle selbst bei älteren Patienten eine große Seltenheit sind" (Kniese 2005, S. 21). Besondere Obacht ist jedoch bei Angehörigen jener Rassen gegeben, bei denen ein sogenannter „MDR1-Defekt" vorliegt – ein Gendefekt, der Fehler in der Regulierung der Blut-Hirnschranke hervorruft. Bei gesunden Hunden sorgt das „MDR1-Protein dafür, dass ein aus dem Blut in die Zellen der Gehirnkapillare eingedrungener Fremdstoff (wie ein Arzneimittel) erkannt und ins Blut zurücktransportiert wird. Dadurch wird verhindert, dass dieser Fremdstoff ins Nervengewebe übergeht. Besteht ein „MDR1-Defekt, so können Arzneistoffe die Blut-Hirnschranke überwinden und so unmittelbar das zentrale Nervensystem angreifen. Das MDR 1-Protein arbeitet nicht nur im Gehirn, sondern auch in Darm, Leber, Niere, Hoden und der Plazenta.

Bestimmte Arzneistoffe sind zweifelsfrei identifiziert – wie Ivermectin, Doramectin, Moxidectin und Loperamid. Todesfälle bei Collies sind bekannt. Bisher im genauen Zusammenhang ungeklärt ist, warum manche Tiere mit MDR1-Defekt Narkosen nicht überlebt haben. Die Universität Gießen erforscht dieses Problem.

Betroffene Rassen sind: Australian Shepherd, Bobtail, Border Collie, Collie, Shetland Sheepdog, Wäller. Sollten Sie einen Hund dieser Rassen besitzen, sollten Sie unbedingt einen einfach durchzuführenden Gentest machen lassen, um zu wissen, ob Ihr Hund doppelter Defektgenträger ist. Falls das der Fall ist, sollte jegliche Operation wegen der notwendigen Verabreichung von Narkosemitteln genau überlegt werden. Im Falle der Kastration ist zu hinterfragen, ob eine medizinische Notwendigkeit zur Kastration besteht. Ferner ist je nach den Grunderkrankungen des Hundes zu entscheiden, ob ein gesteigertes Narkoserisiko vorliegt und wenn ja, wie die Gefahr im Verhältnis zum erhofften Nutzen der Kastration zu bewerten ist. Zu empfehlen ist ein präoperatives Screening, bei dem Ihr Hund auf mögliche Organerkrankungen, die einen Einfluss auf die Narkoseverträglichkeit haben, abgecheckt wird. Ferner sollten Sie Ihren Tierarzt daraufhin befragen, ob er intubiert, ob Venenkatheter standardmässig gelegt und dem Hund bereits präoperativ Schmerzmittel gegeben werden.

Wie bei allen Operationen kann es zu Blutungen und zu Wundheilungsstörungen kommen. Es kann passieren, dass das Nahtmaterial abgestoßen wird.

Wichtig ist eine totale Überwachung des Rüden, damit der sich nicht lecken kann. Oft ist das Tragen einer Halskrause oder eines Halsringes unumgänglich, damit der Wundheilungsprozess nicht durch ständiges Lecken und Knabbern gestört wird. Schmerzmittel tun ihr übriges. Sie sollten Ihren Rüden in den ersten Tagen nach der Kastration nicht unbeaufsichtigt lassen und dafür Sorge tragen, dass er nicht herumtobt.

Die Geschlechtsorgane des Rüden

Um zu verstehen, was genau bei einer chirurgischen Kastration abläuft, aber auch, um mögliche medizinische Gründe für eine Kastration zu verstehen, mit denen ich mich ab Seite 174 näher beschäftigen möchte, muss man sich zunächst vor Augen halten, welche Organe beim Rüden am Fortpflanzungsgeschehen beteiligt sind.

Die Geschlechtsorgane des Rüden umfassen die *Hoden* (Testes), den Samenleiter (Ductus deferens), die *Prostata* (Vorsteherdrüse) und den *Penis*.

Fangen wir mit dem an, was Sie sehen können: dem Penis. Dieser wird durch einen Knochen gestützt und weist eine relativ lange Eichel (Penisspitze) auf. An seiner Basis befindet sich ein Schwellkörper, in dem sich während der Paarung das Blut staut. Durch dieses Anschwellen in der Vagina der Hündin sind Rüde und Hündin sozusagen fest miteinander verknüpft. Der Penis wird geschützt durch die Vorhaut. Dafür werden Sie oft den Namen „Präputium" hören – bzw. Präputialkartarrh. Damit ist eine sehr häufig beim Rüden anzutreffende, in der Regel nur leichte Entzündung gemeint, die mit Absonderung eines grünlichen Sekrets einhergeht (siehe dazu später im Kapitel zu den medizinischen Gründen einer Kastration, Seite 174). Zum Penis gehört auch noch ein spezieller Muskel, der „Rückzieher".

Was Sie ebenfalls sehen können, ist der Hodensack (Skrotum). In diesem befinden sich die beiden Hoden des Rüden. Die Hoden sind die Keimdrüsen beim männlichen Hund wie es die Eierstöcke beim weiblichen Hund sind. In ihnen werden Hormone gebildet (siehe dazu im nächsten Abschnitt) und in ihnen erfolgt die sogenannte Spermatogenese, d. h. die Bildung und Reifung der Spermien – also der Samenzellen. Im Unterschied zur Hündin liegen also die Keimdrüsen des Rüden außerhalb seines Körpers – das hängt mit den Temperaturen in der Bauchhöhle zusammen, die für eine optimale Spermatogenese zu hoch sind. In den Hoden gibt es drei Zelltypen, die unterschiedliche Funktionen haben: in den sogenannten „germinativen" Zellen findet die eigentliche Spermatogenese statt. Die

kann aber nur ablaufen, wenn die zweite Gruppe der Zellen, die sogenannten Leydigzellen, männliche Hormone produzieren, die sogenannten „Androgene". Diese allein können aber die Spermienbildung nicht bewirken, sondern sie benötigen die Hilfe eines
anderen Hormons, des FSHs, das über die dritte Zellgruppe, die
Sertolizellen vermittelt wird (siehe im nächsten Abschnitt).

Spermien werden permanent gebildet und in den Nebenhoden, die
auf den Hoden wie eine Kappe aufliegen, gespeichert. Man geht davon aus, dass sie gut 6–7 Tage lebensfähig sein können.

Im hundlichen Embryo liegen die Hoden zunächst in der Bauchhöhle und wandern dann durch den Leistenkanal hinab. Ein frisch-
geborener Rüde hat noch keinen Hodensack und entsprechend
auch keine außen liegenden Hoden. Das passiert erst im Verlauf
der ersten 2–3 Lebensmonate. Bei den meisten Rüden kann man
zum Zeitpunkt der Wurfabnahme, die in der Regel um die 8. Woche herum erfolgt, die Hoden schon tasten, bei anderen findet man
nur einen Hoden oder gar keinen. Das ist noch kein Grund zur
Beunruhigung, der Hoden kann wie gesagt im nächsten Monat
noch herabsteigen. Aber es passiert immer wieder, dass es da zu
einer Störung kommt und der Hoden in der Bauchhöhle oder im
Leistenkanal stecken bleibt. Hier ist eine Operation anzuraten, weil
diese Hoden ein hohes Entartungsrisiko tragen (lesen Sie dazu im
Kapitel zu medizinischen Gründen für eine Kastration, Seite 175).

Wie kommen nun die Spermien in den Penis? Von jedem Hoden
geht ein sogenannter Samenleiter, ein dünner Strang aus, der in die
Harnröhre mündet, und über die Harnröhre geht es dann weiter in
den Penis. Auf ihrer Wanderung in die Harnröhre passieren die
Spermien die Prostata. Die Prostata ist eine Drüse, die am Blasen-
ausgang ringförmig um die Harnröhre liegt. An der Stelle, an der
die Prostata die Harnröhre umgibt, münden die beiden Samenleiter aus den Hoden in die Harnröhre. Die Prostata hat verschiedene
Funktionen: in ihr wird ein dünnflüssiges, milchiges Sekret gebildet, das dann bei der Ejakulation, also dem Samenerguss, den größten Teil der Flüssigkeit bildet. Dieses Sekret enthält spezielle Enzy-
me, es ernährt die Samenzellen und wirkt bewegungsauslösend auf

sie. Außerdem ist die Prostata zusammen mit dem Blasenschließ-
muskel dafür zuständig, dass beim Samenerguss das Sperma nicht
in die Blase fließt, sondern durch die Harnröhre in den Penis und
von dort nach draußen bzw. in die Scheide der Hündin. Außerdem
verhindert sie auch, dass beim Urinieren der Urin in die Samenleiter laufen kann.

Das Stichwort „Hormone" ist nun mehrfach gefallen. Es ist also an
der Zeit, sich ein wenig intensiver mit dem hormonellen Geschehen beim Rüden auseinander zu setzen.

Das hormonelle Geschehen beim Rüden

Auch wenn das folgende Kapitel Ihnen einiges an Konzentration
abverlangen wird – kämpfen Sie sich bitte da durch. Denn Sie können nur dann eine Entscheidung pro oder contra Kastration Ihres
Rüden treffen, wenn Sie wissen, wie das Hormongeschehen beim
Rüden abläuft. Wenn Sie Ihren Rüden kastrieren lassen, entfällt
damit weitestgehend die Bildung seiner männlichen Geschlechtshormone. D.h., wenn man dieses in Kauf nehmen will, muss man
wissen, wozu diese Hormone eigentlich da sind – und welche Folgen daher rein logischerweise zu erwarten oder auch nicht zu erwarten sind.

Ich hoffe, nach Lektüre dieses Abschnittes ist Ihnen deutlich, dass
eine Kastration hormonell gesehen nicht nur direkt fortpflan-
zungsrelevante Folgen hat, sondern dass Geschlechtshormone vielfältige Wirkungen haben – und ihrerseits wiederum vielfältig zusammen wirken. Außerdem können Sie nur dann den Abschnitt
zur „hormonellen" Kastration als Alternative zur chirurgischen
Kastration verstehen, wenn Sie das Grundprinzip der hormonellen
Steuerung beim Rüden durchschauen.

Ich werde Sie im folgenden mit einigen Fachbegriffen konfrontieren, die leider in diesem Zusammenhang nicht zu umgehen sind,
hoffe aber, dass sie verständlich erklärt werden. Letztendlich können Sie so auch in ein Gespräch mit Ihrem Tierarzt besser vorbe-

reitet hineingehen und mit den dort eventuell fallenden Fachbegriffen eher etwas anfangen.

Die Steuerung des Hormongeschehens funktioniert beim Rüden
sehr ähnlich wie bei der Hündin. Die Grundzüge sind weitestgehend bekannt, in bezug auf manche Fragen weiß man aber bis heute nicht sicher, wie bestimmte Dinge funktionieren.

Drei „Stellen" sind beteiligt: nicht nur die Keimdrüsen des Rüden,
also die Hoden, sondern auch zwei Bereiche des Gehirns: der Hypothalamus und die Hirnanhangsdrüse (Hypophyse). Es gibt ein
übergeordnetes Zentrum, dass das Hormongeschehen reguliert:
Dies ist der Hypothalamus, eine Region im Zwischenhirn. Er schüt-
tet das sogenannte „Gonadotropin Releasing Hormon" (GnRH)
aus. Dieses wirkt auf einen anderen Gehirnbereich, nämlich die
Hypophyse, genauer den Hypophysenvorderlappen. Es bewirkt
dort die Ausscheidung des sogenannten „Luteinisierenden Hormons" (LH) und des „Follikelstimulierenden Hormons" (FSH).
Diese beiden Hormone sind völlig identisch mit den von Hündinnen gebildeten Hormonen, aber sie bewirken in den Keimdrüsen
des Rüden etwas anderes als in den Keimdrüsen der Hündin.

Das LH wirkt auf die Leydigzellen im Hoden, stimuliert dort die
Synthese und Freisetzung von den zwei Androgenen Testosteron
und Dihydrotestosteron. Diese wiederum wirken zusammen mit
dem FSH auf die andere Zellgruppe im Hoden, die Sertolizellen,
ein und beeinflussen damit den Ablauf der Spermabildung. Die
Sertolizellen vermitteln sozusagen die Wirkung der übergeordne-
ten Hormone FSH und LH (über das Testosteron) auf die Zellen, in
denen die eigentliche Spermienreifung stattfindet – die sogenannten „germinativen Zellen". In den Sertolizellen wird außerdem ein
Eiweiß gebildet, dass sogenannte Inhibin. Dieses Inhibin hemmt
wiederum die Ausschüttung von FSH. Wird viel FSH produziert,
stimuliert dies die Bildung von Inhibin, das Inhibin hemmt auf der
Ebene der Adenohypophyse (im Gehirn) dann wieder die Bildung
von FSH.

Androgene hemmen in einem Rückkopplungseffekt die Freisetzung von GnRH aus dem Hypothalamus. Inhibin hemmt in einem

Rückkopplungseffekt die Freisetzung von FSH aus der Adenohypophyse.

D. h., die ganze Kaskade der Hormonausschüttungen, an deren Ende dann u. a. Spermien stehen, wird über die Ausschüttung dieses GnRH im Gehirn gesteuert. Es kontrolliert die Ausschüttung von LH und FSH, die stimulieren die Hoden, diese produzieren Testosteron, Inhibin und Spermien.

Das ganze funktioniert in einer Art Kreislauf. Stellen Sie sich das vor wie bei einer Heizungsanlage. Gespeichert ist die gewünschte Temperatur. Ein Fühler im System misst die aktuelle Temperatur und vergleicht die mit dem gewünschten Wert. Ist die Temperatur zu niedrig, wird die Produktion von mehr Energie veranlasst – solange, bis der Fühler meldet, dass die gewünschte Temperatur erreicht ist. Daraufhin wird die Energieproduktion wieder gedrosselt. So funktioniert das auch mit den Hormonen: In einem Rückkoppelungsmechanismus wird verhindert, dass es zu einer Überstimulierung kommt.

Androgene

Körpereigene Androgene gehören zu den sogenannten Steroidhormonen. Damit stehen sie in einer Reihe mit Östrogenen und Gestagenen, aber auch mit den Glukokortikoiden und Mineralokortikoiden. Gemeinsam ist ihnen allen, dass sie einen ähnlichen Strukturaufbau haben, ihre Bildung wird vom Hypothalamus-Hypophysen-System durch Rückkopplungseffekte kontrolliert, ihre Wirkung wird über spezielle Hormonrezeptoren in den jeweiligen Zielorganen vermittelt.

Androgene binden in den verschiedenen Zielorganen an den sogenannten Androgenrezeptoren und üben dann eine androgene Wirkung aus. Die Zielorgane, auf die sie einwirken, sind z. B. Prostata, Gehirn, Haarfollikel, Nebenhoden und Hoden. In diesen Zielorganen findet sich ein bestimmtes Enzym: die 5Alpha-Reduktase. Dieses Enzym wandelt Testosteron in 5Alpha-Dihydrotestosteron um – dieses wiederum bindet besser an den Androgenrezeptoren an und hat dadurch eine erhöhte androgene Wirksamkeit. Laut Hoffmann (2003) ist noch nicht so ganz klar, ob das Dihydrotestosteron lediglich die Wirkung von Testosteron verstärkt oder ob es qualitative Unterschiede zwischen den beiden Hormonen gibt.

Androgene werden zwar primär in den Hoden gebildet, darüber hinaus aber auch in der Nebennierenrinde. Es gibt verschiedene Androgene. Das physiologisch wichtigste ist das Testosteron. Wenn man Testosteron hört, denkt man in der Regel ausschließlich an „Männlichkeit". Aber Androgene sind keine Hormone, die nur beim Rüden vorkommen. Bei der Hündin werden sie im begrenzten Umfang auch im Eierstock und in der Plazenta gebildet – sie sind dort eine Vorstufe in der Östrogenbildung. Androgene haben vielfältige Funktionen. Natürlich denkt man zunächst an die unmittelbar fortpflanzungsbezogene Funktion: Ohne Androgene gibt es keine Spermabildung.

Testosteron wird wie gesagt in den Leydigzellen produziert. Es muss in die Samenkanälchen gelangen, um dort seine Wirkung auf die Spermientwicklung zu entfalten. Damit es da hin gelangt, wird es sozusagen in einem „Bus" transportiert: dem ABP. Das steht für „Androgen bindendes Protein". Das Testosteron fährt sozusagen im ABP-Bus zum Nebenhoden, gleichfalls auf den Weg dorthin machen sich die reifenden Spermien. Das ABP wiederum wird in den Sertolizellen gebildet – unter Einfluss sowohl von Testosteron, aber eben auch von FSH. Die recht einfache Sichtweise – LH ist für die Androgensynthese und FSH für die Spermatogenese verantwortlich – kann so nicht mehr aufrecht erhalten werden (Hoffmann 2003). Bisher ist nicht ganz klar, wie genau das Zusammenspiel zwischen den Androgenen und dem FSH in der Spermaentwicklung aussieht. Fakt ist, dass beide Hormone offenbar benötigt werden. Es scheint so zu sein, dass das FSH besonders in der Frühphase der Spermienentwicklung von Bedeutung ist. Fehlt dann aber der Einfluss von Androgenen, können die Spermien nicht richtig ausreifen (Hoffmann 2003).

Androgene bestimmen die Libido, das männliche Sexualverhalten. Sie unterhalten die Funktion der Prostata, die, wie oben beschrieben, eine wichtige Funktion für die Fortpflanzung hat. Sie unterhalten aber auch die Funktion der Pheromondrüsen, also der Drüsen, die wesentlich für die Geruchsabgabe und damit für die olfaktorische (geruchliche) Kommunikation sind. Diese olfaktorische Kommunikation spielt natürlich nicht nur im Hinblick auf die Informationsübertragung zwischen läufiger Hündin und deckbereitem Rüden eine Rolle, sondern olfaktorische Kommunikation ist ein wesentlicher Faktor im Zusammenleben von Hunden, bzw. im Abchecken, wenn sich zwei unbekannte Hunde – egal welchen Geschlechts – treffen. Androgene sorgen ferner für das „männliche „Aussehen. D. h., sie sind verantwortlich dafür, das die artspezifischen männlichen Merkmale ausgebildet werden. Bei Hunden beschränkt sich der Unterschied im Exterieur vor allem darauf, dass die Rüden größer und kräftiger sind, bei anderen Tierarten gibt es darüber hinaus noch weitergehende optische Unterschiede, die durch Androgene gesteuert werden, wie z. B. die Mähne beim Löwen.

Androgene sind darüber hinaus auch wichtige Stoffwechselhormone. Sie beeinflussen den Knochenaufbau und führen im Skelettapparat des vorpubertären Rüden zu einer Verknöcherung und damit zur Schließung der Epiphysenfugen, also der Wachstumsfugen in den Röhrenknochen. Sie sind wichtig für den Muskelaufbau – denken Sie an die Diskussion um sogenannte Anabolika im Leistungssport. Sie fördern die Retention (Zurückhaltung) von Stickstoff, Kalium, Phosphor und Kalzium, aber auch von Natrium und Wasser (deswegen dürfen keine künstlichen Anabolika bei nierenkranken Hunden eingesetzt werden, das gleiche gilt für leberkranke Hunde, Allen u.a. 1996).

Androgene bewirken in der vorgeburtlichen Phase den Hodenabstieg und die Ausprägung hin zum männlichen Geschlecht. Und an dieser Stelle scheint mir eine kleine Exkursion in die pränatale (vorgeburtliche) Entwicklung beim Rüden angebracht.

Androgene und die vorgeburtliche Entwicklung
Die geschlechtliche Differenzierung zwischen Männlein und Weiblein wird bedingt durch einen unterschiedlichen Chromosomen-

satz: Aus der Kombination xx entwickeln sich weibliche Wesen, aus xy entwickeln sich männliche Wesen. Das Interessante an der Geschichte ist nun folgendes:

Nistet sich ein Embryo mit der xx-Kombination im Mutterleib ein, so entwickelt er sich automatisch in Richtung weiblich. Es braucht dazu keiner Impulse, Wirkungen von Substanzen, Hormone oder was auch immer. Man bezeichnet dieses Phänomen als „basic femaleness" (Hoffmann 2003): Die Entwicklung erfolgt automatisch in Richtung „weiblich". Nistet sich ein Embryo mit der xy-Kombination im Mutterleib ein, so wird er sich nur dann in Richtung „männlich" entwickeln, wenn auf unterschiedlichen Entwicklungsstufen jeweils die entsprechenden Impulse gegeben werden. Und hier kommt u.a. den Androgenen eine große Rolle zu: Erstens ist die Ausbildung der sekundären Geschlechtsorgane an die embryonale bzw. fetale Testosteronproduktion gebunden. Das heißt, die spezielle körperliche Ausprägung in Richtung Rüde kann nur passieren, wenn entsprechende Androgene vorhanden sind. Aber auch die geschlechtsspezifische Ausprägung der zentralnervösen Strukturen und damit auch typischer Verhaltensformen wird in der Reifungsphase *vor* der Geburt angelegt. Interessanterweise gibt es hier Unterschiede zwischen verschiedenen Tierarten: Bei denen, die ihren Nachwuchs nur kurz tragen, wie z.B. bei Mäusen, erfolgt diese Gehirnausprägung erst unmittelbar nach der Geburt. Bei Tieren, die länger tragen, wie beim Menschen, aber auch bei Hunden, erfolgt diese Einstellung vorgeburtlich (Hoffmann 2003).

Beim Rüden, der noch behaglich im Mutterleib liegt und reifen muss, funktioniert die Achse: Hypothalamus – Hypophyse – Hoden prächtig. Gonadotropine und Androgene sind in der Zeit vor seiner Geburt in recht hohem Ausmaß vorhanden, nehmen zur Geburt hin ab, bleiben dann in der ganzen Junghundphase niedriger als in der vorgeburtlichen Zeit und steigen dann mit Einsetzen der Pubertät an.

Man weiß ziemlich genau, was in der Pubertät passiert: Man kann nachweisen, dass Gonadotropine in höherem Ausmaß und in schnellerer Folge ausgeschüttet werden. Dass der Hypothalamus plötzlich die Ausschüttung von mehr Gonadotropin „zulässt", scheint darin begründet zu sein, dass er nun gegenüber der rückkoppelnden Wirkung von FSH und LH sozusagen desensibilisiert wird. D.h., er reagiert nicht sofort und so stark mit einer Drosselung der GnRH-Ausschüttung. Welcher Faktor aber nun wiederum bewirkt, dass dieser Prozess einsetzt – das ist weiterhin nicht vollständig erforscht. Man weiß, dass das Erreichen eines je artspezifischen Körpergewichts eine Rolle spielt, aber auch, dass eher dicke Individuen früher pubertieren als dünne und forscht zur Zeit nach der Bedeutung eines bestimmten Hormons – des Leptins – das an der Regulierung der Fettspeicher beteiligt ist und vermutlich die GnRH-Ausschüttung beeinflusst (Hoffmann 2003).

Der Testosteronschub im Mutterleib ist auch der Hintergrund für Beobachtungen, dass Hündinnen, die im Mutterleib zwischen Rüden oder gar als einziges Mädel unter lauter Jungs gelegen haben, häufig „vermännlichtes" Verhalten zeigen: sie standen extrem unter Testosteron„beschuss". Bei Rindern ist z.B. beschrieben, dass bei gemischt-geschlechtlichen Zwillingsträchtigkeiten das weibliche Tier Störungen in seiner sexuellen Differenzierung aufweist, die auf die Einflüsse der Hormone seines Bruders zurückzuführen sind (Hoffmann 2003).

Ferner lassen sich so Missbildungen wie z.B. der Hermaphroditismus, also die Zweigeschlechtlichkeit, bei der ein Hund sowohl Hoden als auch Eierstöcke hat, erklären. In der Impulsgebung bei einem genetisch als männlich angelegtem Tier ist etwas schief gelaufen. Hoffmann (2003) nennt ein gehäuftes Auftreten dieser Erkrankung, die u.a. zur Sterilität führt, beim American Cockerspaniel, dem Beagle, dem Kerry Blue Terrier und dem Weimaraner.

Östrogene

Und wie steht es mit den Östrogenen? Ähnlich wie man bei Hündinnen auch das „männliche" Hormon Testosteron finden kann, findet man bei Rüden auch „weibliche" Östrogene. Im Gegensatz zu anderen Tierarten, wie z. B. Pferden, sind die Östrogenkonzentrationen beim Rüden aber sehr niedrig. Es ist auch nicht ganz klar, ob diese Östrogene im Hoden gebildet werden oder im Fettgewebe durch den Umbau von Androgenen. Laut Hoffmann (2003) hat man im Nebenhoden nicht nur Androgenrezeptoren, sondern auch Östrogenrezeptoren finden können. Östrogene scheinen in den dortigen Resorptions- und Sekretionsvorgängen eine Rolle zu spielen – während die Androgene da vor allem für Transportaufgaben sorgen. In Mäuseexperimenten hat man nachweisen können, dass Mäusemännchen, denen man gezielt einen Gendefekt angezüchtet hat, der dazu führt, das sie keine Östrogenrezeptoren ausbilden können, unfruchtbar sind. Sie haben eine verringerte Libido, weniger Spermien und diese sind auch noch befruchtungsunfähig. Man geht davon aus, dass Östrogene auch in der männlichen Fortpflanzung eine Rolle spielen. Wie genau das funktioniert, das ist noch ungeklärt (Hoffmann 2003).

Fakt ist, dass eine Gabe von Östrogenen auch beim Rüden erhebliche Nebenwirkungen hat, die ähnlich wie bei der Hündin zu einer Knochenmarksuppression und damit zu einer schweren Anämie, ferner zu Haarausfall und Pigmentstörungen führen kann. Darüber hinaus kann sie beim Rüden zu einer Metaplasie (Gewebsumwandlung) der Prostata und damit dann auch zu einer Prostatavergrößerung führen. Allen u.a. (1996) schreiben, dass die Symptome, die bei Östrogenüberschuss zu beobachten sind, denen gleichen, die bei einem Sertolizelltumor zu finden sind – also bei einem Tumor jener Zellen, die im Hoden liegen.

Prolaktin

Das Hormon Prolaktin, das bei der Hündin zum Ende ihrer (Schein-)trächtigkeit ausgeschüttet wird, ist für die Empfindung von elterlichen Gefühlen und entsprechendem Verhalten verantwortlich. Aber es wird eben nicht nur von der Hündin produziert, sondern auch von den Rüden in Zeiten der Frühjahrsläufigkeit der Hündinnen. Die Läufigkeit der Hündin regt beim Rüden die Prolaktinbildung an. Prolaktin aber steht in Zusammenhang mit Testosteron – beide hemmen sich gegenseitig.

„Da Prolaktin in der Hirnanhangdrüse produziert wird. kann man es schlecht kastrieren." (Gansloßer, Vortrag 2006)

Möglichkeiten der Fortpflanzungskontrolle

Bei der Frage einer Fortpflanzungskontrolle sollten immer mehrere Fragen berücksichtigt werden: Wie beeinträchtigend für die Gesundheit des Tieres ist die Methode? Mit welchen Nebenwirkungen ist zu rechnen? Wie sicher ist die Methode? Wie lange hält die Wirkung an? Kann man das ganze wieder rückgängig machen? Wie teuer ist die Prozedur? Es geht aber auch darum, zu fragen, welche Auswirkungen kurz- und langfristiger Art auf das soziale Zusammenleben zu beobachten sind. Zu vermuten sind solche bei den Methoden, die das hormonelle Geschehen beeinflussen. Und so beklagen Asa & Porton (2006), dass genau diese Frage bislang in der Forschung viel zu wenig berücksichtigt worden ist.

Die Kastration und die Sterilisation wurden bereits besprochen. Neben diesen gibt es noch andere Möglichkeiten der Fortpflanzungskontrolle.

Außenseiterverfahren

Ein weiterer, kaum bekannter Ansatz besteht darin, die Spermienbildung für eine Zeit zu unterbinden, ohne aber das Hormonlevel zu beeinflussen. Eine Form dafür sind die sogenannten „Bisdiamine". Sie wären eine schöne Angelegenheit, wenn man eine reversible, nicht chirurgische Fortpflanzungskontrolle erreichen will, aber nicht ins Hormongeschehen eingreifen möchte. Bei diversen Tierarten, z. B. bei Grauwölfen und auch bei Hunden, ist diese Methode erfolgreich getestet worden. Aber: Die Kosten sind so hoch, dass eine kommerzielle Entwicklung dieses Ansatzes nicht in Aussicht steht (Asa & Porton 2006).

Ein anderer Ansatz ist das sogenannte Indenopyridine, ursprünglich ein Antihistaminikum, dass aber auch den Effekt hat, die Bildung von Spermien zu verhindern, ohne das Testosteronlevel zu beeinflussen. Es ist an Ratten, Mäusen und Hunden erfolgreich getestet worden. Allerdings müssten noch mehr Versuche, speziell auch im Hinblick auf mögliche Nebenwirkungen, unternommen werden (Asa & Porton 2006).

Die ursprünglich als Antikrebsmittel eingesetzten sogenannten Indazole Carboxylic Acids, die die Reifung der Spermienzellen verhindern, haben ebenfalls keinen Einfluss auf die Hormonproduktion. Allerdings gibt es bislang kaum Studien zu möglichen Nebenwirkungen.

Das Problem, alternative Methoden zur Fortpflanzungskontrolle zu finden liegt – wie immer – in den mangelnden finanziellen Möglichkeiten. So verweisen Asa & Porton darauf, dass Pharmafirmen natürlich nur dann in Forschung investieren, wenn sie einen Markt dafür sehen. Dies ist im Bereich der Wildtierbiologie schon wenig gegeben. Der Haustiermarkt ist zwar wesentlich größer. Aber solange es bei vielen Rüdenbesitzern nicht primär um die Ausschaltung der Fortpflanzungsfunktion, sondern um die Beeinflussung hormongesteuerter Verhaltensweisen ihres Hundes geht, wird sich wohl kaum ein Markt finden lassen.

Die „chemische" oder hormonelle Kastration

Die hormonelle Kastration ist ein Ansatz, der sowohl die Fortpflanzungsfähigkeit des Rüden für eine begrenzte Zeit unterbindet als auch die Hormonproduktion beeinflusst – und beides in einer Form, die ein Rückgängigmachen erlaubt. Wirkt die hormonelle Kastration nicht mehr, benimmt sich der Hund bald wieder wie vor der Kastration und kann nach einiger Zeit auch wieder erfolgreich decken.

Seit einiger Zeit wird verstärkt nach Alternativen zur chirurgischen Kastration gesucht. Im Sprachgebrauch wird meist von der „chemischen" Kastration als Alternative gesprochen. Dieser Begriff trifft das Verfahren aber nicht genau. Denn es handelt sich um eine hormonelle Kastration. Münnich (persönliche Mitteilung 2006) verweist darauf, dass man in der Vergangenheit Versuche mit tatsächlichen Chemikalien gemacht habe, dieses aber wieder aufgegeben hat, weil diese erhebliche Nebenwirkungen gehabt haben. Auch Asa & Porton (2006) sehen keinen Nutzen in einer chemischen Kastration.

Verschiedene Gründe sprechen für eine Suche nach Alternativen. So nennt Wilhelm (2006) als Gründe dafür zum einen die mit der Operation verbundenen Narkoserisiken, die man bei älteren Hunden oder bei anderen Hunden, die z. B. unter einer Herz- oder Niereninsuffizienz leiden, nicht eingehen möchte.

Zum anderen tritt mit dem Bewusstwerden möglicher negativer Folgen wie Fettleibigkeit, Inkontinenz, Fellveränderungen, aber auch unerwünschten Verhaltensveränderungen (siehe dazu im Kapitel zu den Folgen einer Kastration, Seite 205) die Frage auf, welche alternativen Formen es gibt, die dann reversibel, also rückgängig zu machen wären.

Riesenbeck u.a. (2002) nennen noch einen weiteren Grund: Den Wunsch, die potentielle Fortpflanzungsfähigkeit eines Zuchtrüden zu erhalten, obwohl eine Erkrankung eine Maßnahme zur Ausschaltung seiner Geschlechtshormonproduktion erfordert. Wenn ein Zuchtrüde z. B. an Prostatazysten erkrankt, so wird häufig eine Kastration als Therapiemaßnahme eingesetzt. Die Idee ist nun, die Produktion von Hormonen, welche die Zystenbildung bzw. -erhaltung beeinflussen, zu verhindern. Hat sich die Zyste dann zurückgebildet, ist der Rüde wieder gesund, lässt man die Hormonproduktion wieder zu, und er kann wieder decken.

Offen gestanden habe ich mit dieser Argumentation ein Problem, wenn der *wirtschaftliche* Aspekt einer Erhaltung der Zuchtfähigkeit mit in die Debatte geworfen wird: „Bei solchen Patienten geht es neben der Behandlung der eigentlichen Erkrankung auch um die Erhaltung der Fortpflanzungsfähigkeit eines genetisch wertvollen Tieres, wobei auch die Tatsache zu berücksichtigen ist, dass der Verlust eines im Zuchteinsatz stehenden Rüden mit erheblichen wirtschaftlichen Einbußen verbunden sein kann" (Riesenbeck u.a. 2002, S. 513).

Es stellt sich z. B. die Frage, ob die Erkrankung nicht wieder auftritt, sobald die normale Hormonproduktion wieder in Gang kommt. Wie die Studie von Riesenbeck u.a. an 59 hormonell kastrierten Rüden zeigt, verschwanden bei den Rüden, die aufgrund einer Erkrankung kastriert werden sollten, Prostatazysten und kamen auch nicht wieder. Im Falle der Prostatavergrößerung zeigte sich jedoch, dass der Erfolg einer durch die hormonelle Kastration bewirkten Prostataverkleinerung wieder zunichte gemacht wurde, sobald die normale Hormonproduktion wieder anlief.

Eine ganz andere Sache ist, sich zu überlegen, eine Fortpflanzungskontrolle über eine hormonelle und damit reversible statt über eine chirurgische und damit irreversible Kastration zu betreiben.

In der Wildtierbiologie und der Haltung von Zootieren werden große Hoffnungen in den Einsatz hormoneller Strategien gesetzt (Dematteo 2006). Der Hintergrund ist klar: dort hat man es häufig mit dem Problem zu tun, unerwünschte Fortpflanzung zumindest temporär verhindern zu wollen/zu müssen, aber man kann es sich nicht leisten, das Erbgut der Tiere durch eine chirurgische Kastration zu verlieren. Deswegen wird in diesem Bereich schon sehr viel länger über Alternativen zur chirurgischen Kastration nicht nur nachgedacht, sondern diese werden auch praktiziert. Asa u.a. (2006) weisen darauf hin, dass diese Technik zur Fortpflanzungskontrolle aber bei unseren Haushunden noch in der Versuchsphase steht. Ferner ist bislang nicht klar, wie lange die Wirkung andauert.

Es gibt noch einen weiteren wichtigen Grund, nach einer reversiblen Form der Geschlechtshormonausschaltung zu suchen: Wenn – wie unten beschrieben – die zentrale Motivation zur Kastration darin liegt, das Verhalten des betreffenden Rüden positiv beeinflussen zu wollen, so wäre es eine schöne Idee, quasi antesten zu können, ob sich das Verhalten in die erwünschte Richtung verändert. Geschieht dies, kann man sich dann zur chirurgischen Kastration entschließen. Erfolgt keine erwünschte Veränderung oder zeigt sich gar eine Verschlechterung des alten Problems oder plötzlich ein ganz neues Problem, so wird man von der Kastration Abstand nehmen. In dem Sinne könnte man die hormonelle Kastration als Testlauf ansehen.

Verabreichung von Gestagenen

Bislang basierte die nicht-chirurgische Kastration hauptsächlich darauf, dass man den Rüden Gestagene verabreicht hat. Der Hintergrund: Gestagene haben eine negativ rückkoppelnde Wirkung auf das Hypothalamus-Hypophysensystem. Das bedeutet: Die Freisetzung von LH und FSH wird gehemmt. Dadurch wiederum wird die Hodenfunktion unterdrückt. Nun hat man aber mit der Anwendung von Gestagen beim Rüden zwei Erfahrungen gemacht: Erstens sind sie wesentlich weniger wirksam als bei den Hündinnen. Zweitens können erhebliche Nebenwirkungen wie ein Cushing Syndrom oder Diabetes mellitus auftreten (Wilhelm 2006, Riesenbeck u.a. 2002). Aufgrund der nicht hundertprozentigen Wirkung der Gestagene im Hinblick auf eine vollständige Unterdrückung der Spermienproduktion wird auch eine Kombination mit Androgenen versucht. Asa & Porton (2006) warnen davor, dass Androgene schädliche Auswirkungen auf Leber, Niere, das Immunsystem und das Herz-Kreislauf-System haben können. Ferner kann es zu Prostatavergrößerungen kommen. Allen nennt als weiter mögliche temporär auftretende Nebenwirkungen: „.... Appetitsteigerung, Gewichtszunahme, Teilnahmslosigkeit, Vergrößerung der Mammae (Brustdrüse) mit gelegentlich einsetzender Laktation (Milchabsonderung) sowie Fell- und Temperamentsveränderungen" (1996, S. 120).

Androgenrezeptorenblocker

Ein zweiter Ansatz bestand und besteht in der Verwendung von sogenannten Androgen-Rezeptorenblockern. Diese beeinflussen nun nicht die Funktion des Hodens selbst, sondern sie bewirken eine Blockade bzw. Teilblockade der androgenen Wirkung der im Hoden produzierten Hormone in den Zielorganen. Damit das Testosteron bzw. sein Umwandlungsprodukt, das Dihydrotestosteron, wirken kann, muss es an Rezeptoren andocken. Bildlich gesprochen: Werden diese Rezeptoren aber von anderen Substanzen blockiert, haben die Hormone somit keinen Hafen, in den sie einlaufen können und können somit nicht ausgeladen werden, also keine Wirkung entfalten. Die Substanzen, die man hierfür einsetzt, entstammen der Humanmedizin und werden dort z. B. in der Behandlung von inoperablem Prostatakrebs eingesetzt. Es handelt sich dabei um die Substanzen Cyproteronazetat und Flutamid.

5 Alpha-Reduktasehemmer

Ein dritter Ansatz besteht in dem sogenannten 5 Alpha-Reduktase-hemmer (Wirkstoff: Finasterid). Wie Sie oben gelesen haben, wird Testosteron mit Hilfe des Enzyms 5 Alpha-Reduktase in 5 Alpha-Di-hydrotestosteron umgewandelt. Dieses bindet besser an die Androgenrezeptoren in den entsprechenden Zielorganen und dadurch entfaltet das Testosteron erst so richtig seine Wirkung. Hemmt man nun die Bildung dieses Enzyms, kann diese Umwandlung nicht mehr erfolgen. Diese Wirkung macht man sich z. B. auch in der Behandlung von Prostatavergrößerungen zunutze (Hoffmann 2003).

GnRH-Downregulation

Ein relativ neuer Ansatz besteht darin, dass man den hypothalamischen Regelfaktor GnRH ausschalten will. Wie Sie im Abschnitt über die hormonelle Steuerungsfunktion beim Rüden gelesen haben, wird die Hormonkette mit der Ausschüttung von GnRH in Gang gesetzt. Wird nun dieser Regelfaktor im Hypothalamus außer Kraft gesetzt, gibt es auch keine Ausschüttung der nachfolgenden Hormone in der Kette. Nun gibt es verschiedene Ansätze, das GnRH auszuschalten:

► Man versucht eine Immunisierung gegen GnRH. In den USA ist ein entsprechendes Präparat auf den Markt gekommen, mit dem Prostatakrebs bei Hunden behandelt werden soll, das sich aber auch zur Fortpflanzungskontrolle eignen soll (Asa & Porton, 2006).

▸ Man verwendet GnRH Antagonisten.

▸ Man verwendet GnRH-Analoga, die zu einer Downregulation der hypophysen GnRH-Rezeptoren führen.

Alle drei führen zu einer Hemmung der Freisetzung von LH und FSH und damit zu einer Stillegung der Hodenfunktion. Das wegfallende FSH stoppt die Sertolizellen, wodurch keine Spermien mehr gebildet werden. Der LH-Abfall stoppt die Leydigzellen, es wird kein Testosteron mehr gebildet.

Das Problem ist nur, dass bislang die Arzneimittel, die die entsprechende Wirkung zeigen, aus der Humanmedizin stammen. Nun wird dieses Prinzip auch auf die Kleintiermedizin übertragen, jedoch fehlen bisher aussagekräftige Studien über mögliche Nebenwirkungen. Wilhelm (2006) verweist zum Beispiel auf eine Studie im Bereich der Humanmedizin, die als Nebenwirkung die Ausschüttung von Histaminen gezeigt hat.

Damit dieses Prinzip funktionieren kann, muss eine Darreichungsform gefunden werden, die sicherstellt, dass dem Körper regelmäßig in richtiger Dosierung das GnRH-Analogon zugeführt wird. Dies hat man im Form von Chip-Implantaten mit einer semipermeablen (halbdurchlässigen) Membran gefunden. Das heißt, dem Rüden wird im Halsbereich ein Chip implantiert.

Eine in Deutschland durchgeführte Studie (Riesenbeck u.a. 2002) an 59 hormonell kastrierten Rüden hat untersucht, in welchem zeitlichen Abstand zum Einsetzen des Implantats eine Wirkung erfolgt ist, wie diese Wirkung aussah, wann sich die Effekte abschwächten, wann wieder eine „normale" Hormon- und Spermienproduktion zu verzeichnen war.

Die Rüden wurden mit dem Humanarzneimittel „Profact" behandelt. Der Wirkstoff Buserelin wird zur Behandlung von fortgeschrittenem, hormonabhängigen Prostatakrebs eingesetzt. (Mittlerweile gibt es auch einen anderen Wirkstoff, das „Deslorelin"). Der Wirkstoff ist nicht neu, neu ist seine Verpackung in einem Chip. In verschiedenen Nachbarländern ist er zugelassen, in Deutschland ist die Zulassungsprozedur noch nicht abgeschlossen (Münnich, persönliche Mitteilung 2006). In den USA erfüllt das Deslorelinimplantat jedoch nicht die Anforderungen der staatlichen Gesundheitsbehörde und wird deshalb nicht zugelassen.

Beobachtete Folgen waren: Zunächst kommt es zu einem Testosteronanstieg, innerhalb von ca. maximal 20 Tagen aber erfolgt ein Abfall der Testosteron- und der Estradiolkonzentration. Bei den Rüden, die unter einer Prostatavergrößerung gelitten hatten, erfolgte eine Verkleinerung dieser um im Mittel 69 %. Bei 67 % aller Rüden kam es zu einer Verkleinerung des Hodens. Etwa vorhandene Zysten verschwanden. Bei den drei wegen Analdrüsentumoren kastrierten Rüden kam es zu einer deutlichen Verkleinerung des Tumors, der dann chirurgisch entfernt werden konnte.

Bis maximal zum 33. Tag nach Einsetzen des Implantats waren noch Spermien im Ejakulat vorhanden. D. h., in den ersten Wochen nach Durchführung dieser hormonellen Kastration muss noch mit einer zwar geringen, aber vorhandenen Möglichkeit gerechnet werden, dass der Rüde einen erfolgreichen Deckakt vollziehen kann. Es dauerte 21 bis maximal 41 Tage, bis sich der Rüde manuell nicht mehr stimulieren ließ, man also kein Ejakulat mehr gewinnen konnte. Typische Nebenwirkungen der chirurgischen Kastration wie Gewichtszunahme und Fellveränderungen traten auf, nicht jedoch Inkontinenz.

Leider machen die Autoren noch keine abschließende Aussage zur Auswirkung auf das Verhalten, weil 10 der 18 wegen Aggression und/oder Hypersexualität kastrierten Rüden zum Zeitpunkt der Artikelverfassung noch nicht wieder in der „Nachkastrationsphase" angekommen waren. 3 Halter haben sich wegen einer Verbesserung im Umgang mit dem Hund spontan zu einer chirurgischen Kastration entschlossen, eine Halterin berichtet über unerwünschtes phlegmatisches Verhalten. 5 Besitzer ließen ihren Hund nach der hormonellen Kastration chirurgisch kastrieren, für 6 Besitzer kam eine chirurgische Kastration nach den gemachten Erfahrungen mit der hormonellen Kastration grundsätzlich nicht mehr infrage. Leider beschreibt Riesenbeck nicht die Gründe für die Ablehnung (ob sie z. B. in unerwünschten Verhaltensveränderungen, im Ausbleiben erwünschter Verhaltensverände rungen oder in anderen, eher körperlichen Nebenwirkungen bestanden).

In einer kleineren Studie an insgesamt 12 Rüden, von denen 6 wegen Hypersexualität und/oder aggressivem Verhalten hormonell kastriert worden sind (Hoffmann u.a. 1999) zeigte sich, dass nur ein Besitzer sich aufgrund der gemachten Erfahrungen danach zur chirurgischen Kastration entschloss, bei vier Rüden kam nach den beobachtbaren Veränderungen eine chirurgische Kastration nicht mehr in Frage. Bei einem wegen Aggression gegen Artgenossen behandeltem Dobermann, der zweimal hintereinander hormonell kastriert wurde, weil ein erhöhtes Narkoserisiko eine chirurgische Kastration nicht zuließ, zeigte sich in der Zeit zwischen den beiden Behandlungen, wenn er wieder unter Testosteroneinfluss stand, eine gesteigerte positive Befindlichkeit. Das gleiche berichten Riesenbeck u.a (2002) von einem wegen Prostatavergrößerung zweimal hintereinander hormonell kastrierten Doggenrüden. Auch er zeigte in der Phase zwischen den beiden Behandlungen unter Testosteroneinfluss eine positive Befindlichkeit und größere Lebensfreude. Die Frage ist jetzt nur, wie man das bewerten möchte. Hatte die Downregulation positive Effekte – oder geht es dem Rüden unter Testosteroneinfluss besser?

Die Wirksamkeit wird bislang mit einer Dauer von 8–12 Monaten angegeben. Ca. 240 Tage lang wurde die Hodenfunktion erfolgreich unterdrückt. Wurde das Implantat entfernt, bzw. zeigte sich keine Wirkung mehr, so dauerte es im Durchschnitt zwischen 5–10 Wochen, bis wieder die ursprüngliche Testosteronkonzentration erreicht wurde, allerdings begann das Testosteron sehr schnell nach Implantatentfernung anzusteigen. Länger dauerte es, bis wieder eine normale Spermienbildung stattfand: zwischen 25 und 29 Wochen (Wilhelm 2006).

Insgesamt fallen die Berichte über diese Form der hormonellen Kastration positiv aus. Trotzdem soll darauf hingewiesen werden, dass die Form der Verabreichung über Implantate auch nicht immer komplikationslos ist. So verweisen Munson u.a. (2006) auf Probleme, die weniger die hormonelle Wirkung betreffen, sondern das Implantat selbst. So kann es zu Abszessen (Eitergeschwüren) und Seromen (Flüssigkeitsansammlungen) kommen. Auch ist es vorgekommen, dass das Implantat gewandert ist und dann nicht wiedergefunden werden konnte.

Munson u.a. (2006) resümieren für den Bereich der Wildtierbiologie und Zoohaltung von Tieren, dass nach wie vor eine hormonelle Kastration primär über die Gabe von Gestagenen erfolgt – trotz ihrer bekannten möglichen Gesundheitsschädigungen. Es ist einfach die billigste Methode einer reversiblen Fortpflanzungskontrolle. Downregulation über GnRH- Analoge die – zumindest nach ersten Erkenntnissen – für das Tier wesentlich nebenwirkungsfreier sind – sind teuer. Es ist die Frage, welche Entwicklungen sich hier in der Kleintiermedizin bei unseren Heimtieren vollziehen werden.

Warum werden Rüden kastriert?

Wie wurden die Gründe erhoben?

Der erste große Fragenkomplex der Bielefelder Studie bezog sich auf die Gründe der Kastration. Warum werden Rüden und Hündinnen kastriert? Unterscheiden sich die Gründe je nach Geschlecht? Wer gibt den Anstoß zur Kastration, wer informiert über mögliche Folgen auf Gesundheit und Verhalten – positiver wie negativer Art? Spielen in unterschiedlichen Lebensaltern der Hunde unterschiedliche Gründe eine Rolle? Unterscheiden sich Rassehunde und Mischlinge, bzw. Rassehundgruppen voneinander im Hinblick darauf, was den Ausschlag für eine Kastration gibt?

Den Befragten wurden insgesamt 17 mögliche Gründe vorgegeben, von denen sie die für sie zutreffenden ankreuzen konnten. Ferner konnten sie in einer offenen Kategorie zusätzliche Gründe angeben. Es waren somit *Mehrfachnennungen* möglich.

In der Auswertung wurden die angegebenen Gründe in folgende Kategorien zusammengefasst:

Medizinische Gründe Hier wurde nochmals unterschieden zwischen *akuten* Erkrankungen wie z.B. einer Prostatavergrößerung, und *Präventionsmaßnahmen* zwecks Vorbeugung möglicher Erkrankungen wie z.B. von Hodenkrebs.

Verhaltensgründe Diese Kategorie umfasst Verhaltensproblematiken, die zu ändern sich der Halter mittels einer Kastration erhofft, wie z.B. Aggression gegen andere Rüden.

Haltergründe Diese Kategorie umfasst solche Antworten, bei denen es um die Vereinfachung des Zusammenlebens mit einem Rüden geht – wenn er z.B. nicht mehr streunen soll, falls die Nachbarshündin läufig ist.

Sonstige Gründe Hier wurden solche Gründe zusammengefasst, die man keiner der genannten Kategorien zuordnen konnte. Diese betreffen jedoch nur 4 % aller Antworten und sie werden daher im folgenden nicht weiter berücksichtigt.

Welche Gründe werden genannt?

Warum lassen Rüdenbesitzer ihre Hunde kastrieren? Sind es auch bei Rüden hauptsächlich medizinische Gründe, die den Ausschlag für eine Kastration geben? Spielen ganz andere Gründe eine Rolle? Die Ergebnisse der Bielefelder Studie bestätigen die Erfahrung, die ich als Hundetrainerin in der praktischen Arbeit gemacht habe: Im Unterschied zu den Hündinnen werden Rüden vor allem deswegen kastriert, weil man sich einen positiven Einfluss auf ihr Verhalten erhofft. Gesundheitliche Gründe sind demgegenüber eher nebensächlich. Im Vordergrund steht die Hoffnung, unerwünschtes Verhalten des Rüden mittels einer Kastration beheben – oder zumindest positiv beeinflussen zu können: Mit 74 % dominieren die Verhaltensgründe, medizinische Überlegungen spielen in 21 % der Fälle eine Rolle, Haltergründe werden mit 30 % genannt.

Bevor ich ausführlicher auf die verhaltensbezogenen Gründe eingehen werde, möchte ich mich zunächst der Frage widmen, welche medizinischen Gründe für eine Kastration des Rüden sprechen. Auch wenn der mögliche Gesundheitsaspekt in der Diskussion um die Kastration des Rüden weder in der Meinungsbildung unter Hundehaltern noch unter Hundetrainern einen nennenswerten Stellenwert hat, so soll an dieser Stelle doch auch darauf eingegangen werden, wann eine Kastration aus medizinischen Gründen sinnvoll sein kann. Und vielleicht werden Sie sich nach Lektüre dieses Abschnittes ebenso wie ich fragen, warum man offenbar bei Hündinnen und Rüden eine unterschiedliche Messlatte anlegt, wenn es um die Prophylaxe von Krankheiten geht.

Schauen wir uns zunächst die Bielefelder Studie daraufhin an, wie groß der Anteil der Rüden ist, die aufgrund einer medizinischen Indikation kastriert worden sind:

Kastration aus medizinischen Gründen

Nur insgesamt 21% der Rüden wurden überhaupt aus medizinischen Gründen kastriert. Wenn Rüden aus medizinischen Gründen kastriert werden, dann wegen einer *akuten* Erkrankung: zu 94%. Der Prophylaxegedanke spielt bei Rüden also nur eine untergeordnete Rolle. Dies ist umso interessanter, wenn man sich anschaut, aufgrund welcher akuten Erkrankungen Rüden kastriert werden: Unter den akuten Erkrankungen stehen Prostataerkrankungen mit 38% an erster und Hodenerkrankungen mit 27% an zweiter Stelle – beides Erkrankungen, denen man teilweise durch eine Kastration vorbeugen könnte. 6% *aller* Rüden sind wegen einer Prostataerkrankung, 5% wegen einer Hodenerkrankung kastriert worden.

Vorhauterkrankungen werden zu 11% angegeben. Auch hier findet sich mit 21% ähnlich wie bei den Hündinnen ferner ein weites Feld verschiedenster Krankheiten, die jeweils nur selten genannt werden.

Gibt es noch andere Studien, die der Frage nach den Gründen der Kastration beim Rüden nachgegangen sind? Hier kann eine etwas ältere deutsche Studie herangezogen werden: 1997 haben Mertens/Unshelm in Tierarztpraxen und Kliniken eine Befragung u.a. zu den Gründen der Kastration durchgeführt. Ergebnis: Beim Rüden standen mit 69% die Verhaltensprobleme an erster Stelle, Akuterkrankungen waren bei 24% ausschlaggebend, die Prophylaxe nur bei 2%. Heidenbergers Studie (2000) weist ebenfalls daraufhin, dass Rüden relativ selten aufgrund einer medizinischen Indikation kastriert werden. Es ergibt sich also in beiden Studien ein ähnliches Bild wie in der Bielefelder Studie.

Nun könnte man sich ja eigentlich fragen, warum den Rüden nicht die gleiche „Fürsorge" zuteil wird wie den Hündinnen. Erinnern wir uns: Die potentielle Möglichkeit, dass die Hündin an einer Gebärmutterentzündung oder an Gebärmutterkrebs oder Eierstockskrebs erkranken könnte, bewegt viele Hündinnenbesitzer dazu, diese Organe präventiv entfernen zu lassen. Die Denkrichtung lautet in etwa: Wenn ich nicht mit meiner Hündin züchten will, brauche ich weder Eierstöcke noch Gebärmutter. Bevor diese erkranken, lasse ich die besser herausnehmen.

Ich frage mich nun, warum beim Rüden nicht der gleiche Gedanke vorherrscht: Wenn der Rüde nicht zur Zucht eingesetzt werden soll – sind dann nicht auch seine Fortpflanzungsorgane „nutzlos" und sollten prophylaktisch entfernt werden? Denn, wie oben gesehen, stehen Prostata- und Hodenerkrankungen an der Spitze der Akuterkrankungen, wegen derer Rüden kastriert werden. So wie eine Hündin Eierstockskrebs oder Gebärmutterkrebs bekommen kann, so besteht bei Rüden die Gefahr, an Hodenkrebs, Prostatakrebs oder einer anderen Prostataerkrankung zu erkranken. Seltsamerweise wird dieser Prophylaxegedanke in der Diskussion um die Kastration eines Rüden nicht in die Debatte geworfen. Der Präventionsgedanke wird in der Regel nur bei der sogenannten Einhodigkeit aufgegriffen – aber dazu komme ich gleich.

Es gibt eine Reihe medizinischer Indikationen, die für eine Kastration des Rüden sprechen. Solche sind: Hodentumoren, Prostataerkrankungen, Kryptorchismus, persistierende Vorhautentzündung, Analtumoren. Im folgenden möchte ich kurz auf diese Erkrankungen eingehen:

Hodenhochstand

Wenn männliche Hundewelpen geboren sind, dann befinden sich ihre Keimdrüsen, die Hoden, noch nicht außerhalb des Körpers im Hodensack (Scrotum), sondern sie liegen noch in der Bauchhöhle. Dort, wo mal der Hodensack sein soll, sieht man beim Welpen noch nichts. Erst in der 4. Lebenswoche beginnt sich der Hodensack auszubilden. In der Regel haben die Hoden in der 5. Lebenswoche den Leistenkanal passiert, sind aber auf ihrer Wanderung immer noch nicht im Hodensack angekommen. Erst mit Ende des zweiten/zu Beginn des 3. Lebensmonats haben sie den Hodensack erreicht (dieses Abwandern nennt man Descensus). Individuell, wie auch rassebedingt, gibt es in diesem Zeitablauf aber Schwankungen.

Auch ist es bis zum Einsetzen der Pubertät immer noch möglich, dass sich die Hoden/ein Hoden wieder in den Leistenkanal zurückzieht.

Die Hoden müssen sozusagen nach außen verlagert werden, weil dort andere Temperaturbedingungen herrschen: Im Körper ist es den Spermien zu warm! Nun kommt es aber immer mal wieder vor, dass ein Hoden (selten alle beide) erst gar nicht aus seiner Lage neben der Niere loswandert oder auf dieser Wanderung stecken bleibt, es nicht bis in den Hodensack schafft.

Oft kann man im Zusammenhang mit dem Hodenhochstand das Fachwort: Kryptorchismus hören. Das stimmt jedoch nur bedingt, denn die Mediziner unterscheiden danach, wo sich der/die fehlende Hoden befinden: Ist der Hoden noch gänzlich dort, wo er ursprünglich angelegt ist und man kann ihn daher auch nicht tasten, spricht man von Kryptorchismus. Dieser ist hormonell nicht beeinflussbar. Der Hoden sollte operativ entfernt werden.

Hat der Hoden zwar seine Wanderung begonnen, ist aber im Leistenkanal steckengeblieben – und ist damit auch ertastbar – spricht man von Retentio testis. Mit der Gabe von Hormonen, insbesondere von GnRH, kann versucht werden, dass der Hoden doch noch in den Hodensack hinabwandert. Wenn dem Hund damit die Kastration erspart wird, so bedeutet das aber nicht, dass dieser Hund zur Zucht verwendet werden sollte.

Es kann auch passieren, dass der Hoden weit herunter gekommen ist – aber statt im Hodensack an der Innenseite des Oberschenkels liegt. Auch hier nutzt eine hormonelle Beeinflussung nichts. Der Hoden sollte operativ entfernt werden (Berchthold 1997).

Die Mediziner sind sich einig, dass man mindestens diesen stecken gebliebenen Hoden operativ entfernen sollte, weil eine hohe Entartungsgefahr besteht. Nolte (1990) verweist auf eine Studie, nach der Rüden mit einem Hodenhochstand ein 13,6mal höheres Risiko für die Entstehung eines Hodentumors haben als „normale" Hunde.

Meist wird bei diesen Hunden dann auch der Hoden, der es nach draußen geschafft hat, gleich mit entfernt. Es gibt aber auch die Verfahrensweise, dass dieser Hoden belassen wird.

Wir haben es also beim Hodenhochstand mit einem eindeutigen Prophylaxegrund pro Kastration zu tun. Die Frage ist jedoch, ob es tatsächlich notwendig ist, auch den sich im Hodensack befindlichen Hoden mit zu entfernen – dazu habe ich leider in der Fachliteratur keine Antworten finden können.

Man geht davon aus, dass dieser Hodenhochstand vererbt wird – daher sollten solche Rüden nicht in der Zucht verwendet werden. Es gibt bei verschiedenen Rassen unterschiedliche Häufigkeiten, mit denen der Hodenhochstand auftritt. Auffällig ist, das die Gefahr bei kleineren Rassen größer ist (Allen 1996).

Hodentumoren

Laut Peters (2005) sind Hodentumoren beim älteren Hund relativ häufig, 5–20% sind bösartig. Glücklicherweise sind sie also meistens gutartig, so dass es nicht selten vorkommt, das weder Besitzer noch Tierarzt wussten, dass ein Rüde an Hodenkrebs erkrankt ist – man findet die Geschwülste bei einer postmortalen Untersuchung (Allen, 1996).

Laut Allen (1996) gibt es drei verschiedene Tumorarten, die in etwa gleicher Verteilung bei den Rüden gefunden werden:

Sertolizelltumore sind eher langsam wachsende, solitär auftretende Geschwülste, die zwar häufig gutartig sind, aber auch bösartig sein können und dann Metastasen in den nahe gelegenen Lymphknoten und/oder der Lunge bilden. Heider (1990) zitiert (ältere) Studien, nach denen die Wahrscheinlichkeit einer Metastasierung zwischen 2 und 15% liegt.

Diese Tumoren produzieren Östrogene – und diese wiederum wirken sich natürlich aus: So sind Fellveränderungen häufig anzutreffen. Da sind zum einen Veränderungen in der Fellfarbe zu bemerken – häufig in Richtung schmutzig-rötlich. Zum anderen kann es zu Haarausfall rund um den Hals, an den Rückseiten der Hinterläufe, z.T. an der Schulter kommen. Die Zitzen können ebenso anschwellen wie die Penisvorhaut. Es kann – eben bedingt durch die Östrogenproduktion des Tumors – auch zu verweiblichtem Verhalten kommen – der Rüde hockt sich z. B. beim Urinieren hin. Oder andere Rüden sehen in diesem eine attraktive Hündin. Dieser Feminisierungseffekt ist nach Heider (1990) je nach Lage des Tumors in 15–70 % der Fälle zu beobachten. Ein besonders starker Feminisierungseffekt zeigt sich bei kryptorchiden Hoden. Die Östrogene können zu einer gefährlichen Knochenmarkssuppression führen. Manchmal kommt es auch zum Auftreten von Analtumoren.

Tumore der interstitiellen Zellen sind solitäre auftretende oder multiple Geschwülste. Sie können in einem oder beiden Hoden auftreten, wobei sich der Umfang des Hodens nicht verändert. Sie sind in der Regel gutartig, wachsen langsam und sind im Unterschied zum Sertolizelltumor meist hormonell inaktiv. Manche produzieren aber Testosteron, das dann wieder zum einen die Prostatafunktion beeinträchtigen und zum anderen Analtumore verursachen kann (Allen 1996). Die Rüden zeigen oft Hautveränderungen in Form einer Seborrhoe und eine fleckige Hyperpigmentierung über den Drüsenbereichen. 30 % dieser Hunde leiden parallel unter einer Prostataerkrankung, 15 % unter einem Dammbruch (Heider, 1990).

Semione treten immer nur einseitig auf und verändern die Form des Hodens nicht. Auch bei Ihnen kann es zu einer Verweiblichung des Rüden kommen, was auf die Produktion von Östrogenen hinweist. Im Unterschied zum Sertolizelltumor gibt es aber auch Prostatastörungen und häufiger Analtumoren, was wiederum auf die gleichzeitige Produktion von Androgenen schließen lässt. Heider (1990) sieht eine Kastration nicht nur deswegen als Mittel der Wahl an, um Metastasierungen zu vermeiden, sondern verweist auch darauf, dass viele Tumoren hormonaktiv sind und darüber andere Organe negativ beeinflussen.

Die meisten Tierärzte raten beim Vorliegen eines Hodentumors zu einer Kastration – zumindest dann, wenn der Hund schwerer wiegende Befindlichkeitsstörungen zeigt. Aber wie gesagt – es gibt auch Hunde mit Hodentumoren, deren Erkrankung man erst nach dem Tod des Hundes entdeckt, weil es zuvor keine Beeinträchtigungen gegeben hat.

Hodenentzündungen

Hodenentzündungen (Orchitis) können durch Verletzungen oder Infektionen hervorgerufen werden.

Eine Hodenentzündung kann z. B. durch die sogenannte „Hundebrucellose" verursacht werden. Diese bakterielle Infektion, deren Übertragung über die Mundschleimhaut, den Harn oder die Geschlechtsorgane erfolgt, führt zu Fieberschüben, Bewegungsstörungen, Vergrößerungen der Lymphdrüsen – und eben beim Rüden zu Hodenentzündungen. Die Behandlung ist nicht einfach, nicht unbedingt erfolgreich, erfordert eine langwierige Medikamentengabe. Münnich (2005) empfiehlt in diesen Fällen eine Kastration – und zwar zum Schutz anderer Hunde!

Auch Infektionen mit Staphylokokken, Streptokokken, *Escherichia coli*-Bakterien und dem Staupevirus sowie Verletzungen können Hodenentzündungen hervorrufen. Laut Berchthold (1997) ist der Fall, dass es zu einer Hodenentzündung kommt, weil zuvor Prostata oder Samenleiter infiziert wurden, eher selten.

Die Symptome sind meist geschwollene, warme Hoden. Der Rüde ist schmerzempfindlich, möchte Berührungen an den Hoden vermeiden, setzt sich am liebsten hin.

Die Therapie besteht in der Regel in der Verabreichung von Antibiotika, nicht in sofortiger Kastration. Kommt es aber zu schwerwiegenden Veränderungen des Hodens wie z. B. in Form von Abszessen und auch wenn die Medikamente nicht anschlagen, sollte der Hund kastriert werden. Bei chronisch entzündeten Hoden kann eine Kastration das erneute Auftreten einer Entzündung verhindern (Heider 1990).

Eine Hodenentzündung, die durch Infektionen bedingt wurde, führt häufig zur Unfruchtbarkeit des Rüden.

Hodenverletzungen

Zu einer Hodenverletzung kann es z. B. durch eine Rauferei kommen – aber auch ohne Fremdeinwirkung: Wenn der Rüde z. B. an

einem scharfen Gegenstand wie einem Stacheldrahtzaun hängen-
bleibt. Hodenverletzungen können aber auch durch ständiges Belecken und Selbstbenagen bei Hunden, die unter generalisiertem
Juckreiz oder konkreten Ekzemen leiden, entstehen. Die Haut des
Hodensacks ist sehr empfindlich gegen physikalische oder chemi-
sche Reizungen, die dann wiederum zu entzündlichen Veränderungen führen. Diese wiederum bewirken, dass sich der Rüde permanent leckt oder sogar benagt, was das Gewebe weiter schwer
schädigen kann.

In dem Zusammenhang fällt mir ein Rhodesian Ridgeback-Rüde
ein, der sich beim Autofahren partout nicht hinlegen wollte. Wenn
man näher hinschaute, so sah man, dass sein Hodensack stark ge-
rötet war. Des Rätsels Lösung: die Teppichauskleidung des Koffer-
raums hatte ständig die Haut des Hodensacks gereizt, so dass sich
der Rüde nicht mehr hinlegen wollte. Nachdem die Besitzer eine
weiche Decke in den Kofferraum gelegt hatten, war das Problem
gelöst. Natürlich muss eine Hodenverletzung nicht notwendigerweise zu einer Kastration führen, wenn die Wunden aber zu tief
sind, geht kein Weg daran vorbei (Münnich 2005).

Prostataerkrankungen

Zu diesen zählen die Prostatavergrößerung, Zysten, Prostataentzün-
dung und Tumore. Die Kastration wird als Maßnahme bei der Akuterkrankung eingesetzt. Sauer (2002) verweist auf die Möglichkeit
einer Prävention dieser Erkrankungen durch rechtzeitige Kastration.

Die Prostata ist stark testosteronabhängig. Die Kastration führt zur
Reduktion von Testosteron, dieser Mangel an Testosteron wiederum führt zur Rückbildung der Prostata. Diese Rückbildung wiederum geht einher mit einer geringeren Häufigkeit einer Erkrankung (Kniese 2005).

Die **Prostatavergrößerung** (benigne Prostatahyperplasie) betrifft vor
allem ältere Rüden, welche Ursachen dahinter stehen, ist nicht

bekannt. Man vermutet, dass eine Veränderung im Verhältnis von Östrogenen zu Androgenen den Ausschlag gibt.

Eine vergrößerte Prostata muss dem Hund nicht unbedingt Probleme machen. Ist sie aber erheblich vergrößert, können dadurch Beschwerden verursacht werden, da sie auf andere Organe drückt. Dies kann z. B. dazu führen, dass der Rüde Probleme mit der Darmentleerung bekommt. Eine Prostatavergrößerung wird nicht nur per se mit einer Kastration behandelt, sondern auch durch Hormongaben. Während Allen (1996) sowohl eine Behandlung mit Progestagenen als auch mit Östrogenen vorschlägt, wendet sich Berchthold (1997) dagegen und verweist darauf, dass Östrogene keine besseren Resultate erzielen als Gestagene, dass aber unerwünschte Nebenwirkungen der Östrogene selbst bei „normalen" Dosierungen immer wieder auftreten wie eine „Prostatametaplasie, Prostatitis, irreversible Knochenmarksschädigungen" (S. 671). Hinzuzufügen ist noch: Knochenzubildungen, Verkalkungen.

Auch im Falle der **Prostatazysten** weiß man nicht, was diese verursacht. Man unterscheidet intraprostatische und paraprostatische Zysten, also solche, die innerhalb der Prostata und solche, die außerhalb liegen.

Ein **Prostatabszess** führt ähnlich wie die Zysten zu einer Vergrößerung der Prostata und geht mit Fieber, einer starken Störung des Allgemeinbefindens einher. Mit speziellen Drainagetechniken wird der Abszess geleert, eine Kastration ist zusätzlich anzuraten.

Bei **Prostataentzündungen** unterscheidet man zwischen akuten und chronischen. Bei letzteren ist die Prostata vergrößert. Der Rüde wirkt schlapp, hat keinen Hunger, geht gestelzt, setzt häufig Harn ab, dieser ist häufig mit Eiter und/oder Blut durchmischt. Die Akutphase wird dennoch von vielen Besitzern oft gar nicht erkannt, erst wenn es aus dem Rüden heraustropft und/oder der Besitzer beim Urinieren des Hundes die blutigen und eitrigen Beimischungen entdeckt, erfolgt eine Vorstellung beim Tierarzt – die Entzündung ist zu dem Zeitpunkt oft schon chronisch. Eine Behandlung erfolgt über längerfristige Gabe von Antibiotika, die gezielt auf die spezielle Art des gefundenen Erregers einwirken. Ohne eine Kastration kommt es jedoch häufig zu einer erneuten Entzündung, daher ist auch in diesem Fall eine Kastration anzuraten.

Ein **Prostatatumor** tritt hauptsächlich bei Rüden auf, die älter als 8 Jahre sind (Berchthold 1997). Im Gegensatz zu den Hodentumoren, die häufig gutartig sind, ist die Prognose beim Prostatatumor eher ungünstig, da er oft schon metastasiert hat, bevor der Besitzer merken kann, dass mit seinem Hund etwas nicht stimmt. Ähnlich wie bei den streuenden Formen der Hodentumoren sind besonders die Lunge und die nahe gelegenen Lymphknoten von Metastasen betroffen, sie können aber auch die Lendenwirbel befallen. Das tückische ist, das klare Symptome anfangs fehlen: bevor der Tumor nicht andere Organe mit beeinträchtigt, merkt man zunächst nicht, dass der Hund krank ist.

Prostatatumoren haben eine ganz schlechte Prognose – eben weil man sie meist erst bemerkt, wenn sie schon überall gestreut haben. Aus diesem Grund werden die Rüden meist nicht mehr kastriert.

Vorhautentzündung

Bei vielen Rüden findet man eine eitrige Vorhautentzündung (Präputialkatarrh), die mal mehr, mal weniger stark ausgeprägt ist. Diese Entzündung beeinträchtigt in der Regel den Rüden überhaupt nicht. Anders als bei anderen Entzündungen kommt es nicht zu Rötungen, Schwellungen, Schmerzen, Fieber. Beeinträchtigt fühlt sich der Halter, wenn er grünliche Flecken – nämlich den heraustropfenden Eiter – vom Teppich entfernen muss. Behandeln kann man sie im Grunde nicht. Antibiotika sind wirkungslos. Man kann immer wieder Spülungen vornehmen, aber einen langfristigen Effekt haben diese nicht (Berchthold 1997).

Wird der Hund kastriert, verschwindet in der Regel auch die Vorhautentzündung (Kniese 2005). Bei den allermeisten betroffenen

Rüden hält sich die Verschmutzung doch sehr in Grenzen. Natürlich gibt es auch Ausnahmen, doch in der Regel halten sich die Rüden ganz gut sauber bzw. ist die Eiterproduktion nicht so immens. Nach meiner Erfahrung merken die meisten Rüdenbesitzer de facto gar nicht, dass ihr Rüde eine Vorhautentzündung hat.

Aufgrund der Möglichkeit diverser unerwünschter Folgen einer Kastration – siehe dazu im nächsten Kapitel – halte ich es für sehr fragwürdig, einen Rüden ausschließlich deswegen kastrieren zu wollen, weil den Besitzer mögliche Flecken stören.

Perianaltumore

Dies sind Zubildungen rund um den After, die durch Testosteron beeinflusst werden und daher bei kastrierten Rüden seltener auftreten als bei unkastrierten. Laut Heider (1990) sind diese Tumore nur in 2% der Fälle bösartig. Im Falle der gutartigen Tumoren bringt eine Kastration eine vollständige Heilung, bei bösartigen Tumoren ist das nicht unbedingt der Fall. Kniese (2005) verweist darauf, dass Krebsgeschwulste der Perianaldrüsen nur geheilt werden können, wenn zugleich eine Kastration durchgeführt wird. Allen (1996) nennt dagegen als weitere Therapieform die Gabe von Antigestagenen wie Progestagenen und Östrogenen. Da diese aber erhebliche Nebenwirkungen haben können, erscheint eine Kastration, je nach Größe des Tumors eventuell verbunden mit einer operativen Entfernung des Tumors, die bessere Wahl zu sein.

Perinealhernie

Dieser Dammbruch tritt eher bei älteren Rüden auf. Er kann laut Kniese (2005) nur geheilt werden, wenn der Rüde kastriert wird. Auch Heider (1990) verweist auf eine ganze Reihe von Studien, die alle belegen, dass das erneute Auftreten eines Dammbruches im Falle nicht kastrierter Rüden deutlich höher ist (2,7fach). Deswegen sollte bei der Operation des Dammbruches auch gleich eine Kastration erfolgen.

Fazit

Wie Sie sehen, gibt es beim Rüden eine Reihe von möglichen Erkrankungen seiner primären oder sekundären Geschlechtsorgane. Der Rüde kann sich z.B. in einer Rauferei an seinem empfindlichen Hodensack verletzen (die Keimdrüsen der Hündin sind da wesentlich besser geschützt). Der Hoden kann sich entzünden, es können sich Hodentumoren bilden. Prostataprobleme – ob nun Zysten, Abszesse, Vergrößerung der Prostata oder Tumoren – können auftreten. Intakte Rüden tröpfeln häufig grün aus ihrem Penis heraus, bei kastrierten wird man das kaum finden.

Vergleicht man dies mit den typischen geschlechtsorganbezogenen Erkrankungen der Hündin, so fällt es schwer, da grundlegende Unterschiede auszumachen. Die Keimdrüsen beider – Eierstöcke und Hoden – können Zysten bilden und sie können entarten. Organe, die mit der Hormonproduktion in den Keimdrüsen zusammenhängen, nämlich Gebärmutter und Prostata können sich entzünden und entarten. Bei Hündinnen wie bei Rüden reichen die Folgen von kleineren über größere Befindlichkeitsstörungen hin bis zum möglichen Tod. Beide Geschlechter tragen besonders ab dem Alter von 8 Jahren ein höheres Risiko, an Tumoren ihrer Geschlechtsorgane zu erkranken.

Man fragt sich daher wirklich, warum im Zentrum der Diskussion um eine Kastration der Hündin deren Gesundheit und hier wiederum prophylaktische Maßnahmen stehen, während dieses beim Rüden nur einen nebensächlichen Stellenwert genießt.

Man könnte auch beim Rüden argumentieren, dass eine Kastration mindestens die Wahrscheinlichkeit, an verschiedenen Hodenerkrankungen zu leiden, auf Null reduziert und Prostataerkrankungen ebenfalls verringert werden. Es gibt zwar auch Autoren (Sauer 2005, Kniese 2005) die in expliziten Publikationen zum Pro und Contra einer Kastration auch auf den Prophylaxegedanke beim Rüden hinweisen, den aber nicht so in den Vordergrund stellen.

Wenn ich darauf hinweise, so möchte ich damit *nicht* sagen, dass man doch auch Rüden möglichst flächendeckend und möglichst früh aus dem Prophylaxegedanken heraus kastrieren sollte. Ich möchte nur deutlich machen, dass in bezug auf Hündinnen und Rüden andere Argumentationsketten verfolgt werden, die aber bei näherer Betrachtung der medizinischen Fakten so nicht nachzuvollziehen sind. Ein Tierarzt, der Hündinnen aus dem Präventionsgedanken heraus voller Überzeugung kastriert, müsste dies genauso mit Rüden tun. Aber ähnlich wie im Hündinnenkapitel möchte ich auch an dieser Stelle darauf hinweisen, dass eine Kastration aus einer Prophylaxemotivation heraus rechtlich gesehen nicht unbedenklich ist.

Kastration als Prophylaxemaßnahme

§ 6 des Tierschutzgesetzes verbietet das vollständige oder teilweise Amputieren von Körperteilen und/oder das vollständige oder teilweise Entnehmen oder Zerstören von Organen oder Geweben bei Wirbeltieren (Hackbarth/Lückert 2000). Die Kastration ist unter zwei Ausnahmefällen zulässig: Erstens der Verhinderung der unkontrollierten Fortpflanzung. Hier hatte der Gesetzgeber die Nutztierhaltung im Blick. Zweitens, um die Haltung eines Tieres zu ermöglichen. Die Entfernung eines gesunden, sich im Hodensack befindlichen Hodens fällt nicht darunter!

So schreibt Günz-Apel (1998): es sei erstens „... zweifelhaft, ob es aus medizinischer Sicht gerechtfertigt ist, ein gesundes Organ, das zur physiologischen Ausreifung des Organismus essentiell ist, prophylaktisch zu entfernen" (S.96.) Was die rechtliche Seite betrifft: „Der Gesetzgeber räumt demnach der präventiven Gonadektomie (Keimdrüsenentfernung) keine Berechtigung ein" (S. 95).

Günz-Apel resümiert: „Aus tierärztlicher Sicht und nach gesetzlicher Vorgabe muss die Unerlässlichkeit der präventiven Kastration im Einzelfall an einer außergewöhnlichen hohen Inzidenz der zu verhütenden Erkrankung in der Gesamtpopulation und einer besonders hohen familiären Disposition in bestimmten Linien für eine frühe Erkrankung gemessen werden." (S. 97) Das heißt im Klartext: Im Einzelfall müsste bewiesen werden können, dass der

individuelle Hund relevant hoch gefährdet ist, an einer ge-
schlechtshormonabhängigen Krankheit zu erkranken und dass
man seine Gesundheit nur über eine Kastration sicherstellen kann.
Dabei ist der potentiell vorbeugende Effekt in Relation zu setzen
mit eventuellen Folgen der Kastration, die das Wohlbefinden des individuellen Tieres beeinträchtigen können.

Die Argumentation, dass man seinem Rüden z. B. eine schmerz-
hafte Prostatavergrößerung oder das Erkranken an einem Hoden-
tumor ersparen will und ihn deshalb kastriert, zumal seine Vermehrung sowieso nicht erwünscht ist, seine Hoden somit völlig
nutzlos seien, ist also von der rein rechtlichen Seite aus nicht gedeckt.

Eine ganz andere Frage ist, ob es so etwas wie ein „nutzloses" Organ überhaupt gibt.

Ganzheitlich denkende Mediziner sehen die Lage anders, da in der
ganzheitlichen Medizin kein Organ ein nutzloses Organ ist, dessen
Entfernung schon keine Auswirkungen haben wird. Jeglicher Eingriff verändert das Gesamtgefüge. Natürlich ist es richtig, dass ein
Organ, das nicht mehr vorhanden ist, auch keine Probleme mehr
verursachen kann. Eine ganz andere Frage ist aber, was das Fehlen
eines Organs u. U. für die körperliche Gesundheit bedeuten kann.

Dieser Frage wird in der Tiermedizin in puncto Kastration von Rüden (wie Hündinnen) aber so gut wie gar nicht nachgegangen, wie
eine entsprechende Literaturrecherche belegt – aber dazu können
Sie später etwas im Kapitel zu den Folgen einer Kastration nachle-
sen (Seite 200).

Kastration aus Haltungsgründen

Nur bei 30 % aller Rüdenbesitzer spielen Haltergründe überhaupt
eine Rolle. Unter diesen dominiert mit 74 % die Problematik, dass
ein Rüde mit einer Hündin den Haushalt teilt. Für Rüdenbesitzer
steht hier offenbar nicht die Vermeidung der ungewollten Trächtigkeit im Vordergrund, wie der mit 10 % geringe Verweis auf dieses

Problem zeigt. Es geht wohl eher um das „Leiden" des Rüden und seines Menschen an dessen Ausdruck: Unruhe, Winseln, Jammern, Heulen, Türen zerkratzen, Futterverweigerung etc. Zwei exemplarische Aussagen dazu:

Es gibt genug ungewollte Hunde. Sexfrust kann auch nicht gesund sein. So die Besitzerin eines 16 Monate alten DSH-Husky-Mixes.

Die Besitzern eines 9 Monate alten Terriermixes meint: Ein Trieb reicht mir: sein Jagdtrieb.

17% der Rüdenbesitzer, die Haltungsgründe angaben, erhoffen sich einen entspannteren, ärgerfreien Spaziergang, wenn ihr Rüde nicht mehr auf Hündinnen reagiert. Bei 13% der Rüden, die aus Haltergründen kastriert werden, geschieht die Kastration, weil sich noch mindestens ein weiterer Rüde im gleichen Haushalt befindet und man offenbar drohende oder bereits existierende Rangordnungskämpfe damit zu unterbinden erhofft – ein Aspekt, der bei den Hündinnen, die mit anderen Hündinnen zusammen leben, überhaupt keine Rolle spielt.

In der Beschreibung dieser Haltungsgründe sieht man bereits die Überschneidung zum dominierenden Themenkomplex in der Frage der Rüdenkastration: dem Wunsch, störendes Verhalten mittels Kastration positiv zu beeinflussen.

Kastration zur Verhaltensbeeinflussung

Wie bereits mehrfach erwähnt, werden Rüden vor allem deswegen kastriert, weil sich ihre Halter eine Lösung/Besserung von Verhaltensproblemen erwarten. Dabei werden viele Verhaltensweisen des Rüden per se als geschlechtshormongesteuert angesehen. Der Grundgedanke: Wenn man durch die Kastration das Level der Geschlechtshormone gegen Null schraubt, wird sich automatisch das Verhalten des Rüden verändern.

Rüdenbesitzer nennen eine ganze Reihe von Verhaltensproblemen, aufgrund derer sie ihren Rüden haben kastrieren lassen:

Hypersexualität

43% der Rüdenbesitzer, die ihren Hund zwecks Verhaltensverbesserung haben kastrieren lassen, erhoffen sich, dass sich die Hypersexualität legen möge (dies entspricht 32% aller Rüdenbesitzer). Zum Vergleich: Heidenberger (2000) nennt einen Anteil von 40% der Rüden, die wegen Hypersexualität kastriert worden sind.

Exemplarisch hierfür die Aussagen zweier Hundehalterinnen:

Unser Rüde hatte vor der Kastration auf jede „heiße" Hündin mit Heulen und Jammern reagiert, Tag und Nacht. Den nächsten Hund würde ich bereits als Welpe kastrieren lassen. (Besitzerin eines 30 Monate alten Labradors)

Weil der Hund abgehauen ist – durch jedes kleine Loch im Zaun. (Besitzerin eines 10 Monate alten Schäferhund-Labrador-Mixes)

An dem Begriff der Hypersexualität scheiden sich die Geister. Wann ist ein Rüde hypersexed? Hundehalter sind schnell mit ihrer Diagnose bei der Hand, ihr Hund zeige übersteigertes Sexualverhalten und solle davon mittels Kastration befreit werden. Ich würde hier Feddersen-Petersen (1994) zustimmen, die Brunner kritisiert, wenn dieser (1994) schreibt, dass man „... intensives Schnüffeln und Lecken an urinbenäßten Hausecken" als Indiz eines übermäßigen Geschlechtstriebes ansehen müsse, dem am besten mit der Gabe von Gestagenen zu begegnen sei.

„Normalverhalten durch Tablettengabe oder 'artübergreifende Konditionierung' zu einem vom Menschen erwünschten Verhalten zu modifizieren, ist weder eine Problemlösung noch ein ethisch vertretbares Vorgehen, es rückt vielmehr bedenklich in den Bereich der Tierschutzrelevanz" (Feddersen-Petersen 1994, S. 66).

Aktivität

41% der Rüdenbesitzer, die ihren Hund aufgrund von Verhaltensproblemen haben kastrieren lassen, erhoffen sich, dass ihr Rüde doch ruhiger werden möge (dies entspricht 30% aller Rüdenbesitzer).

Aggression gegen Rüden

41% der Rüdenbesitzer, die ihren Hund aufgrund von Verhaltensproblemen haben kastrieren lassen, hoffen, dass ihr Rüde sich nicht mehr so aggressiv gegen andere Rüden verhält (entspricht 30% aller Rüdenbesitzer).

Aggression gegen Hunde jedweden Geschlechts

Bei 17% der Rüden, die wegen Verhaltensproblemen kastriert worden sind, sollte deren allgemeine Aggressivität gegen Hunde jedweden Geschlechts durch die Kastration bekämpft werden (entspricht 12% aller Rüden).

Aggression gegen fremde Personen

13% der Rüden, die wegen Verhaltensproblemen kastriert worden sind, wurden wegen aggressiven Verhaltens gegen Fremde kastriert (entspricht 9% aller Rüden).

Aggression gegen den Besitzer

10% der Rüden, die wegen Verhaltensproblemen kastriert worden sind, wurden kastriert, weil sie gegen den eigenen Halter aggressiv sind (entspricht 7% aller Rüden). Heidenberger (2000) im Vergleich dazu kommt auf eine Zahl von 33% der Rüden, die wegen Aggressivität kastriert worden sind, differenziert aber leider nicht danach, gegen wen sich die Aggressivität richtet.

Bessere Erziehbarkeit?

Ein Viertel der Rüden, die aus verhaltensbezogenen Gründen kastriert wurden, wurde kastriert, weil der Halter sich erhofft, seinen Hund dann besser erziehen zu können (entspricht 18% aller Rüden). Sei es, weil bereits diesbezüglich Probleme bestehen, wie z.B.

im Falle einer Besitzerin eines zweijährigen Jack Russell Terriers:
Unser JRT wurde kastriert, weil er mein Bett und meine gewaschene Wäsche anpinkelte und auch sonst sehr dominant war. Ich habe natürlich vorher versucht, sein Verhalten (und mein Verhalten) zu ändern.

Oder weil man hofft, dass ein kastrierter Rüde gar nicht erst solche Probleme entwickeln wird:
Vorbeugend in Bezug auf Dominanzverhalten, wie die Besitzerin eines 7 Monate alten Briardrüden anführt.

Fazit in bezug auf Verhaltensgründe: Verhaltensbezogene Gründe stellen bei den Rüden den Hauptgrund zur Kastration. Unter diesen Gründen sind drei Hauptkomplexe erkennbar: 1. Hypersexualität und Streunen, 2. Aggression gegen andere Hunde (vor allem andere Rüden) und 3. „Schwererziehbarkeit".

Man erhofft sich von der Kastration: Kein liebeskranker Rüde im Haus, die Ausbruchssicherheit des Gartens muss weniger gewährleistet werden, weil der Rüde nicht mehr auf Freiersfüßen wandelt, kein Mackerverhalten bei Begegnungen mit anderen Rüden. Man erhofft sich, dass der Hund ruhiger und gemäßigter wird, nicht mehr so große Ansprüche an Beschäftigung stellt, dass er einfach leichtführiger, weniger stur ist, was die Erziehung insgesamt erleichtern soll. Rüdenbesitzern ist sehr an einer Erleichterung ihrer Erziehungsbestrebungen gelegen.

Pointiert formuliert: Rüdenhalter lassen ihre Hunde kastrieren, weil sie sie erzieherisch nicht in den Griff bekommen – oder weil sie dies prophylaktisch durch eine Kastration vermeiden wollen.

Es stellt sich die Frage, ob das Lebensalter der Rüden eine Rolle spielt in der Entscheidung pro oder contra Kastration. Wenn Verhaltensgründe so sehr im Mittelpunkt stehen – heißt das dann, dass sehr junge Rüden kastriert werden, weil man nicht möchte, dass sich Probleme überhaupt erst einstellen? Oder ist es eher so, dass Rüden dann kastriert werden, wenn sich Probleme zeigen? Ist das Lebensalter, in dem der Geschlechtstrieb erwacht und damit auch das konkurrenzbezogene Aggressionsverhalten die Zeit, in der sich Rüdenhalter zur Kastration entschließen?

Werden Rüden unterschiedlichen Alters aus unterschiedlichen Gründen kastriert?

Differieren die genannten Gründe je nach dem Alter, in dem eine Kastration vorgenommen wird? Das Alter bei der Kastration wurde 7 Altersgruppen zugeordnet:

▸ die unter 6 Monate alten, also eine Altersgruppe, in der die Hunde in der Regel noch nicht geschlechtsreif sind: betraf 3 % aller Rüden,

▸ die 6–12 Monate alten, also die Alterphase, in der die Geschlechtsreife in der Regel eintritt: betraf 22 % aller Rüden,

▸ die 12–18 Monate alten, die man unter dem Stichwort der Pubertierenden fassen kann: betraf 20 % aller Rüden,

▸ die 18–24 Monate alten, bei denen je nach Rasse so langsam das „geistige" Erwachsenwerden, die soziale Reife einsetzt: betraf 11 % aller Rüden,

▸ die 24–36 Monate alten – in dieser Phase sind die meisten Hunde in der Regel zu Erwachsenen gereift: betraf 13 % aller Rüden,

▸ die 3–8 jährige Altersgruppe der Erwachsenen: betraf 28 % aller Rüden,

▸ die über 8 jährigen, die Senioren: 2 %.

Bei Rüden dominieren in *allen* Altersklassen die **Verhaltensgründe** – außer bei den Senioren, bei denen sie nur noch 10 % betreffen. Dabei kann man einen Anstieg in den ersten 2 Lebensjahren sehen: Werden von den unter 6 Monate alten 64 % wegen Verhaltensgründen kastriert, so steigt diese Zahl auf 92 % bei den 18–24 Monate alten, sinkt dann bei den 24 bis 36 Monate alten auf 80 %, bei den über 3jährigen auf 67 %.

Mit Einritt der Geschlechtsreife kommen auf viele Rüdenbesitzer in der Regel Probleme ihrer Hunde wie Streunen, Ohren auf Durchzug, also schlechterer Gehorsam, aber auch vermehrtes Aggressionsverhalten, insbesondere gegenüber ihren männlichen Artgenossen, zu. Exakt in dieser Altersphase entschließen sich viele Rüdenbesitzer zur Kastration.

Was die **Haltergründe** angeht, so pendeln diese in allen Altersgruppen zwischen 21% und 32% mit einer deutlichen Ausnahme: von den 6–12 Monate alten Rüden werden 43% aus Haltergründen kastriert.

Schaut man sich die **medizinischen Gründe** an, so liegen diese durchweg wesentlich niedriger, wieder mit der Ausnahme der Senioren: Von den über 8jährigen werden 80% aus medizinischen Gründen kastriert – bei den unter 6 Monate alten dagegen nur 21%.

Fazit bezüglich Alter und Kastration

Bei den Rüden dominieren Verhaltensgründe als Kastrationsanlässe. Eine erste beginnende Stressphase erleben Rüdenbesitzer, wenn ihre Hunde zwischen 6 und 12 Monate alt sind, also zum Zeitpunkt des Eintritts der Geschlechtsreife, wo ihnen das einsetzende Rüdenverhalten Unannehmlichkeiten bereitet, dem mit einer Kastration Abhilfe geschaffen werden soll. Pubertiert der Hund so richtig, treten Probleme stärker hervor, geben in hohem Maße Anlass zu einer Kastration. Dennoch sollte man bei diesen Zahlen im Hinterkopf behalten: der größte Teil der Rüden wird im Alter zwischen 3 und 8 Jahren kastriert, d. h., wir haben es bei den Rüden *nicht* mit dem Trend zur Frühkastration zu tun wie man ihn bei den Hündinnen beobachten kann. Da jedoch die Frühkastration der Hündin in der Regel mit dem medizinischen Prophylaxegedanken begründet wird (Vorbeugung gegen Mammatumoren), kann man die Situation zwischen Rüden und Hündinnen so nicht vergleichen, d. h., es erstaunt nicht, dass die Zahl der frühkastrierten Rüden deutlich geringer ist als jene der frühkastrierten Hündinnen.

Werden Rüden unterschiedlicher Rassen/Mixe aus unterschiedlichen Gründen kastriert?

Bei den **Mischlingen** lautet die Rangfolge der Gründe: 80% wegen Verhaltensgründen, 28% wegen Haltergründen, 16% wegen medizinischer Gründe, wobei 14% wegen einer akuten Erkrankung kastriert worden sind.

Zum Vergleich die **Rassehunde**: 69% wegen Verhaltensgründen, 31% wegen Haltergründen, 25% wegen medizinischer Gründe, wobei 18% wegen einer akuten Erkrankung kastriert worden sind. D.h. bei beiden Gruppen mischen sich mehrere Gründe. Mischlinge werden im Vergleich tendenziell häufiger aus Verhaltensgründen kastriert, Rassehunde tendenziell häufiger aus medizinischen Gründen.

Wenn man sich die Verhaltensgründe näher anschaut, so fällt auf, dass einige Gründe bei Rassehunden und Mischlingen eher gleich stark vertreten sind: Aggression gegen Hunde im allgemeinen (11% bzw. 14%), Aggression gegen den Besitzer (je 7%), Aggression gegen Fremde (8% bzw. 10%), Streunen (15% bzw. 18%), Wunsch nach besserer Erziehbarkeit (17% bzw. 21%). Der Grund: „Aggression gegen gleichgeschlechtliche Hunde" fand sich häufiger bei den Mischlingen (36%) als bei den Rassenhunden (26%), ebenfalls mehr Mischlingshund- (35%) als Rassehundbesitzer (27%) wünschten sich einen ruhigeren Hund. Aber mehr Rassehund- (35%) als Mischlingshundbesitzer (27%) wollten ihren Hund wegen Hypersexualität kastrieren lassen.

Vergleich der Kastrationsgründe bei unterschiedlichen Rassegruppen

In der Bielefelder Kastrationsstudie wurde auch untersucht, ob Hunde unterschiedlicher Rassen aus unterschiedlichen Gründen kastriert werden. Werden manche Rassen eher aus medizinischer Notwendigkeit kastriert? Werden manche Rassen eher wegen Verhaltensproblemen kastriert? Und wenn ja, um welche Verhaltensprobleme handelt es sich da? Bedenkt man den vorherrschenden Wunsch nach einer positiven Verhaltensbeeinflussung, so stellt sich da z.B auch die Frage, ob Rassen eventuell aus unterschiedlichen Gründen kastriert werden. „Nerven" Terrier ihre Besitzer aus anderen Gründen als Retriever?

Verhaltensgründe stehen bei allen Gruppen im Vordergrund. Jedoch liegen hier Terrier (84%), Retriever (83%) und Hütehunde (80%) nahezu gleichauf an der Spitze. Wesentlich geringere Zahlen finden sich dagegen bei den Jagdhunden (61%) und den Gebrauchshunden (60%).

Haltergründe werden am häufigsten bei den Jagdhunden (38%) und den Hütehunden (35%) genannt, dicht gefolgt von den Terriern (31%) und den Gebrauchshunden (29%). Die Retriever fallen aus diesem Bild mit einem Wert von nur 19% heraus.

Medizinische Gründe werden mit deutlichem Abstand am häufigsten bei den Gebrauchshunden (38%) und den Jagdhunden (35%) genannt. In weitem Abstand folgen Hütehunde (20%) und Terrier (18%). Bei den Retrievern spielen medizinische Gründe mit 8% dagegen kaum eine Rolle.

In einem nächsten Schritt wurden die einzelnen Gruppen für sich betrachtet und analysiert, wie sich die drei Hauptgründe jeweils bei ihnen verteilen:

Ganz auffällig sind hier die **Retriever**. Die 83% Verhaltensgründe stehen bei ihnen einsam an der Spitze, weit abgeschlagen folgen die Haltergründe (19%), wiederum weit dahinter die medizinischen Gründe (8%). Auch im Vergleich zu den anderen hier nicht weiter berücksichtigten Rassegruppen fällt der niedrige Wert bei den medizinischen Gründen und der hohe Wert bei den Verhaltensgründen auf.

Ähnlich, aber nicht ganz so stark ausgeprägt zeigt sich das Bild bei den **Terriern**: Verhaltensgründe (84%) stehen einsam vorn vor den Haltergründen (4%), jedoch spielen im Vergleich zu den Retrievern medizinische Gründe mit 18% noch eine etwas größere Rolle. Vergleichbar mit den Terriern sind die **Hütehunde**: Auch hier findet sich mit 80% ein hoher Wert für Verhaltensgründe, mit 35% ein im Vergleich zu den Terriern etwas größerer Wert für die Haltergründe, mit 20% der vergleichsweise höchste Wert für medizinische Gründe. Bei den *Gebrauchshunden* und den *Jagdhunden* sieht das deutlich anders aus:

So dominieren bei den **Jagdhunden** die Verhaltensgründe mit 61%

längst nicht so stark gegenüber den Haltergründen (38%), vor allem fällt der hohe Wert der medizinischen Gründe mit 34% auf.

Bei den **Gebrauchshunden** folgen gar mit 38% die medizinischen Gründe den Verhaltensgründen (60%) noch vor den Haltergründen (29%).

Noch eine Bemerkung zu den anderen, hier mangels großer Fallzahlen nicht berücksichtigten Rassegruppen: Keiner der 9 Herdenschutzhunde und keiner der 4 Windhunde wurde aus medizinischen Gründen kastriert, alle vier Windhunde jedoch aus Verhaltensgründen. Über die Hälfte der 15 Gesellschafts-Begleithunde und die Hälfte der 8 Teckelrüden wurde aus medizinischen Gründen kastriert, was in der Rüdengruppe einen großen Ausreißerwert darstellt.

In einem letzten Schritt wurde die Kastration aufgrund von *Verhaltensproblemen* einer näheren Analyse unterzogen. Wie bereits geschildert, umfassen die möglichen Verhaltensgründe eine Vielzahl z.T. sehr unterschiedlicher Anlässe. Die Frage ist nun, ob sich die Rassegruppen nicht nur dahingehend unterscheiden, welche Rolle Verhaltensgründe im Vergleich zu anderen Gründen spielen, sondern auch hinsichtlich der einzelnen genannten Verhaltensprobleme, die mit der Kastration bekämpft werden sollten.

Rasseunterschiede beim Grund „Verhaltensprobleme"

Die erwünschte Korrektur von „problematischem" Verhalten steht, wie gesagt, bei der Kastration der Rüden im Vordergrund – das trifft für Rasserüden jeglicher Couleur zu – nur eben in unterschiedlichem Umfang. Interessant ist nun zu fragen, ob sich die Probleme, aufgrund derer sich Halter unterschiedlicher Rassen zur Kastration entschließen, unterscheiden?

Nur bei 4 Gruppen sind so große Fallzahlen vorhanden, dass es Sinn macht, eine Unterdifferenzierung nach den *spezifischen* Verhaltensgründen vorzunehmen: Bei den Hütehunden (n = 32), den Gebrauchshunden (n = 27), den Terriern (n = 32) und den Retrievern (n = 30).

Von den *insgesamt* 40 **Hütehunden** der Studie sind 42% wegen Aggression gegen gleichgeschlechtliche Artgenossen kastriert worden, 33% wegen Hypersexualität, 30% damit der Rüde ruhiger werden möge, 27% weil im Haushalt auch noch mindestens eine Hündin lebt. 13% der Hütehundehalter erhofften sich von einer Kastration, dass sich der Hund besser erziehen lassen möge, je 10% hofften auf eine Verringerung aggressiven Verhaltens gegen fremde Menschen oder gegen Hunde egal welchen Geschlechts, 8% wollten mittels Kastration die Aggression ihres Rüden gegen ihre eigene Person in den Griff bekommen.

Schaut man sich jetzt bei den Hütehunden jene an, die aufgrund von Verhaltensproblemen kastriert worden sind, so lauten die Zahlen wie folgt: Hier dominiert mit 53% die Aggression gegen gleichgeschlechtliche Artgenossen. (Aggression gegen Artgenossen insgesamt spielt mit 12% nur eine untergeordnete Rolle!) In Abstand dahinter folgt die Hypersexualität mit 41%. 37% der Halter geben an, dass sie sich von der Kastration erhofft haben, ihr Hund möge ruhiger werden. Aggressionen gegen Menschen sind von deutlich geringerer Bedeutung: 12% der wegen Verhaltensproblemen kastrierten Hütehunde sind kastriert worden, weil sie Aggressionsverhalten gegen fremde Personen zeigen, 9% weil sie gegen den eigenen Besitzer aggressiv sind.

31% *aller* **Gebrauchshunde** wurden kastriert, um ihre Aggression gegen gleichgeschlechtliche Artgenossen zu beeinflussen, 29% damit sie ruhiger werden mögen, 27% aufgrund der Tatsache, dass noch mindestens eine Hündin mit im Haushalt lebt. 18% der Halter hofften auf eine bessere Erziehbarkeit, 13% hofften, das sich die Aggression gegen fremde Menschen legen möge, je 11% wollten eine Verringerung der Hypersexualität und eine Verminderung der Aggression gegen Hunde im allgemeinen erzielen.

Schaut man sich jetzt jene Gebrauchshunde näher an, die wegen Verhaltensproblemen kastriert worden sind, so verteilt sich der Anteil der Probleme wie folgt:

Die Problematik Aggression gegen gleichgeschlechtliche Artgenossen steht mit 48% gleichauf mit dem Wunsch der Besitzer, ihr Hund möge ruhiger werden. Auch bei den Gebrauchshunden geht es weniger um die Aggression gegen Artgenossen insgesamt (18 %), sondern um jene gegen Gleichgeschlechtliche. Der Wunsch, ihr Hund möge sich besser erziehen lassen, ist mit 29 % wesentlich stärker ausgeprägt als bei den Hütehundbesitzern. Bei den Gebrauchshunden spielt auch die Aggression gegen Fremdpersonen mit 22 % eine größere Rolle. Ein relevanter Unterschied zu den Hütehunden besteht ferner in dem wesentlich geringeren Wert für Hypersexualität von 18 %.

40 % *aller* **Terrier** wurden wegen Hypersexualität kastriert, 37 % damit sie ruhiger würden, 29 % damit sie sich besser erziehen lassen, je 24 % damit sie weniger aggressiv gegen gleichgeschlechtliche Artgenossen werden, weniger streunen und weil sich noch eine Hündin im gleichen Haushalt befindet. 16 % der Halter hoffen, dass ihr Terrier weniger aggressiv gegen Hunde im allgemeinen wird. 13 % erhoffen sich eine verminderte Aggression gegen die eigene Person, 5 % erhoffen sich eine Verringerung des Aggressionsverhaltens gegen Fremdpersonen.

Unter den Terriern, die wegen Verhaltensgründen kastriert worden sind, steht die Hypersexualität mit 47 % im Vordergrund, dicht gefolgt von dem Wunsch der Besitzer, dass eine Kastration ihren Hund ruhiger werden lasse. Immerhin 34 % der Terrierbesitzer hoffen, dass eine Kastration ihre Erziehungsprobleme lösen möge. Je 28 % möchten mit der Kastration das Streunen ihres Hundes und seine Aggression gegen gleichgeschlechtliche Artgenossen in den Griff bekommen. Im Unterschied zu den Hütehunden und zu den Gebrauchshunden gibt für Terrierbesitzer die Aggression gegen Fremdpersonen wesentlich seltener einen Anlass zu einer Kastration (bei 6 %). Der Wert für die Aggression gegen den eigenen Besitzer ist mit 16 % leicht höher als der bei den Gebrauchshunden.

64 % *aller* kastrierten **Retriever** wurden wegen hypersexuellen Verhaltens kastriert. Andere Gründe folgen mit weitem Abstand: Je 19 % wurden wegen Aggression gegen gleichgeschlechtliche Artgenossen kastriert und weil der Hund ruhiger werden sollte, je 14 %, weil der Retriever nicht mehr streunen sollte oder weil im Haushalt auch noch mindestens eine Hündin lebt. Das heißt, bei den Retrie-

vern steht das Thema Sex im Vordergrund: explizit angesprochene Hypersexualität, streunen, es wohnt noch eine Hundedame mit im Haus und auch der Wunsch, der Hund möge insgesamt „ruhiger" werden kann natürlich im Zusammenhang stehen mit sexueller Aufgeregtheit.

Entsprechend sehen die Zahlen aus, wenn man sich jetzt nur die Retriever anschaut, die wegen Verhaltensproblemen kastriert worden sind: Sie fallen im Vergleich der Rassegruppen ziemlich aus dem Rahmen, stellt doch bei 73 % von ihnen die Hypersexualität den entscheidenden Grund zur Kastration dar – eine Zahl, die sich mit Erfahrungen vieler Hundetrainer deckt, die schon in ihren Welpengruppen fröhlich dauerrammelnde Retriever, vor allem Labradore, bewundern dürfen. Erstaunlich dagegen ist der Wert von 30 % der Rüden, die wegen Aggressionsverhalten gegen gleichgeschlechtliche Artgenossen kastriert worden sind. Erstaunlich deswegen, weil Retriever im allgemeinen als besonders sozial verträglich gelten. 23 % der Retrieverbesitzer erhoffen sich von einer Kastration, dass ihre Erziehungsbemühungen besser fruchten, 20 % wünschen sich, dass ihr Hund dann ruhiger wird. Und schließlich wollten je 13 % der Retrieverbesitzer aufgrund von Streunen, Aggression gegen sie selbst oder Aggression gegen Fremdpersonen ihren Hund kastrieren lassen.

Fazit

Man findet offensichtliche Unterschiede zwischen den Rassegruppen. Nicht bei allen Rassen stehen die Verhaltensgründe als Anlass zur Kastration so stark im Vordergrund. Und wenn man sich dann diese Verhaltensgründe näher anschaut, sieht man, dass sich z.T. erhebliche Unterschiede dahingehend zeigen, welche Probleme für die Halter bestimmter Rassen im Vordergrund stehen.

Während z.B. bei den Retrievern ganz stark die Hypersexualität das Bild bestimmt und andere Gründe dahinter weit zurücktreten, finden sich bei Terriern gleich bei mehreren Problemen annähernd gleich hohe Werte, was eher auf „Multiproblemverhalten" hindeutet. Bei keiner Rassegruppe spielt das Problem „Aggression gegen Artgenossen" eine solch große Rolle wie bei den Hütehunden.

Ob man aus diesen Zahlen nun den Rückschluss ziehen kann, dass Terrier besonders durch das Problem der Schwererziehbarkeit gekennzeichnet sind, Hütehunde besonders aggressiv gegen gleichgeschlechtliche Artgenossen sind, Gebrauchshunde übermäßig temperamentvoll und Retriever hypersexualisiert sind – das wäre zu diskutieren. Denn eines darf man nicht vergessen: vielleicht unterscheiden sich ja nicht einfach nur die Rassen voneinander, sondern auch die Halter, die „typischerweise" einen Hund einer spezifischen Rassegruppe halten. Vielleicht können Hütehundbesitzer „aggressives" Verhalten ihrer Rüden gegenüber anderen Rüden schlechter tolerieren als beispielsweise Terrierbesitzer (weil man dieses Verhalten bei Hütehunden weniger vermutet als bei Terriern). Vielleicht ist Gebrauchshundebesitzern ein möglichst optimaler Ausbildungsstand ihres Hundes wichtiger als anderen Hundebesitzern und sie nennen deswegen den Aspekt der „besseren Erziehbarkeit" häufig?

Es gibt also durchaus verschiedene Interpretationsmöglichkeiten dieser Daten, interessant bleibt aber, dass man kein einheitliches Bild unter den Rüden findet. Und aus medizinischer Sicht ist das Ergebnis interessant, dass es erhebliche Unterschiede gibt, in welcher Häufigkeit gesundheitliche Gründe den Anstoß zu einer Kastration bei den verschiedenen Rassen geben.

Welche Folgen kann eine Kastration haben?

Die möglichen Auswirkungen einer Kastration werden im folgenden getrennt nach *körperlichen Folgen* und Folgen im Hinblick auf eine *Verhaltensveränderung* vorgestellt. Dabei wird wiederum auf die Ergebnisse der Bielefelder Studie zurückgegriffen und diese werden verglichen mit verfügbaren Daten anderer Studien.

Mögliche körperliche Folgen

Rüden werden wie gesagt selten aus medizinischen Gründen kastriert – aber die Kastration kann auch bei ihnen körperliche Auswirkungen haben, ja die Rate von 60 % liegt sogar deutlich höher als jene der Hündinnen (46 %). Diese hohen Zahlen verwundern nicht, beeinflussen doch Androgene nicht nur das Verhalten, sondern auch physiologische Vorgänge: wie die typische Ausprägung der Muskelstruktur, die Stoffwechselrate, die Leberfunktion (Hart/Hart 1991).

Weit mehr als die Hälfte der Rüdenbesitzer haben also körperliche Folgen der Kastration bei Ihrem Hund festgestellt. Es stellt sich nun die Frage, welcher Art diese Folgen sein können.

Gewichtszunahme

Bei denjenigen, die körperliche Auswirkungen der Kastration beobachtet haben, stand in der Bielefelder Studie die Gewichtszunahme mit 47 % an erster Stelle (entspricht 28 % aller Rüden). Mischlingsrüdenbesitzer nennen diese Folge tendenziell häufiger (31 %) als Rasserüdenbesitzer (27 %). Zum Vergleich: Salmeri u.a. (1991)

sehen keinen Gewichtszunahmeeffekt bei Rüden. Laut Heidenberger (2000) ist dagegen bei 44% der Rüden im ersten Jahr nach der Kastration eine deutliche Gewichtszunahme festzustellen. Ferner liege das Körpergewicht kastrierter Rüden im Durchschnitt um 32% höher als bei nicht kastrierten.

Ich habe sofort das Futter reduziert und auch umgestellt, aus Angst vor einer Gewichtszunahme. Später habe ich dann von Diät-Futter wieder auf Normal-Futter umgestellt, aber auch geringere Menge! So hat er in den Jahren nach der Kastration gerade 1 Kilo zugenommen. (Besitzerin eines 6jährigen Cocker Spaniel-Münsterländer-Mixes)

Vermehrter Hunger

Über vermehrten Hunger berichteten in der Bielefelder Studie 46% der Halter, die körperliche Folgen genannt haben (dies entspricht 28% aller Rüden). Mischlingshundbesitzer nennen diese Folge etwas häufiger (31%) als Rassehundbesitzer (26%). Dagegen nennen Heidenberger/Unshelm (1990) mit 42% eine deutlich höhere Zahl, Salmeri u.a. (1991) wiederum sehen keine Veränderung. Bei Rüden (wie bei Hündinnen auch) bleibt die Frage, ob eine Kastration mit hoher Wahrscheinlichkeit dick macht, unentschieden. Hinsichtlich der Gewichtsentwicklung könnte der Zeitpunkt der Kastration eine Erklärung für die unterschiedlichen Ergebnisse sein. So postulieren Salmeri u.a. (1991), dass das Problem der Gewichtszunahme eher bei den postpubertär kastrierten als bei den Frühkastrierten bestehen könnte – und leiten diese Hypothese aus Befunden an Ratten ab. Die Ergebnisse der Bielefelder Studie bestätigen diese Vermutung: die Gewichtszunahme ist am geringsten bei den Hunden, die im Alter von unter 6 Monaten kastriert werden (betrifft aus dieser Gruppe nur 7% der Hunde), am höchsten bei jenen, die zum Zeitpunkt der Kastration über 3 Jahre alt gewesen sind (45%). Die Frage ist, ob/wie Geschlechtshormone diesbezüglich Einfluss nehmen. Haben sie einen Einfluss auf das Sättigungsgefühl, damit auf den Hunger? Dafür spricht das Ergebnis der Bielefelder Studie, wonach viele Hunde mehr Hunger haben. Geben die Besitzer dem größeren Hungergefühl ihrer Hunde nach, kommt es zu Gewichtszunahmen. Oder funktioniert die Einwirkung darüber, dass kastrierte Hunde sich im Aktivitätsniveau unterscheiden – wer sich weniger bewegt, setzt schneller an. Dagegen spricht, dass wesentlich mehr Hunde vermehrten Hunger als eine erniedrigte Aktivität zeigen. Das Problem bleibt nur: Was ist zuerst da: Der dicke Hund, der sich dann nicht mehr so bewegen mag? Oder der faule Hund, der dick wird, weil er sich nicht genügend bewegt? – wie Heidenberger/Unshelm (1990) vermuten. Hierzu zwei interessante Zahlen aus der Bielefelder Studie: Bei 66% der Hunde, die von ihren Haltern als ruhiger nach der Kastration bezeichnet werden, lässt sich eine Gewichtszunahme feststellen, umgekehrt sind nur 26% der Hunde mit Gewichtszunahme auch ruhiger.

Ändert sich der Stoffwechsel durch eine Veränderung in der hormonellen Situation? Für Katzen konnte experimentell belegt werden, dass die Kastration zu einer Reduktion der Stoffwechselaktivität führt (Stolla 2001).

Der Ernährungsexperte Jürgen Zentek resümiert: „Kastrierte Hündinnen und auch Rüden neigen zu vermehrter Futteraufnahme und verminderter körperlicher Aktivität. Beides begünstigt den Fettansatz. Die Kastration verschiebt die Regulationsmechanismen offenbar zugunsten einer höheren Energieaufnahme und verminderten Energieabgabe." (2001, S. 266)

Zusammengefasst kann man wohl nur folgendes festhalten: Es scheint so, dass viele kastrierte Hunde mehr Hunger entwickeln; wenn dem entsprochen wird, ist der Weg zur Gewichtszunahme nicht mehr weit. Aber auch ein direkter Einfluss der veränderten hormonellen Situation auf das Stoffwechselgeschehen ist gegeben – dafür spricht auch die Erfahrung vieler Hundehalter, die ihre kastrierten Hunde sogar reduziert füttern und deren Hunde dennoch an Gewicht zunehmen. Eine Kastration macht nicht notwendig dick und faul – aber sie kann dazu führen.

Verschwinden von Vorhautentzündungen

Einen absolut positiven Einfluss hat die Kastration auf immer wiederkehrende Vorhautentzündungen: bei 45 % der Rüden, bei denen körperliche Folgen beobachtet wurden, verschwand diese nach der Kastration (entspricht 27 % aller Rüden). Das Alter zum Zeitpunkt der Kastration spielt dabei keine Rolle. Rassezugehörigkeit scheint eher eine Rolle zu spielen: Wesentlich mehr Rassehundbesitzer (31 %) als Mischlingshundbesitzer (22 %) geben an, dass sich durch die Kastration die Vorhautentzündung gebessert habe.

Ob dieses Problem jedoch grundsätzlich als ernstzunehmende Erkrankung einzustufen ist, die eine Kastration erforderlich macht, oder eher als hygienisches Problem für den Halter, der überall das Sekret wegputzen muss, sei dahingestellt.

Sekundäre Geschlechtsmerkmale

Auch bei Rüden kommt es zu einer Unterentwicklung in der Ausprägung sekundärer Geschlechtsmerkmale. Früh kastrierte Rüden zeigen einen infantilen, unterentwickelten Penis (Salmeri u. a. 1991), dies gilt vor allem für Hunde, die im Alter von unter 4,5 Monaten kastriert worden sind.

Skelettentwicklung

Die Auswirkungen auf die Skelettentwicklung bei *früh* kastrierten Hunden betreffen einen verzögerten Schluss der Wachstumsfugen, längere Röhrenknochen, längere Wachstumsperiode mit der Gefahr der größeren Anfälligkeit für Skeletterkrankungen. Bei 43 % der Rüden, die im Alter von unter 6 Monaten kastriert worden sind und körperliche Folgen angegeben haben, zeigt sich diese verlängerte Wachstumsperiode (betrifft 21 % aller frühkastrierten Rüden). Dies entspricht in der Tendenz dem Ergebnis von Salmeri u. a. (1991), wonach Rüden stärker betroffen sind als Hündinnen. Cooleys Studie (2002) zu Knochenkrebs bei Rottweilern, bei der sich als Nebenergebnis herausstellte, dass die Knochenkrebsrate bei kastrierten Tieren höher war als bei nicht kastrierten, zeigte, dass dieser Effekt bei den Rüden noch stärker ausgeprägt war als bei den Hündinnen (bei Hunden, die im Alter von unter einem Jahr kastriert worden sind). Das Problem der Frühkastration betrifft die Rüden allerdings weniger als die Hündinnen: nur 25 % der Rüden in der Bielefelder Studie wurden kastriert, bevor sie ein Jahr alt geworden sind, eine extreme Frühkastration im Alter von unter 6 Monaten betraf nur 3 % der Rüden. Zwischen Rassehunden und Mischlingshunden zeigen sich keine Unterschiede.

Inkontinenz

Inkontinenz kann auch beim Rüden auftreten. In der Bielefelder Studie machte das Harntröpfeln 9 % aller körperlichen Folgen aus und betraf damit 5 % aller Rüden.

Seitdem Probleme mit den Nieren, trinkt übermäßig viel, kann Urin teilweise nicht halten/tropfen. (Besitzerin eines 21 Monate alten Dobermann-Labrador-Mixes)

Das Inkontinenzrisiko scheint in Verbindung zu stehen mit dem Alter bei der Kastration: nur 5 % der Hunde, die zum Zeitpunkt der Kastration jünger als 6 Monate waren, waren betroffen, aber 10 % derer, die im Alter zwischen 18 und 24 Monaten kastriert worden sind. Zwischen Rassehunden und Mischlingshunden zeigen sich keine Unterschiede.

Fellveränderungen

Fellveränderungen werden mit 32 % der genannten Folgen angegeben (entspricht 19 % aller Rüden).

Die Fellstruktur hat sich so verändert, dass der Hund geschoren werden muss, da man selbst bei regelmäßigem Kämmen nicht mehr durchkommt. (Besitzerin eines dreieinhalbjährigen Tibetterrier-Dackel-Mixes)

Das Alter, in dem der Hund kastriert wurde, scheint einen wesentlichen Einfluss zu haben: So zeigten 28 % der über 8jährig kastrierten Senioren und gar 36 % der zwischen dem 3. und 8. Lebensjahr kastrierten Hunde Fellveränderungen. Bei den im Alter von 6–12 Monaten kastrierten liegt die Zahl mit 7 % am niedrigsten. Zwischen Rassehunden und Mischlingen zeigen sich keine relevanten Unterschiede.

Mögliche Verhaltensänderungen

Wenn Rüden hauptsächlich deswegen kastriert werden, weil man sich eine Verbesserung ihres „problematischen" Verhaltens wünscht, so stellt sich natürlich die Frage, ob und in welchem Umfang diese erwünschten Verhaltensveränderungen eintreten. Gleichfalls muss man sich aber auch fragen, ob Veränderungen eintreten, die der einzelne Hundebesitzer so vielleicht nicht vorhergesehen bzw. gewünscht hat.

Rüdenbesitzer bemerken mit 78 % wesentlich häufiger als Hündinnenbesitzer (43 %) eine Verhaltensveränderung nach der Kastration. Zwischen Rasse- und Mischlingshunden lassen sich keine Unterschiede feststellen.

Welche Bereiche sind von diesen Veränderungen betroffen?

Der Sexualtrieb

49 % aller Rüdenbesitzer (Rasse- wie Mischlingshunde) in der Bielefelder Studie sehen eine größere Ausgeglichenheit ihres Rüden nach der Kastration. Von denen, die eine Verhaltensänderung gesehen haben, geben 63 % an, daß ihr Rüde ausgeglichener sei.

Mein Hund hatte vor der Kastration einen guten Charakter und auch noch danach; beseitigt war lediglich die sexuelle Hyperaktivität, die ihn teilweise völlig blockierte. (Besitzerin eines 2jährigen Berner Sennenhundes)

Die Hypersexualität war und ist vorbei, dafür hat er seine ganzen Aktivitäten auf Bälle konzentriert. Bis zur völligen Erschöpfung, wenn er nicht gebremst werden würde. (Besitzerin eines 2jährigen Zwergrau-haardackels)

Während der Läufigkeit von Hündinnen ist der Rüde jetzt gelassen. Er kann von der Leine gelassen werden, kann sich auf dem Übungsplatz konzentrieren, ist nicht mehr in einer Dauerspannung. Dadurch fällt auch für mich Stress weg, was sich positiv auf unsere Beziehung aus-wirkt. (Besitzerin eines knapp 2jährigen Berner Sennenhundes)

Interessanterweise geben nur 4% der Rüdenbesitzer explizit an, dass die Kastration dazu verholfen habe, dass ihre Rüden nicht wei-ter auf Freiersfüßen wandeln.

Mehrere Halter berichten jedoch, dass ihr Rüde trotz Kastration weiterhin den Hündinnen nachstellt, ja dass es sogar noch zum Bespringen kommt:

Der Whippetrüde ist nach der Kastration immer noch in der Lage zu decken, nur „Hängen" kann er nicht mehr. (Besitzerin eines fünfjähri-gen Whippets)

Eine Verminderung eines übermäßig stark ausgeprägten Sexual-triebs konnten Heidenberger/Unshelm (1990) bei 95% der Rüden nachweisen. Hopkins u.a. (1976) fanden eine Verminderung des *Streunens* bei 90%, bei 50% zeigte sich eine verringerte *Markier-aktivität,* bei ca. 60% war eine Verminderung des *Besteigens* zu ver-zeichnen, dabei zeigten sich die Verhaltensveränderungen bei der Hälfte der Fälle sehr rasch nach der Kastration, bei der anderen Hälfte kam es zu einer allmählichen Veränderung (Hopkins u.a. 1976). Die Autoren verweisen darauf, dass sich eine Abnahme der Markieraktivität nur im Haus, nicht aber im Freien feststellen ließ. Neilson u.a. (1997) fanden bei 50–70% der von ihnen untersuch-ten Hunde eine um 50–90%ige Verminderung der Verhaltenswei-sen Streunen, Markieren und Besteigen. Heidenberger/Unshelm (1990) berichten von einer Reduktion des Streunens bei 86% der Rüden.

Zum Markierverhalten äußern sich erstaunlicherweise nur wenige Rüdenbesitzer. 2% verwiesen auf erhöhtes Markierungsverhalten. Zwischen Rasserüden und Mischlingsrüden zeigen sich keine Unterschiede.

*Außer dem Markierverhalten hat sich bei meinem Hund absolut nichts
verändert – weder körperlich, noch vom Verhalten. (Besitzerin eines
fünfeinhalbjährigen Border Collies)*
*Das Markieren in der Wohnung hörte auf. (Besitzerin eines 9 Monate
alten Bobtailmischlings)*
Palmer (1993) berichtet, dass 81% der Hunde, die wegen Urinmar-
kierens im Haus kastriert worden sind, dieses nach der Kastration
nicht mehr gezeigt haben. Dodman (1996) nennt eine Zahl von
etwa 90%, Askew (1997) und Hopkins u.a. (1976) beziffern die Erfolgsquote jedoch nur auf 50%.

Allgemeine Aktivität

4% der Rüdenbesitzer (von Rassehunden wie Mixen) in der Bielefelder Studie finden, ihr Hund sei aktiver geworden, 10% bezeichnen ihn als lethargischer. Unter denen, die eine Verhaltensänderung angegeben haben, bezeichnen 5% ihren Rüden als aktiver,
13% als lethargischer.
*Er wurde sehr lethargisch – während er früher streunte, blieb er danach
bei Spaziergängen einfach liegen und war durch nichts zum Weiter-
gehen zu bewegen. (Besitzerin eines 6jährigen Lhasa Apsos)*
Während in der Bielefelder Studie also – wenn überhaupt – eher
eine Veränderung in Richtung weniger Aktivität zu verzeichnen
ist, haben Salmeri u.a. (1991) bei sehr früh kastrierten (im Alter
von 7 Wochen und im Alter von 7 Monaten) ein erhöhtes Erre-
gungspotential und eine gesteigerte Aktivität im Vergleich zu den
nicht kastrierten gefunden. Hopkins u.a. (1976) fanden dagegen
keine Anzeichen für eine veränderte Aktivität. Heidenberger
(2000) wiederum sah in ihrer Studie bei 36% der Rüden ein ab-
nehmendes Bewegungsbedürfnis. Bei 22% der Rüden nahmen
die Ruhezeiten zu. Das bedeutet nicht unbedingt eine klare Auswirkung auf den Spieltrieb: bei 13% nahm der Spieltrieb ab – aber
bei 17% zu.
Es ist also keine klare Tendenz erkennbar, ob die Kastration nun zu
einer Veränderung der Aktivität – in welche Richtung auch immer

– führt. Klar scheint zumindest zu sein, dass eine Kastration einen Rüden nicht per se ruhiger macht.

Erziehbarkeit

26% der Befragten (entspricht 34% derer, die eine Verhaltensveränderung bemerkt haben) fanden, dass ihr Rüde besser gehorche, wobei diese Folge von Mischlingshundbesitzern etwas häufiger (29%) als von Rassehundbesitzern (24%) genannt wird. Insgesamt 18% sehen seine Konzentrationsfähigkeit verbessert. Diese Folge wird tendenziell eher von den Rassehundbesitzern (19%) als von den Mixbesitzern (16%) genannt.

Der Hund ist ruhiger und gehorsamer! (Besitzerin eines zweieinhalbjährigen Retriever-Appenzeller-Mixes)

Seine Prioritäten haben sich verschoben. Jetzt stehe ich vor unseren Hündinnen an erster Stelle, ohne dass er diese vernachlässigt. Er lässt sich erst jetzt durch Futter motivieren und hat ca. 500 g zugelegt. Er hat ca. 1/3 weniger Futterbedarf und ist bei kontrollierter Fütterung schlank. (Besitzerin eines 7jährigen Zwergpudels)

Arbeitet als Behindertenbegleithund und Therapiehund seit der Kastration sehr vorbildlich und konzentriert. (Besitzerin eines 15 Monate alten Golden Retrievers)

Man kann gut mit ihm arbeiten – er ist kooperativer. (Besitzerin eines 15 Monate alten Berger de Picard)

Diese Daten bestätigen z.T. die immer wieder zu lesende – aber eben kaum überprüfte Auffassung – nach der Chancen bestehen, dass ein Rüde nach der Kastration besser gehorche. Ob dieser u.U. erzielte bessere Gehorsam aber darauf zurückzuführen ist, dass ein Mangel an Testosteron den Rüden „williger", „führiger" macht, oder daraus resultiert, dass bei reduziertem Sexualtrieb die Gelegenheiten, bei denen der Rüde eben nicht gehorcht – weil er eine Hündin in der Nase hat – weniger häufig auftreten, kann nicht beantwortet werden. Palmer (1993) schreibt, dass ein Rüde durch eine Kastration nicht gehorsamer werde – lediglich der Hauptanlass, aufgrund dessen er die Ohren auf Durchzug stellt, entfällt – nämlich der Wunsch, eine erschnupperte Hündin aufzusuchen.

Dennoch: man beachte die geringe Anzahl der Rüdenbesitzer, die diese Veränderung überhaupt genannt haben.

Kindlich bleiben

Eine Reihe der Rüdenbesitzer findet, dass ihr kastrierter Hund kindlich geblieben sei – was von den einen positiv, von den anderen negativ bewertet wird.

Mein Hund ist ein ewiger „Welpe". Wird von anderen Hunden belästigt (aufsteigen). Von Hündinnen wird er verjagt. (Besitzerin eines Podenco)

Aus dem ernsthaften „Halbstarken" ist wieder ein lustiger Clown geworden. (Besitzerin eines zweieinhalbjährigen Australian Shepherds)

Umgang mit Artgenossen allgemein

16 % aller Rüdenbesitzer (von Rassen wie Mixen) und 20 % all jener, die eine Verhaltensveränderung an ihrem Rüden festgestellt haben, bezeichneten ihren Hund als allgemein sicherer im Umgang mit Artgenossen. Insgesamt 6 % fanden, dass er unsicherer geworden ist, wobei diese Folge eher von Rassehundbesitzern (7 %) als von Mixbesitzern (3 %) genannt wird.

War unsicher im Umgang mit Artgenossen, etwa 1 Jahr lang nach der Kastration. (Besitzerin eines 15 Monate alten Parson Russell Terriers)

Jetzt, nach 2 Jahren, ist er sehr unselbständig, teils ängstlich, ruhig wie ein viel älterer Hund. Er hat 2 Vorgänger, die Vergleiche sind extrem. (Besitzerin eines 6jährigen Rhodesian Ridgebacks)

Insgesamt 15 % berichteten von Besteigungsversuchen durch andere Rüden, wobei diese Folge wesentlich häufiger von Mischlingsbesitzern (18 %) als von Rassehundbesitzern (13 %) genannt wird. In der Gruppe derjenigen, die eine Verhaltensveränderung ihres Rüden nach der Kastration angeben, beträgt der Anteil der Rüden, die nun bestiegen werden, 19 %.

15 % aller Halter in der Bielefelder Studie geben an, dass ihr Rüde

weniger aggressiv gegen Hunde im allgemeinen ist, wobei diese Folge eher von Mischlingsbesitzern (18%) als von Rassehundbesitzern (12%) genannt wird. 4% sehen das genaue Gegenteil.

Als eine negative Folge beobachten Rüdenbesitzer Angriffe auf ihren Kastraten durch Hündinnen:

Hund wird von Hündinnen (alten) oft stark dominiert (war vorher immer stark verliebt), ist jetzt nach Angriffen von alten und dominanten Hündinnen sehr verunsichert. Zu Rüden gleich dominant, aber es geht jetzt gut aus. (Besitzerin eines 3jährigen Labrador Retrievers)

Mein kastrierter Rüde wird immer wieder von Hündinnen angegriffen, selbst verhält er sich nur defensiv und unterwirft sich sofort; trotz allem schon mindestens 8–9 schwere körperliche Übergriffe. (Besitzerin eines achteinhalbjährigen Dackel-Terrier-Mixes)

Diese „Übergriffe" von Hündinnen sind vermutlich mit der „vermeintlichen Konkurrenz" einer anderen „läufigen Hündin" zu erklären – offenbar riechen manche Kastraten wie eine Hündin, die sich in der Hitze befindet. Diese Geruchsveränderung führt nicht nur zu aggressivem Verhalten bei manchen Hündinnen, sondern auch zu Belästigung durch andere Rüden, die von ihrer Nase getäuscht werden und meinen, diese gut duftende „Hündin" besteigen zu müssen.

Andere Rüden (nicht jeder) sind sehr interessiert und machen eine lange Afterkontrolle und Besteigungsversuche; mein Rüde duldet dies nur für eine bestimmte Zeit, wenn es zu lange dauert wird er sauer, motzt und geht. (Besitzerin eines 2jährigen Labrador-Golden Retriever-Mixes)

In den letzten ca. 10 Monaten wird mein Rüde vermehrt von anderen Rüden besprungen, er wehrt dies immer seltener ab und vermeidet immer mehr den Kontakt zu ihm fremden Hunden. (Besitzerin eines 2jährigen Golden Retrievers)

Diese „Verwirrung" über den Geschlechtsstatus kann anscheinend nicht nur die Hunde betreffen, die einem Kastraten begegnen – sondern auch den Kastraten selbst:

Leider wird man zu wenig aufgeklärt über die Nachteile, ich finde, mein Hund weiß nicht mehr, ob er Männlein oder Weiblein ist bei seinen Artgenossen; oft reagiert er aggressiv wo ich mir die Schuld gebe, da es mei-

ner Meinung nach nur durch die Kastration gekommen ist. Kein gesunder Hund sollte einfach „so" kastriert werden. Bei mir nicht mehr! (Besitzerin eines Australian Shepherds)

Aggression gegen Rüden

27% aller Rüdenbesitzer gaben an, dass ihr Rüde nach der Kastration weniger aggressiv gegen andere Rüden ist, 2% berichten vom
genauen Gegenteil. Diese positive Folge geben eher Mischlingshundbesitzer (30%) als Rassehundbesitzer (24%) an. Unter den
Rüdenbesitzern, die Verhaltensfolgen bemerkt haben, geben 34%
an, ihr Rüde sei nun weniger aggressiv gegen andere Rüden.
*Unser Rüde ist wesentlich ausgeglichener, verträgt sich seit der Kastration
auch mit den meisten anderen Rüden. (Besitzerin eines 2jährigen
Labrador-Mixes)*
*Er spielt mit dominanten Rüden, mit denen er sich vorher immer messen
wollte. (Besitzerin eines 14 Monate alten „Bauernhofmixes")*
*Der Rüde zeigt kein aggressives Rüdenverhalten. Er verträgt sich mit je-
dem Hund. Sowohl mit Weibchen als auch mit Rüden. Besitzer von sehr
aggressiven und dominanten Rüden haben mir das bestätigt. (Besitzerin
eines 9 Monate alten Bobtailmischlings)*
*Aus dem „Kotzbrocken" ist ein netter Bursche geworden. (Besitzerin ei-
nes eineinhalbjährigen Hovawarts)*
*Mein Rüde wurde mit 1 Jahr wegen der Hündin aggressiv gegen andere
Rüden. Wurde auf Disc-Scheibe trainiert, klappte auch gut, war mir auf
die Dauer aber zu stressig. Aus heutiger Sicht hätte ich ihn schon mit
1 Jahr kastriert. Die Begegnung mit anderen Rüden ist für ihn viel stress-
freier geworden. (Besitzerin eines eineinhalbjährigen Labrador Retrievers)*
Diese Werte entsprechen den Ergebnissen von Neilson u.a. (1997),
die eine Reduktion bei 33% der Rüden fanden, sie liegen aber deutlich unter jenen vergleichbarer Studien, die von einer Reduktion
des Aggressionsverhaltens gegen Gleichgeschlechtliche ausgehen,
die zwischen 50–60% liegen soll (Hart/Hart, 1991). Hopkins u.a.
(1976) nennen gar eine Verminderung bei 62% der Rüden, diese

Zahl wird in der Literatur immer wieder zitiert. Aber: Hopkins u. a. (1976) verweisen explizit darauf, dass die Aggression gegen *gleichgeschlechtliche* Artgenossen die einzige Aggressionsform ist, bei der die Kastration einen Effekt hat/haben kann. Schmidt (2002) beziffert die Erfolgsquote auf 30–60%.

Eine Reihe von Besitzern merkt handschriftlich an, dass nicht allein die Kastration die Fortschritte bewirkt habe, sondern dass diese in Kombination mit erzieherischen Maßnahmen zu einer Verhaltensverbesserung geführt habe:

Aggressivität gegenüber anderen Hunden ließ sich nicht nur durch die Kastration verringern, sondern musste auch mit erzieherischen Maßnahmen (Halti, Trainings-Disc) einhergehen. (Besitzerin eines viereinhalbjährigen Landseers)

Keine Verhaltensänderung ohne Verhaltenstherapie. (Besitzerin eines zweieinhalbjährigen Deutschen Schäferhundes)

Kurz nach der Kastration folgte ein intensives Training mit dem Hund, um (oben genanntes) aggressives Verhalten in den Griff zu bekommen. Ein großer Teil seiner Verhaltensänderung ist sicherlich auch hierauf zurückzuführen. (Besitzerin eines zweijährigen Malinois)

Eine weitere Gruppe weist daraufhin, dass es nicht einfach um eine Kombination aus Kastration und Erziehung gehe, sondern dass letztlich die Erziehung, bzw. die Fehler in dieser, den entscheidenden Einfluss auf das Verhalten ihrer Rüden gehabt habe.

Rückblickend kann ich nur sagen, eine Kastration bei Aggressivität kann kein Mittel sein, um Fehler, die in der Erziehung gemacht wurden, wieder auszugleichen. (Besitzerin eines dreieinhalbjährigen Hovawarts)

Eine Verbesserung des Verhaltens trat erst ein, als sich meine eigene Konstitution besserte. Konnte erst zu spät erkennen, dass die Verhaltensauffälligkeit durch familiären Stress bedingt war!!! (Besitzerin eines zweijährigen Deerhounds)

*Rüden sollten aus gesundheitlichen, bzw. Verhaltensgründen kastriert werden (Einzelfallentscheidung). Kastration ist **keine** Erziehungshilfe! (Besitzerin eines 6jährigen Cocker Spaniel-Bernhardiner-Mixes)*

Eine Reihe von Rüdenbesitzern verweist darauf, dass andere Rüden den ihren eher in Ruhe lassen, obwohl sie andere intakte Rüden angreifen. Die Erleichterung besteht in diesen Fällen nicht darin, dass der eigene Rüde nach der Kastration weniger aggressiv gegen andere Rüden ist, sondern darin, dass die Besitzer weniger in die Situation kommen, dass ihr Rüde von anderen angegriffen wird – sie somit weniger Stress haben.

Er wird von Rüden, die keine anderen Rüden tolerieren, in Ruhe gelassen. (Besitzerin eines 16 Monate alten Schäferhund-Husky-Mixes) Die Veränderung im eigenen Verhalten war nicht so extrem, aber die anderen Rüden haben bei Angriffen (aufgrund der Annahme, dass es sich nicht um einen Rüden handelt) nicht zurückgebissen! (Besitzerin eines vierjährigen Shih Tzu-Yorki-Mixes) „Komplette" Rüden zeigen weniger aggressives Verhalten gegenüber meinem kastrierten Rüden, auch wenn sie sich mit anderen Rüden nicht verstehen. (Besitzerin eines 1jährigen Schäferhund-Setter-Mixes)

Dodman fasst diese Wirkung der Kastration wie folgt zusammen: „Nun könnte man meinen, dass Kastrieren den Dominanzwillen des Hundes bricht, doch das stimmt nicht. Tatsächlich verhält es sich so, dass ein kastrierter Rüde für andere Hunde nicht mehr wie ein Rüde riecht. Sie halten ihn vielleicht sogar für eine Hündin. Der kastrierte Hund registriert nur, dass plötzlich alle viel freundlicher zu ihm sind. Die Zahl der Beißereien, in die er verwickelt wird, nimmt ab." (Dodmann 1996, S. 101)

Erfolge werden von den Haltern genannt, die zwei Rüden besitzen, welche sich immer wieder bekämpfen: So eine Besitzerin, für die die Kastration das letzte Mittel gewesen ist, die Rangordnungsprobleme zwischen zwei Rüden im Haushalt zu beheben:

Wir haben uns mit der Entscheidung sehr schwer getan und lange gezögert. Erst nach mehreren heftigen Beißereien wurde ein Hund kastriert, um die Rangordnung zu klären. Der Erfolg ist enorm, wir hätten besser schon früher diesen Schritt getan. (Besitzerin, deren 4jähriger Deutscher Pinscher kastriert wurde)

Der Effekt einer *Aggressionssteigerung* ist bei Rüden gering: in der Bielefelder Studie lag er bei (2 %), Heidenberger (2000) berichtet von ähnlich niedrigen Werten. Die Halter, die davon betroffen waren, hatten mit dieser Möglichkeit offenbar gar nicht gerechnet.

Einige der Hundehalter, die diese unerwünschte Veränderung bei
ihrem Rüden feststellen mussten, haben dazu Kommentare in den
Fragebogen geschrieben. Z. B:
Ich hatte vorher einen Rüden, der sich mit (fast) allen Hunden pro-
blemlos verständigt hat. Nach der Kastration war sein Motto „Angriff ist
die beste Verteidigung", auch mit Hündinnen. Mittlerweile ist es besser,
weil wir sehr erzieherisch darauf eingewirkt haben. (Besitzerin eines
viereinhalbjährigen Labradors)
Vorher aggressiv gegenüber Rüden – jetzt gegen beide Geschlechter. (Be-
sitzerin eines 7jährigen Dobermanns)
Mein bisher sehr friedlicher Stafford, der mit allen Hunden verträglich
war, hat sich 100% geändert zum Negativen, würde alle Hunde beißen,
sogar mich in diesem Moment! (Besitzerin eines 3jähriger Staffords)
Mein Rüde reagierte auf andere Hunde, egal welcher Größe, Farbe, usw.
aggressiv. Von Seiten des Tierheims, Tierarztes sowie der Hundeschule
wurde mir zur Kastration geraten, die Besserung bringen sollte. Davon
ist bis heute (1 ¹/₂ Jahre später) leider nichts zu bemerken, also war sie für
meine Erkenntnisse völlig unsinnig und eine gesundheitliche Belastung
für meinen Hund. (Besitzerin eines zum Zeitpunkt der Kastration
14 Monate alten Dogge-Schnauzer-Mixes)
Eine Verminderung der Aggression gegen gleichgeschlechtliche
Artgenossen zählt zu den Folgen, die neben den Verhaltensweisen,
die mit übermäßigen Sexualtrieb zusammenhängen, wie Streunen
und Aufreiten, am ehesten erwartbar sind. Man geht davon aus,
dass durch den Verlust der Testosteronproduktion jene Einflüsse
auf das Zentralnervensystem unterbrochen werden, die für die Aggression zwischen Rüden verantwortlich gemacht werden. Ferner
riecht ein Kastrat anders als ein intakter Hund – was zum einen
dazu führt, dass die typischen olfaktorischen Signale entfallen/ge-
mindert werden, die ansonsten andere Rüden zum Raufen provozieren können, aber auch dazu, dass der Kastrat zum Opfer von Besteigungsversuchen durch andere Rüden wird – weil diese ihn je
nach Ausprägungsgrad seines Geruchs als läufige Hündin wahr-
nehmen (das betraf in der Bielefelder Studie immerhin 15 % der Rüden). Oder er wird – aus den gleichen Gründen – von anderen, zu

dominantem Verhalten neigenden Hündinnen, die eine „Konkurrentin" aus dem Weg haben wollen, verprügelt.

Aggression gegen fremde Personen

Nur 1,5 % aller Halter sahen eine Verminderung – dies entspricht den Erfahrungen anderer Studien (Neilson u.a. 1997). Zwischen Rassehunden und Mischlingen gab es keinen Unterschied.

Aggression gegen den Besitzer

6 % aller Rüdenbesitzer sehen hier eine positive Veränderung. Zwischen Rassehunden und Mischlingen gab es keine Unterschiede. Diese geringe Zahl ist auch nicht verwunderlich. Handelt es sich um angstbedingte Aggression, so ist diese geschlechtshormonunabhängig. Steht nicht Angst, sondern statusbezogenes Verhalten im Vordergrund, kann eine Kastration eventuell eine leichte Milderung bringen, zentral aber ist eine Veränderung im Beziehungsverhältnis.

„Das männliche Geschlechtshormon Testosteron kann nicht direkt für dieses Verhaltensproblem verantwortlich gemacht werden – es gibt auch nicht kastrierte Rüden, die nicht aggressiv sind und aggressive kastrierte Rüden – allerdings unterstützt es die Aggressivität. Daher kann eine Kastration als Teil der Behandlung angeraten sein. Sie ist aber nur als unterstützende und eine Verhaltenstherapie begleitende Maßnahme zu sehen. Die Kastration allein führt in der Regel nicht zu einem zufriedenstellenden Behandlungserfolg." (Heidenberger 2000, S. 196, siehe auch Overall 1997).

Benjamin (1989) verweist darauf, dass Hunde, die Aggressionen gegen den eigenen Besitzer zeigen, häufig sogenannte Mehrfachproblemhunde sind – es stimmt vorne und hinten nicht. „Mechanische" Eingriffe wie Kastration (oder das Ziehen von Zähnen) lösen die verkorkste Beziehung nicht: „I have seen semi-toothless, castrated small dogs continue to terrorize their families." (S. 93) (Ich habe fast zahnlose, kastrierte kleine Hunde gesehen, die weiter ihre Familien terrorisiert haben.)

Warum Rüden unterschiedlich auf Kastrationen reagieren – das ist bislang nicht geklärt. Zwei Vermutungen stehen im Raum: Eine genetische Disposition zur Ausprägung bestimmter Verhaltensweisen und/oder ein größerer Testosteronschub im Mutterleib durch Lage zwischen anderen Rüden. Unterschiede sind jedenfalls nicht erklärbar durch eventuell unterschiedliche Testosteronniveaus nach der Kastration – da gibt es keine relevanten Unterschiede, und auch nicht durch eine Kompensation mittels adrenaler Androgene (Hart/Eckstein 1997).

Kastration als Mittel zur Verhaltenskorrektur?

Generell ist zu sagen, dass eine Kastration aufgrund von Verhaltensproblemen natürlich nur in bezug auf solche Verhaltensweisen Sinn machen kann, die über Geschlechtshormone beeinflusst werden und das „typisch" männliche vom „typisch" weiblichen Verhalten unterscheiden. Man spricht dabei von sexuell dimorphen Verhaltensweisen. Alle Verhaltensweisen, bei denen Testosteron eine Rolle spielt, können mittels Kastration beeinflusst werden – aber eben auch nur „können" (Bernauer-Münz/Quandt 1995, B. Hart 1995, Palmer 1993, Quandt 2006).

Immer wieder wird Hundehaltern, deren Hund in ihrer Abwesenheit die Wohnung zerlegt, und/oder heult und bellt und/oder in die Wohnung uriniert oder kotet, als Erstmaßnahme eine Kastration empfohlen – das ist nun wirklich völliger Unsinn, denn weder die Trennungsangst, die aus mangelhaftem „Alleinbleibentraining" resultiert noch die Langeweile eines Hundes, die ihn Möbel zerkleinern lässt, sind geschlechtshormongesteuerte Verhaltensweisen (siehe auch Palmer 1993).

Gleiches gilt für das Jagdverhalten: dieses ist definitiv nicht geschlechtshormongesteuert und kann daher mittels Kastration auch nicht behoben werden.

Auch Zerren an der Leine, das Nichtkommen auf Rückruf oder die Weigerung, sich bei einem Platzbefehl hinzulegen, sind keine Verhaltensweisen, die von den Geschlechtshormonen gesteuert werden.

Verhaltensweisen, bei denen Geschlechtshormone eine Rolle spielen, sind konkret: Urinmarkieren im Haus, Rammeln, Streunen auf der Suche nach läufigen Hündinnen (nicht Streunen aufgrund von Langeweile oder Futtersuche!), Jaulen, Futterverweigerung, Unruhe, wenn in der Nachbarschaft eine Hündin läufig ist, übertriebenes Imponiergehabe und konkurrenzbedingte Aggression gegenüber anderen intakten Rüden (siehe dazu auch Appleby 1997, Palmer 1993, Quandt 2006).

Hypersexualisierte Rüden sollte man von ihrem Leiden erlösen, indem man sie kastriert. Ich würde mich jedoch nicht der Meinung anderer (männlicher) Kollegen wie John Fisher anschließen, wonach es generell Tierquälerei sei, einen Rüden, der nie zum Zuge kommen darf, nicht zu kastrieren: „Ich stimme voll und ganz mit meinem APBC Kollegen John Rogerson überein, der es für grausam hält, einen Rüden nicht zu kastrieren, der all sein natürliches Verlangen nicht ausleben kann" (Fisher 1991, S. 125. APBC steht für eine bekannte Organisation britischer Tier-Verhaltenstherapeuten). Zwischen normalem Sexualtrieb und Hypersexualität besteht ein gravierender Unterschied. Es ist durchaus auch das „Schicksal" von wild lebenden Rüden, sich damit abfinden zu müssen, nicht decken zu dürfen!

Es ist übrigens ein Irrglauben, als „Verhaltenstherapie" dem Rüden einmal eine heiße Hündin zuzuführen, damit er sich ein für allemal ausgetobt hat. Meist wird die Angelegenheit dadurch nur noch schlimmer, weil es sein kann, dass sein Interesse nur noch mehr wächst – und er sich auch noch in seinem Status erhöht sieht (Palmer 1993).

Ein kastrierter Rüde hat kein abstraktes Konstrukt in seinem Kopf, welcher Möglichkeiten er soeben beraubt wurde, und wird nicht bis ans Ende seines Lebens darüber grübeln, dass er nun nicht mehr zeugungsfähig ist (Appleby 1997). Er wird auch nicht darüber grübeln, warum ihn die Damen plötzlich gar nicht mehr so interessieren oder sich darüber schämen, dass ihm sichtlich nichts mehr zwischen den Beinen baumelt. Einige Rüdenbesitzer scheinen das anders zu sehen – denn wie sonst könnte man sich erklären, dass in den USA Hoden-Implantate der Renner sind – man möchte dem Rüden den Fall in ein emotionales Loch ersparen, wenn er sieht, dass er keine Säckchen mehr hat. Trotz hoher Gesamtkosten von um die 310 US-Dollar sollen nach Angaben einer Praxis in Los Angeles bereits 100 000 solcher Implantate eingesetzt worden sein (Branchenforum 2006).

Was die Frage des Urinierens im Haus und des Besteigens von Menschen, häufig des eigenen Besitzers, betrifft, so bringt eine Kastration nicht unbedingt eine Lösung. Denn: Häufig handelt es sich um Beziehungsprobleme zwischen Hund und Mensch. Der Hund sieht sich als ranghöher an und verdeutlicht dies seinem Menschen gegenüber, indem er im eigenen Haus seine Urinmarken im Sinne eines Besitzanspruches verteilt. Häufig sind dies auch jene Hunde, die ihren Besitzer auf dem Spaziergang kreuz und quer durch die Gegend ziehen und ihn kaum vorankommen lassen, weil der Rüde überall seine Marke setzen will – und der Besitzer setzt dem nichts entgegen.

Das Berammeln kann ohne jegliche sexuelle Motivation erfolgen und ausschließlich eine Demonstration des eigenen Überlegenheitsanspruches darstellen. Es kann außerdem zwar primär sexuell motiviert sein, drückt aber trotzdem eine mangelnde Anerkennung des Besitzers als Führungsperson aus, weil sich eine solche normalerweise nicht als Objekt zur Abreagierung sexueller Notlagen zur Verfügung stellt. An vorderster Stelle einer Verhaltenskorrektur muss ein veränderter Umgang mit dem Rüden stehen, der diesem klarmacht, dass er keine Führungsansprüche zu stellen hat. Eine *begleitende* Kastration *kann* die Erfolgsaussichten erhöhen, wenn das Berammeln eine deutliche sexuelle Komponente hat (siehe auch Palmer 1993).

Anmerkungen zur Aggression

Niemand bestreitet, dass Testosteron wesentlich mitverantwortlich ist für die Ausbildung des fetalen Gehirns hin zu einem „männlichen" Gehirn. Ein Merkmal der „Männlichkeit" ist eine im Vergleich zu weiblichen Wesen erhöhte Aggressionsbereitschaft. Studien zeigen immer wieder, dass Aggressionsverhalten bei Rüden stärker verbreitet ist als bei Hündinnen (z. B. Borchelt 1983). Aber: „Es ist allgemein bekannt, dass männliche Tiere bei den meisten Tierarten wesentlich aggressiver sind als weibliche. Das gilt auch für den Hund. Trotzdem wird die Aggressionsbereitschaft nach einer Kastration nur bezüglich des sexuellen Konkurrenzverhaltens gegen andere, potente Rüden wesentlich reduziert. Bei Rüden, die aggressives Verhalten gegenüber allen oder den meisten anderen Hunden beiderlei Geschlechts oder gegenüber Menschen zeigen, ist durch eine Kastration keine befriedigende Änderung des Problemverhaltens zu erwarten." (Quandt 2006, S. 26)
Daraus folgt: Aggression gegen die Konkurrenz, sprich gegen intakte Rüden, kann durch eine Kastration beeinflusst werden (eine Garantie hat man nicht!). Sie kann insbesondere ein wichtiges Mittel sein, wenn sich in einem Haushalt zwei intakte Rüden bis aufs Blut bekriegen. Voraussetzung ist, dass man den richtigen Rüden kastriert – den, der das geringere Potential zur Führungsrolle hat.
Über verschiedene Wege soll die Reduktion des Aggressionsverhaltens erklärbar sein: Es könnte sein, dass die Kastration die Reizschwelle, ab der ein Hund meint, seine Interessen aggressiv durchsetzen zu müssen, hoch setzt. Overall (1997) sieht einen wesentlichen Einfluss von Testosteron darin, dass ein Rüde auf Reizlagen schneller, intensiver und über einen längeren Zeitraum reagiert. Reduziert sich in Folge der Kastration der Testosteronspiegel, so kann das schlichtweg dazu führen, dass der Rüde generell auf Reize weniger heftig und ausdauernd reagiert.
Es kann sein, dass es seinen Wunsch, andere zu dominieren, herabsetzt. Andersherum ist es auch denkbar: Er riecht für andere Hunde weniger maskulin und provoziert dadurch andere Hunde

seltener zu einem Kämpfchen (Palmer 1993, Dodman 1996). Dies könnte noch eine weitere Auswirkung haben: ein Rüde, der aus seinem Umfeld permanent signalisiert bekommt, dass man ihn nicht mehr für voll nimmt, kann in seinem Statusbewusstsein sinken. Erfolgreiche Siegertypen, vor denen andere einen Kotau machen, reagieren mit einem Anstieg ihres Testosteronspiegels. Ergänzt werden sollte ferner: Wenn durch die Kastration sein sexuelles Interesse nachlässt, entfällt ein wichtiger Anlass, warum Rüden sich in die Haare bekommen: der Streit um eine attraktive Hündin.

Auch ein möglicher Rückkopplungseffekt zwischen den Erwartungen der Halter, ihrem Verhalten und dem Verhalten des Hundes ist zu bedenken: „Eine medizinische Behandlung von Verhaltensproblemen wie Dominanz oder Aggression muss mit einer Änderung im Verhalten des Hundebesitzers dem Hund gegenüber ergänzt werden. Manchmal geschieht diese Veränderung unbewusst. Da der Hund kastriert wurde, erwartet der Besitzer, dass der Hund weniger aggressiv ist, und er verhält sich entsprechend." (Tortora 1977, S. 173) Wenn Rüden sich auch grundsätzlich, unabhängig von den Gegebenheiten einer je spezifischen Situation, auf Hündinnen oder kastrierte Rüden stürzen, oder wenn sie sich im Freilauf zwar normal verhalten, an der Leine aber total ausflippen, so hat das nichts mit ihren Geschlechtshormonen zu tun, sondern mit Faktoren wie mangelhafter Sozialisierung, Traumaerfahrung, Biographie des erlernten Erfolgs – oder schlichtweg: Angst. Die Wachsamkeit eines Hundes, seine Bereitschaft, seine Funktion als „Beschützer" wahrzunehmen, wird von einer Kastration nicht beeinflusst (siehe auch Palmer 1993). Das heißt, die Kastration eignet sich nicht als Maßnahme, wenn der Hund ein territoriales Wach- und Schutzverhalten zeigt, was den Besitzer oder besser dessen Besucher in die Bredouille bringt. Anders herum wird auch ein Schuh draus: Die Befürchtung, der kastrierte Rüde würde seine erwünschten Wachfunktionen nicht mehr erfüllen, ist unsinnig und sollte keinen Anlass für den Verzicht auf eine wegen anderer Faktoren nötige Kastration abgeben. Die Befürchtung so mancher (in der Regel männlicher) Rüdenbesitzer, ihr Hund mutiere zum Weichei, wenn man ihn seiner Hoden beraubt, ist unbegründet. Angst steht bei den meisten auffälligen Hunden hinter ihrem aggressiven Verhalten. Eine Kastration eines angstmotiviert aggressiven Hundes – ob nun gegen Menschen oder gegen Artgenossen – bringt nicht nur keinen Erfolg, sondern kann sich auch kontraproduktiv auswirken (Appleby 1997, Dodman 1996). "Castration is definitely not recommended as a cure for nervous of fear aggression." (Palmer, S. 9) (Eine Kastration ist definitiv nicht als Heilmittel bei nervöser oder angstbedingter Aggression zu empfehlen.)

L. Hart (1995) begründet ihren Vorschlag, man möge alle Rüden kastrieren, um gefährlichen Beißunfällen vorzubeugen, damit, dass Statistiken klar belegen dass mehr Rüden als Hündinnen beißen (wohlgemerkt: es wird sich nicht auf Vergleichszahlen zwischen intakten und kastrierten Rüden bezogen). So, wie der Vergleich also hinkt, so steht ferner zu bezweifeln, dass alle Rüden, die beißen, dieses tun, weil sie testosterongesteuert sind. Erstens ist die Genese der Aggression von vielfältigen Einflussfaktoren abhängig. Angst ist ein wesentlicher Faktor. Und zweitens: Selbst wenn das Aggressionsverhalten allein vom Testosteron abhängig wäre, so bringt uns eine Kastration aufgrund der pränatalen Einflussfaktoren auch nicht weiter.

Wie kommt es aber, dass selbst bei den Verhaltensweisen, bei denen Geschlechtshormone eine Rolle spielen, eine Kastration häufig nicht den erwünschten Erfolg bringt? Die Wirkung des Testosteronspiegels auf Aggressionsverhalten des Rüden ist längt nicht so einfach und linear zu denken.

„Die Ausprägung vieler geschlechtsspezifischer Verhaltensmuster (beruht) auf der ‚Maskulinisierung‘ des Gehirns in der pränatalen Phase. Der aktuelle Testosteronspiegel ist nur in wenigen Verhaltensbereichen ausschlaggebend. Andererseits wirkt sich beispielsweise der soziale Erfolg deutlich auf die Hormonproduktion aus. Bei dem Sieger einer sozialen Auseinandersetzung steigt der Testosteronspiegel messbar an. Da es in der Natur bei Rangauseinandersetzungen in der Regel um das Recht zur Fortpflanzung geht, ist der mit dem Testosteronausstoß verbundene Libidoanstieg hier durchaus sinnvoll. Der hohe Hormonspiegel ist aber nicht Ursache, sondern Folge des sozialen Aufstiegs." (Quandt 2005, S. 26) Penfold u.a. (2006) weisen daraufhin, dass der Einfluss der Androgene, also der männlichen Hormone, längst nicht völlig entschlüsselt ist und man widersprüchliche Beobachtungen machen kann.

Einerseits kann man beobachten, dass vielfach bei konkurrenzbedingter Aggression gegen gleichgeschlechtliche Artgenossen eine Kastration zur Reduktion der Aggression führen kann. Aber: Aggressives Verhalten korreliert durchaus nicht per se mit dem Wert der zirkulierenden Androgene. Die Gleichung: hoher Testosteronspiegel = hohe Aggression, niedriger Testosteronspiegel = niedrige Aggression, kann man nicht aufrecht erhalten. Es gibt hoch aggressive Tiere mit niedrigem Testosteronspiegel und umgekehrt. Man weiß mittlerweile, dass eine Reduktion von Aggression nach Kastration offenbar nicht allein auf einen Abfall des Testosterons zurückzuführen ist. In Studien hat man herausgefunden, dass andere, nicht geschlechtsbezogene Hormone, nämlich die Glukokortikoide, eine Rolle in der Regulation von Aggression spielen. Penfold u.a. resümieren: "The hormonal or chemical control of aggression is poorly understood." (S. 191) (Die hormonelle oder medikamentöse Kontrolle von Aggression wird bislang kaum verstanden.)

Wenn Studien bei kastrierten Rüden eine geringere Aggressionshäufigkeit finden als bei unkastrierten, so ist das nicht unbedingt sehr aussagekräftig, wie Borchelts (1983) Ausführungen deutlich machen. In seiner Studie schien sich die Erwartung, dass intakte Rüden aggressiver sind als kastrierte auf den ersten Blick zu bestätigen: Unter den aggressiven Rüden waren 86 % intakt, 14 % kastriert. Doch wenn er die Zahlen für die nicht aggressiven Rüden hinzunahm, relativierte sich das Bild: Unter diesen waren 78 % intakt, 22 % kastriert. Borchelt resümiert, dass er keinen signifikanten Zusammenhang zwischen reproduktivem Status und Aggressionsverhalten finden konnte, obwohl er zugleich auf Hopkins Studie verweist, die positive Effekte auf Aggressionsverhalten gegen Gleichgeschlechtliche gezeigt hat.

Was die Kastration als Mittel der Verhaltenstherapie bei aggressiven Rüden angeht, so sind drei Feststellungen zu treffen: Erstens: Jede Kastration birgt das Potential eines Einflusses auf das Verhalten. Wie dieser aber aussehen wird, ist nicht vorherzusagen. Die Entstehung von Aggressionsverhalten ist multikausal. „Nach meinen Erfahrungen sind die Kastrationen ‚hypersexueller' Hunde, die als Therapie ‚unerwünschter' Aggressivität, heftiger Rivalenkämpfe, unzureichender Unterordnungsbereitschaft u.a. durchgeführt werden, nur selten erfolgreich. Schließlich ist Aggressionsverhalten multikausal und seine verschiedenen ‚Formen' nicht statisch anzusehen, sondern immer auch situativ." (Feddersen-Petersen 1994, S. 51) .

Zweitens: Sie bringt selten den erwünschten Erfolg. „Chirurgische Eingriffe, z.B. Kastrationen, sind sehr drastisch und führen selten zum erwünschten Ziel." (Hallgren 1993, S. 188)

Drittens: Ohne begleitende erzieherische Maßnahmen bringen Kastrationen in der Regel schon gar nichts: „Die Kastration ist auch bei weitem kein Allheilmittel für Verhaltensprobleme. Die Auswirkungen sind viel enger begrenzt, als gemeinhin angenommen wird. Eine Kastration ersetzt nicht die richtige Sozialisation, Erziehung und verhaltensgerechte Haltung des Hundes. Sie ersetzt, wenn erst einmal Probleme aufgetreten sind, auch selten eine Verhaltenstherapie. Sie kann sich aber im Einzelfall für das betroffene Tier und dessen gesamte Umgebung sehr positiv auswirken, wenn sie nach sorgfältiger Diagnoseerstellung erfolgt." (Quandt 1998)

Was die Aussagen zu Verhaltensveränderungen bei Hunden nach einer Kastration generell betrifft, so ist Hart (1991), Neilson u.a. (1997) und Heidenberger/Unshelm (1990) zuzustimmen, wenn sie auf mögliche Placeboeffekte hinweisen: Wenn Hundehalter glauben, dass eine bestimmte Maßnahme – sei es eine bestimmte Trainingsmaßnahme, sei es die Erfahrung des Rüden, decken zu dürfen, oder die der Hündin, Welpen zu bekommen, oder eben eine Kastration zum Zwecke der Verhaltensbeeinflussung – bestimmte Auswirkungen hat, z.B. dass der Hund danach weniger aggressiv sein soll, – dann verhalten sie sich oft anders ihrem Hund gegenüber. Und dieser veränderter Umgang des Halters mit seinem Hund kann dann für die beobachteten Veränderungen verantwortlich gemacht werden. Nicht die Trainingsmethode, nicht der Wegfall (oder die Gabe von) Geschlechtshormonen hat die Veränderung des Verhaltens verursacht, aber der Halter glaubt daran. Und schließlich sind generell subjektive Wahrnehmungen am Werke. Wie die Bielefelder Studie u.a. auch gezeigt hat, fallen die Wahrnehmung und die Bewertung der Folgen durchaus anders aus, je nachdem, ob ein Halter angibt, dass die Kastration auf eigenen Wunsch geschah, oder ob er angibt, dass andere ihm dazu geraten haben, oder dass sie aufgrund einer akuten Erkrankung notwendig geworden ist. Das subjektive Element ist insbesondere in der Wahrnehmung und Bewertung von Verhaltensveränderungen immer mit zu bedenken (Hopkins u.a. 1976).

Der geeignete Zeitpunkt

Was den rein medizinischen Aspekt betrifft, so spricht einiges für frühe Kastrationen, anderes wiederum dagegen. Ich würde sagen, dass sich das in etwa die Waage hält.

Die Bielefelder Studie hat gezeigt, dass der Anteil derer, die nach der Kastration *keine* körperlichen Folgen beklagten, mit 62 % bei den im Alter von zwischen 6 und 12 Monaten kastrierten am höchsten ist. Die höchsten Werte im Hinblick auf körperliche Folgen hatte die Gruppe der zwischen 18 Monate und 8 Jahren kastrierten (zwischen 72 % und 77 %). Wenn in Deutschland von einer Frühkastration gesprochen wird, so ist damit die Praxis gemeint, den Hund vor der Geschlechtsreife zu kastrieren. Die Kastration bereits im Welpenalter ist hier, im Gegensatz zu den USA, aus denen die meisten Publikationen zum Thema Kastration kommen, (noch) kein relevantes Thema. Dort nimmt dieses Thema im Zuge der Ersinnung von Strategien gegen die dortige Überbevölkerung mit Hunden, welche zu millionenfacher Euthanasie führt, einen zen-

tralen Stellenwert ein – wobei vor allem diskutiert wird, welche An-
ästhesieformen zu wählen sind und ob die Operationsrisiken im
Welpenalter zu tragen sind – was mehrheitlich mit einem Ja beantwortet wird (Liebermann 1987, Theran 1993, Fagella & Aronsohn
1994, Howe u.a. 2001). Wenn dort über das richtige Alter zum Zeitpunkt der Kastration diskutiert wird, so steht nicht die Frage im
Mittelpunkt „vor oder nach Erreichen der Pubertät", sondern man
streitet sich darum, die Welpen doch nicht erst mit der Wiederholungsimpfung zu kastrieren, also mit 3, 4 Monaten, sondern es
solle besser geschehen, bevor die Hundewelpen an ihre neuen Besitzer gehen – was üblicherweise mit 8 bis 10 Wochen der Fall ist.
Kastrationen ab der 6. Lebenswoche seien medizinisch kein Problem, im Gegenteil, junge Hunde verkrafteten Operationen besser
als ältere (Kahler 1993, Howe 1997).

2004 wurden die Ergebnisse einer Studie veröffentlicht (Spain u.a.),
die in einer Langzeitstudie zwischen 1989 und 1998 die weitere Entwicklung von nahezu 1850 Hunden, die früh kastriert worden sind
(definiert als: unter 5,5 Monate alt) mit jenen, die zum Zeitpunkt der
Kastration älter waren, verglichen. Leider machen die Autoren nur
an einigen Stellen geschlechtsgetrennte Angaben. Insgesamt sehen
sie bei den meisten der einbezogenen medizinischen oder Verhal-
tensvariablen einen Zusammenhang zwischen Alter bei der Kastration und dem Auftreten diverser Auffälligkeiten. Es gab keinerlei
Unterschiede hinsichtlich der Sterblichkeitsrate. Was medizinische
Aspekte betrifft, so fanden sie in bezug auf drei Erkrankungen einen
Zusammenhang zum Kastrationsalter: Ihren Daten zufolge litten
die frühkastrierten Hunde öfter an Blasenentzündung, Inkontinenz
und Hüftgelenksdysplasie. Unter denen, die Hüftgelenksdysplasie
hatten, war der Anteil der frühkastrierten, die deswegen eingeschläfert worden sind, aber kleiner als bei den spätkastrierten, die ebenfalls unter Hüftgelenksdysplasie litten. Frühkastrierte Hunde waren
nicht so oft übergewichtig wie spätkastrierte.

Die Autoren untersuchten neben den möglichen körperlichen Folgen auch die Frage, ob Verhaltensprobleme eher bei den frühkastrierten oder bei den spätkastrierten auftreten. Ergebnis: Hinsicht-

lich Streunen und Trennungsangst hatten die frühkastrierten die besseren Werte. Hinsichtlich Geräuschphobien und sexueller Verhaltensweisen hatte die spätkastrierten die besseren Werte. Überzeugende Erklärungen für diese Zusammenhänge haben die Autoren – außer in bezug auf das Streunen – nicht. Bei den Rüden (nicht bei den Hündinnen) konnte man einen Zusammenhang feststellen zwischen dem Alter bei der Kastration und folgenden Verhaltensweisen: Bei den frühkastrierten trat Aggression gegen Familienmitglieder, Aggression gegen Besucher sowie exzessives Bellen häufiger auf als bei den spätkastrierten. Ungeachtet ihrer Ergebnisse, die entweder keinen Vorzug der frühen Kastration und in manchen Bereichen klare Nachteile zeigen (außer in bezug auf die Gewichtsentwicklung) plädieren die Autoren für eine frühe Kastration im Alter von 4–5 Monaten, auf jeden Fall vor Eintritt der Geschlechtsreife. Begründung: Die Operation geht schneller, Komplikationen nach der Operation sind geringer, die ganze Angelegenheit ist billiger.

Was spricht für die gegenwärtig zunehmende Praxis einer frühen Kastration, also einer Kastration vor Eintritt der Geschlechtsreife zwecks positiver Verhaltensbeeinflussung? Die Frage ist denkbar schnell beantwortet: Gar nichts. Wer als Rüdenbesitzer glaubt, sein Rüde würde erst gar kein „lästiges" Rüdenverhalten wie markieren, streunen, besteigen und Mackerverhalten gegen andere Rüden an den Tag legen, wenn er ihn vor der Pubertät kastriert, dem ist zu sagen, das dieser Glaube leider in verschiedensten Studien widerlegt worden ist:

Entsprechend den Ergebnissen der Bielefelder Studie kommen auch Hart/Hart (1991), Neilson u.a. (1997), Hopkins u.a. (1976), Hart/Eckstein (1997), O'Farell (1991), Fisher (1991) zu dem Schluss, dass die Chance einer Verhaltensveränderung zum Positiven nicht vom Alter bei der Kastration und der Dauer der gezeigten Verhaltensprobleme abhängig ist. Um diesen Befund erklären zu können, muss man die im Vergleich zur Hündin anders ablaufende hormonelle Entwicklung des Rüden berücksichtigen: Es ist, wie bereits beschrieben, keineswegs so, dass Rüden eben in der Pubertät den entscheidenden Testosteronschub bekommen, danach die – oft unerwünschten – männlichen Verhaltensweisen entwickeln, woraus dann der Schluss gezogen wird, man müsse den Rüden eben vor diesem Testosteronschub kastrieren, dann entwickeln sich die Verhaltensweisen erst gar nicht so dramatisch. Falsch! Zwischen der hormonellen Entwicklung von Hündinnen und Rüden gibt es einen zentralen Unterschied (siehe Seite 158). Damit das Ungeborene sich zu einem weiblichen Tier entwickelt, bedarf es keiner vorgeburtlichen Bildung von ovariellen Hormonen. Die Ausprägung des Nervensystems hin zu einem weiblichen Wesen erfolgt sozusagen automatisch ohne Einwirkung von Geschlechtshormonen. Erfolgt kein Testosteronschub, entwickelt sich eine Hündin, erfolgt ein Testosteronschub, entwickelt sich ein Rüde. Nicht der Testosteronschub in der Pubertät gibt also den Anstoß für das Verhalten – entscheidend ist der pränatale Hormonschub, der für die „Maskulinisierung" des Gehirns verantwortlich ist. Rüden erhalten noch im Mutterleib „ihren" Testosteronschub – der eben individuell unterschiedlich ausgeprägt sein kann (Appleby 1997, O'Farell 1991, Quandt 2006). Die vorgeburtliche Testosteronstimulation bedingt die Empfänglichkeit bestimmter Organsysteme für Testosteroneinwirkungen nach Eintritt der Geschlechtsreife. Später einschießendes Testosteron scheint Verhaltensweisen höchstens mit zu aktivieren/intensivieren (Salmeri u.a., 1991b).

Das erklärt nicht nur, warum auch nach der Kastration hormonbedingte Verhaltensweisen wie das typische Urinmarkieren und das Aufreiten bei der Hälfte der Rüden erhalten bleibt. Es erklärt bestenfalls, warum auch vorpubertär kastrierte Rüden typische geschlechtsspezifische Verhaltensweisen zeigen können – wie Markieren mit erhobenen Hinterlauf, Imponiergehabe gegenüber anderen Rüden, Besteigen, ja sogar Deckakte (sofern ihr Penis nicht allzu unterentwickelt – sprich zu klein – geblieben ist, s.u.) (Hart/Hart 1991). Selbst Rüden, die im Alter von nur 40 Tagen kastriert worden sind, zeigten im Vergleich ihrer Entwicklung (verfolgt bis zum 8. Lebensmonat) kein anderes Sozialverhalten als ihre unkastrierten Wurfgeschwister.

Frühkastration hat keinen Einfluss auf dominantes Verhalten (Le-Boeuf 1970, zit. nach Salmeri u.a. 1991b). Lerneffekte über die Zeit hinweg scheinen keinen großen Einfluss zu haben, so konnte Hart (1968, zit. nach Hart/Eckstein 1997) nachweisen, dass es keinen Unterschied machte, ob Rüden vor ihrer Kastration erlaubt wurde mit Hündinnen zu kopulieren, also Lernerfahrungen zu sammeln oder nicht – es bedarf dazu keiner Übung, von daher bringt eine frühe Kastration auch keine besseren Ergebnisse in bezug auf die geschlechtshormongesteuerten Verhaltensweisen.

Die Ergebnisse der Bielefelder Studie bestätigen jene obiger Studien und zeigen zugleich: Negative Verhaltensveränderungen wie: unsicherer im Verhalten gegenüber Artgenossen (21 %), aggressiver gegen gleichgeschlechtliche Hunde (7 %) und aggressiver gegen Hunde im allgemeinen (7 %) werden am häufigsten von den Haltern solcher Hunde als Folgen beschrieben, welche im Alter von unter 6 Monaten kastriert worden sind.

Hinsichtlich eines „besseren" Verhaltens bringt die frühe Kastration beim Rüden keine Vorteile.

Zusammenfassende Empfehlungen

Die tierschutzrechtliche Seite

Die Kastration eines Hundes ist keine Kleinigkeit, sondern gilt nach deutschem Tierschutzrecht als Amputation. Eine Amputation kann man nicht einfach nach Lust und Laune durchführen, sondern es bedarf einer medizinischen Indikation. Diese ist selbstverständlich bei akuten Erkrankungen wie z. B. Hodenkrebs gegeben. Wäre die Kastration zwecks Unfruchtbarmachung aus Gründen der Verhinderung unerwünschten Nachwuchses bei Rüden, die nicht mit einer intakten Hündin zusammen wohnen, erlaubt? Fakt ist, dass dieses praktiziert wird. Ich würde mich hier aber Quandts (2006) Meinung anschließen: „Da die meisten in Deutschland gehaltenen Rüden keinen unkontrollierten Freigang haben, ist das Argument der Populationskontrolle bei uns nicht stichhaltig." (S. 28.)

Das Amtsgericht Alzey (Az: 22 C 903/95) hat Übergabevertragsklauseln von Tierschutzvereinen, die den neuen Halter dazu verpflichten, ihren Hund kastrieren zu lassen, als unwirksam erklärt. Begründung: Die Kastration widerspricht § 1 Tierschutzgesetz, da ohne vernünftigen Grund dem Tier Schmerzen, Leid oder Schäden nicht zugefügt werden dürfen. Wenn Sie also als Besitzer eines ehemaligen Tierschutzhundes einen solchen Vertrag unterschrieben haben, können Sie auf die Kastration verzichten, wenn Sie von deren Notwendigkeit nicht überzeugt sind – der Tierschutzverein kann nichts dagegen machen.

Wenn man sich dann nochmals die Zahlen der Bielefelder Studie vor Augen hält, wonach der Großteil der Rüden aufgrund von Verhaltensproblematiken kastriert wird, so fragt man sich, wie es da um die Legalität bestellt ist. Mit Heidenberger/Unshelm (1990) kann klar festgehalten werden: „Eine Erleichterung der Haltung allein ist kein unerlässlicher Grund für eine Kastration. Ist der Anlass für eine Kastration das Vermeiden von Nachwuchs oder Läufigkeit, so handelt es sich nicht um eine medizinische Indikation, sondern nur um eine die Haltung des Tieres erleichternde Maßnahme. Als Konsequenz müsste die Kastration in diesem Falle somit abgelehnt werden." (1990, S. 74) Handeln Tierärzte noch gemäß des geltenden Tierschutzrechtes, wenn sie Rüden kastrieren, weil ihre Halter sie erzieherisch nicht in den Griff bekommen – oder fürchten, sie könnten sie irgendwann nicht mehr erzieherisch bändigen? Nach Novellierung des Tierschutzgesetzes muss man dieses bejahen, da der neu aufgenommene Passus, wonach eine Kastration erlaubt ist, wenn sie Voraussetzung für die weitere Nutzung des Tieres ist, sehr auslegungsfähig ist (Hackbarth/Lückert 2000). Wir haben es hier mit einer Grauzone zu tun, die offenbar nicht weiter diskutiert wird. Selbst wenn man die Ausnahmeklauseln von § 6 TierSchG (Amputationsverbot) großzügig auslegen will und so die Kastration normaler Haushunde in Familien als gedeckt ansieht – ein schaler Beigeschmack bleibt: Die Kastration bedeutet eine Amputation und steht – vom Gesetz her gesehen – damit in einer Reihe mit dem Kupieren von Ohren und Ruten.

Der Punkt ist doch der: Geschlechtsspezifisches Verhalten von Rüden führt nicht per se zu Problemen für sie selbst, ihre Besitzer oder andere Menschen und andere Artgenossen. Ja, Rüden benehmen sich in ihrer Gesamtheit anders als Hündinnen – und so etwas weiß man als Hundehalter bzw. hat sich darüber vor der Anschaffung eines Hundes zu informieren. Die Frage ist, ob man als Hundehalter bereit ist, mit geschlechtsspezifischen Verhaltensweisen zu leben. Sofern diese nicht tatsächliches Leid beim Hund (wie z. B. im Falle einer ausgeprägten Hypersexualität) oder bei anderen Hunden (die z. B. von einem extrem konkurrenzmotivierten Hund angegriffen und verletzt werden, weil es dieser zudem nicht beim Kommentkampf belässt) verursachen, sollte den Hunden „gestattet" werden, als intakte Lebewesen durch die Welt zu gehen. „Bei diesen Tieren wäre eine Kastration, sofern sie nicht aus medi-

zinischen Gründen notwendig ist, ein überflüssiger und damit tier-
schutzrelevanter Eingriff. Eine routinemäßige Kastration von Rüden ist daher aus meiner Sicht abzulehnen." (Quandt 2006, S.

27) Eine Kastration des Rüden kann aber auch eine Frage des Tierschutzes sein: Rüden mit einem übersteigertem Sexualtrieb leiden
seelisch wie körperlich unter der permanenten Frustration, ihnen
kann meist mittels Kastration geholfen werden.

Konkurrenzgeprägte Rüden, die nahezu permanent potente Ge-
schlechtsgenossen angreifen, bei denen Umerziehungsprogramme
nicht fruchten, müssen so restriktiv geführt werden, dass ihr gan-
zes Leben dadurch erheblich an Qualität einbüßt – da sie in der Regel ein Leben an der kurzen Leine fristen müssen, selten Freilauf
genießen können. Noch dazu bleiben sie häufig nur dann halbwegs
kontrollierbar, wenn der Halter in den Begegnungssituationen
mindestens mit starkem psychischen Druck arbeitet, um den Hund
von schlimmeren Attacken abzuhalten. Das heißt, gelingt es mittels
Kastration, ihre Mackeransprüche herunterzufahren, gewinnen
diese Hunde wieder mehr Lebensqualität.

Leider sind häufig männliche Rüdenbesitzer nur schwer von der
Notwendigkeit einer Kastration zu überzeugen, obwohl das Unter-
bleiben dieser in bestimmten Fällen durchaus als tierschutzrelevant
zu bezeichnen ist.

Schlussfolgerungen

Sie, lieber Leser, fühlen sich jetzt vielleicht ratlos. Denn ein einfa-
ches pauschales Pro oder Kontra Kastration kann ich Ihnen nicht
liefern. Was aus den zusammengetragenen Informationen deutlich
geworden sein sollte, ist folgendes:

▸ Insgesamt sind die Auswirkungen von Kastrationen unzurei-
chend erforscht.

▸ Hundetrainer, Verhaltensberater und Tierärzte sind sich sehr
uneinig darüber, inwieweit eine Kastration zur Verhaltenskorrektur
Sinn macht.

- Die Folgen auf der gesundheitlichen Ebene sind u.a. abhängig vom Alter und der Rassezugehörigkeit.
- Die Folgen auf der Verhaltensebene sind u.a. abhängig vom Alter und der Rassezugehörigkeit.
- Hunde reagieren offenbar besonders empfindlich auf einen Eingriff in ihr hormonelles Geschehen.
- Viele „störende" Verhaltensweisen von Rüden unterliegen keinem Testosteroneinfluss und sind somit durch eine Kastration nicht beeinflussbar.
- Die Gleichung: „Viel Testosteron = viel Aggression" stimmt nicht.
- Frühe Kastrationen erhöhen nicht die Chance einer positiven Verhaltensbeeinflussung.

Medizinische Gründe, die für eine Kastration sprechen

Eine Kastration ist als (mögliche, nicht immer ausschließliche) Maßnahme bei folgenden Akuterkrankungen zu nennen: Hodentumore, Hodenentzündung, ernste Hodenverletzungen, Prostatavergrößerung, Prostatatumor, Präputialkatarrh, Perianaltumore, Perinealhernie.

Bei Hodenhochstand, um späterer Entartung des im Bauchraum verbliebenen Hodens vorzubeugen, ist die Kastration als Präventionsmaßnahme geeignet.

Verhaltensprobleme, die mittels Kastration positiv zu beeinflussen sind

Hypersexualität Bei Rüden, die ständig aufgeregt und kaum ansprechbar sind, weil sie nicht nur auf wirklich läufige bzw. auf Hündinnen reagieren, die ihre Stehtage haben, sondern die von jeder Hündin magisch angezogen werden, das Futter verweigern, nur noch jammern, nächtelang jaulen, an der Leine nicht mehr zu bändigen sind und bei Ableinen sofort auf und davon sind, ist es gerechtfertigt, von Hypersexualität zu sprechen. Diesen hypersexualisierten Rüden kann/sollte man ihr Dasein mittels einer Kastration erleichtern. Die Chance, dass sie ausgeglichener werden, ist groß. Aber auch hier gilt es, nach der Verhältnismäßigkeit zu fragen. Wenn ein Rüde auf dem Spaziergang direkten Kontakt mit einer hochläufigen Hündin hat und von der nur noch durch Anleinen wegzubekommen ist – so kann man kaum von Hypersexualität sprechen, die eine Kastration erfordert. Wenn ein Rüde im Erziehungskurs unkonzentrierter arbeitet, weil eine Hündin nach einem dreiwöchigem Aussetzen wegen Läufigkeit wieder mitmacht, so ist das auch noch kein Indiz für einen übersteigerten Sexualtrieb des Rüden. Läuft der Rüde im selben Kurs jedoch nahezu andauernd mit ausgefahrenem Penis herum, hechelt unablässig, stiert den Hündinnen nach und nutzt jede ihm sich bietende Gelegenheit, die – nicht läufigen – Hündinnen zu belästigen, so sollte man über eine Kastration nachdenken – und nicht, weil man selber einfach genervt ist, sondern weil in diesem Falle davon auszugehen ist, dass der Rüde wirklichen Leidensdruck hat. Man sollte jedoch nicht erwarten, dass sich das Verhalten sofort gibt. Hopkins u.a. (1976) haben in ihrer Studie herausgefunden, dass im Falle der Rüden, bei denen die gewünschte Veränderung eintrat, sich diese Veränderung nur bei der Hälfte bald nach der Kastration zeigte. Bei der anderen Hälfte kam es zu einer schrittweisen Abnahme über die Zeit hinweg. Bedenkt man, dass der Testosteronspiegel innerhalb von 6–8 Stunden nach der Kastration auf kaum noch messbare Werte sinkt (Hart 1991), so wird allein daran deutlich, dass Testosteron offenbar nicht die alleinige Einflussgröße auf das Verhalten der Rüden ist!

Anzumerken ist noch, ob sich Züchter nicht vielleicht einmal Gedanken darüber machen sollten, ob es nicht auch ein Zuchtziel sein sollte, Rüden mit normalem statt hypersexuellem Verhalten zu züchten. Bei einigen Rassen läuft da ganz offensichtlich einiges aus dem Ruder. Angesichts des Leidensdruckes, den solche hypersexuelle Rüden haben, müsste schon aus der Verantwortung für die Hunde auch auf diese Verhaltenskomponente in der Zucht Rücksicht genommen werden.

Streunen Eine sehr hohe Erfolgsquote zeigt die Kastration bei Streunern, wobei Hart/Hart (1991) sicherlich darin zuzustimmen ist, dass ein Erfolg nur in solchen Fällen erwartbar ist, in dem der Hund streunt, weil er auf Freiersfüßen wandelt – und nicht weil er sich schier langweilt oder einfach die Komposthaufen der Nachbarn inspizieren oder Kaninchen auf dem nahe gelegenen Kohlfeld jagen will.

Aufreiten Bei Rüden, die extremes Aufreiten bei Hunden und/oder Menschen zeigen, insbesondere nach Eintritt der Geschlechtsreife, stehen die Chancen gut, dieses wenigstens zu vermindern (Hart/ Hart 1991). Allerdings sollte man schon sehr genau hinschauen, ob sich der Rüde „nur" sexuell abreagiert – oder ob es sich um eine gezielte Geste seinem Menschen gegenüber handelt, wenn der Rüde vor allem beim eigenen Besitzer aufreitet – da sind Korrekturen in der Mensch-Hund-Beziehung eher angebracht als das ausschließliche Verfolgen der „medizinischen Lösung".

Markierungsverhalten im Haus. Urinmarkieren im Haus kann durch eine Kastration günstig beeinflusst werden, weniger das Markieren im Freien (Hart/Hart 1991). Bei Hunden, die im eigenen Haushalt markieren, sollte man jedoch die Frage nach der Rangordnungsbeziehung zwischen Mensch und Hund als erstes angehen!

Rangordnungsstreitigkeiten zwischen zwei in einem Haushalt lebenden Rüden: Auch wenn die Befragten der Bielefelder Studie diesen Aspekt kaum hervorgehoben haben – weil er auch nur bei wenigen Hunden den Ausschlag für die Kastration gegeben hat: Bei Rangordnungsauseinandersetzungen zwischen zwei intakten Rüden, die im gleichen Haushalt leben, ist die Kastration oft das letzte Mittel, um ein weiteres Zusammenleben zu ermöglichen. Voraussetzung ist aber, dass man den richtigen kastriert – also den, der nach reiflicher Beobachtung und Erwägung aller Fakten als jener eingeschätzt werden kann, der eher für die nachrangige Position taugt. Kastriert man den eigentlich mental und physisch stärkeren, wird die Situation mit hoher Wahrscheinlichkeit eskalieren. Parallel muss in der ersten Zeit nach der Kastration auch eine Verhaltenstherapie durchgeführt werden.

Empfohlen wird, zunächst eine hormonelle Kastration durchzuführen, vorzugsweise durch eine GnRH-Downregulation oder einen Androgenrezeptorenblocker (siehe S. 166), um zu testen, welche Auswirkungen sich zeigen (erwünscht positive, gar keine, unerwünschte negative). Je nach Ergebnis dieses Testlaufs kann man sich dann für oder gegen eine chirurgische Kastration entscheiden.

Verhaltensprobleme, die mittels Kastration nicht zu beeinflussen sind

Folgende geschlechtshormonunabhängige Verhaltensweisen sind mittels einer Kastration nicht zu beeinflussen: Angstaggression, Jagen, exzessives Bellen, neurotisches Zwangsverhalten, Ungehorsam, Wachsamkeit und territoriale Aggression. Das Märchen, wonach man besser nicht kastrieren lassen sollte, wenn man einen wachsamen Hund behalten möchte, der „seinen Mann" steht, hat sich auch in der Bielefelder Studie als Märchen erwiesen. Umgekehrt wird aber genauso ein Schuh draus: Wen die Wachsamkeit seines Rüden stört, dem wird durch eine Kastration seines Hundes auch nicht geholfen.

Ratschläge, nach denen bei „Dominanzaggression" der Hund als erstes zu kastrieren sei, danach könne man sich dann an die Umerziehung machen (Simpson 2002), sind mit Vorsicht zu genießen. Denn: Erstens ist nur in wenigen Fällen eine verminderte Aggression gegen Familienmitglieder zu sehen (bei 6 % in der Bielefelder Studie) – was auch kein Wunder ist. Ist die Aggression angstbedingt, kann sich nichts zum Positiven verändern. Hat man es tatsächlich mit einem Dominanzproblem zu tun, geht es primär um das Beziehungsgefüge Hund-Halter und nicht um die Hormone des Hundes. Zweitens: Häufig wiegen sich die Halter in falscher Sicherheit, meinen, mit der Kastration laufe automatisch dann schon alles in den richtigen Bahnen und man müsse sich nicht mehr an die anstrengende Aufgabe machen, sein eigenes Verhalten so zu verändern, dass der Hund ins Familienrudel neu eingefügt wird. Diese Einstellung kann dann natürlich fatale Folgen haben.

Verhaltensprobleme, bei denen von einer Kastration abgeraten werden muss

▸ Bei aggressivem Verhalten gegen andere Hunde, das aus Angst resultiert, ist nicht nur keine positive Veränderung zu erwarten, weil dieses Verhalten nicht unter Einfluss von Geschlechtshormonen steht. Zu befürchten ist gar eine Verschlimmerung, da nach einer Kastration eine Reihe von Hunden verunsichertes Verhalten zeigt, somit die Ursache der Aggression noch verstärkt wird. Wer aus der Praxis weiß, dass die meisten der vorgestellten Aggressionsfälle Hunde sind, deren Aggression auf Verunsicherung und Angst zurückzuführen ist, der wird sehr vorsichtig mit dem Vorschlag einer Kastration sein (s. auch Hart/Hart 1991).

▸ Unsichere Hunde – egal, ob sie zu Angstaggression neigen oder nicht, sollten nicht kastriert werden, da eine Verschlimmerung des Problems eintreten kann.

Wann eine Kastration nicht gerechtfertigt ist

▸ Zwecks Fortpflanzungskontrolle bei Rüden, die nicht mit einer intakten Hündin zusammen leben. Jeder Hundehalter sollte in der Lage sein, seinen Rüden entsprechend kontrolliert in der Öffentlichkeit zu führen.

▸ Zwecks Vermeidung von Stress wegen des pubertären Mackergehabes des Rüden: wer sich für einen Hund und dabei für ein bestimmtes Geschlecht entscheidet, sollte sich über die geschlechtstypischen Verhaltensweisen im klaren und bereit sein, den erzieherischen Weg mit seinem Hund zu gehen.

Als Fazit möchte ich mich den Ausführungen eines Tierarztes anschließen: „Hundehalter sollten sich die Entscheidung für oder wider Kastration nicht zu leicht machen und aus Bequemlichkeit nach dem Skalpell rufen, nur weil die Hündin während der Läufigkeit auf den Teppich blutet oder man den pubertierenden Rüden nicht sofort in den Griff bekommt. Viele Besitzer haben zudem falsche

Vorstellungen davon, was eine Kastration medizinisch oder im Verhalten bewirken kann. Gehen Sie auf eine typische Hundewiese und sprechen Sie mit zehn verschiedenen Hundehaltern. Sie werden zehn verschiedene Meinungen und die verschiedensten „Wahrheiten" über dieses Thema hören. Die guten und schlechten Erfahrungen einzelner sollten aber nicht verallgemeinert werden: Jeder Fall liegt anders, jeder Hund ist ein Individuum, körperlich und psychisch einmalig." (Kniese 2005, S. 24)

Ich hoffe, gewappnet mit all diesen Informationen werden Sie genau diese individuelle Entscheidung jetzt treffen können.

Schlussbemerkungen

Sie, lieber Leser, sind jetzt mit einer Fülle von Informationen versorgt worden. Ich hoffe, diese Informationen erleichtern Ihnen die Entscheidungshilfe pro oder contra Kastration bei Ihrem individuellen Hund. Den wichtigsten Schritt haben Sie ja bereits getan: sich zu informieren, bevor Sie Ihren Hund kastrieren. Letztlich kann Ihnen kein anderer die Entscheidung abnehmen. Außer bei den wenigen klaren Fällen, in denen eine Kastration unumgänglich ist, stehen Sie vor der Situation, Abwägungen treffen zu müssen.

Ich hoffe, dass eines deutlich geworden ist: Pauschale Antworten haben in der Frage der Kastration nichts zu suchen. Wenn man etwas pauschal formulieren will, dann kann man nur folgendes „pauschal" sagen: Eine Kastration ist ein bedeutender Eingriff für Körper und Psyche und sollte wohlüberlegt sein, wobei Gesundheit und seelisches Wohlbefinden des Hundes das ausschlaggebende Kriterium in der Entscheidungsfindung sein sollten.

Service

Danksagung

Dieses Buch wäre so nicht möglich gewesen, wenn nicht viele, viele Hundehalter sich bereit erklärt hätten, an der Fragebogenerhebung teilzunehmen. Ihnen gebührt Dank. Das gilt ebenso für die vielen Kollegen, die mich unterstützt haben, indem sie die Fragebögen in ihren Hundeschulen/-vereinen verteilt haben – Danke! Auch bei der Redaktion der Fachzeitschrift „Der Hund" möchte ich mich bedanken, da sie die Idee zu dem Projekt tatkräftig unterstützt hat. Privatdozent Dr. Dr. Udo Gansloßer und Privatdozent Dr. Axel Wehrend möchte ich für die Hilfe bei der Literaturrecherche danken, Dr. Andrea Münnich für Ihre Erklärungen zur GnRH-Downregulation.

Die ganze statistische Auswertungsarbeit wäre ohne meinen Mann Thomas niemals fertig geworden – und ohne ihn wären PC samt Festplatte und somit dieses Buch so eins ums andere Mal aus dem Fenster geflogen.

In Gedenken an Lisa und Aragon

Bielefeld, im Dezember 2006   *Gabriele Niepel*

Glossar

Abort – Fehlgeburt
Abszess – Eitergeschwür
Alopezie – durch Haarausfall bedingte Kahlheit
Anämie – Blutarmut
Anatomie – Körperbau
Androgene – Sammelbegriff für die männlichen Sexualhormone, die in den Leydigzellen im Hoden und in kleinen Mengen im Eierstock und in der Nebennierenrinde produziert werden
Anöstrus – Phase hormoneller Ruhe im Zyklus der Hündin
Antagonist – Gegenspieler, Gegenwirker
benign – gutartig
Cushing-Syndrom – körperliche Veränderungen, die durch einen erhöhten Kortisolspiegel im Blut verursacht werden
Dehiszenz – Klaffen, Auseinanderweichen
Descensus – Abstieg, Herabwandern der Hoden in den Hodensack
Diabetes mellitus – Zuckerkrankheit
Disposition – Krankheitsbereitschaft, Veranlagung
Ductus deferens – Samenleiter
Dysfunktion – Funktionsstörung
Ejakulation – Samenerguss
Embryo – Keim ab der Befruchtung der Eizelle bis zur Einnistung in der Gebärmutter
Endometritis – Entzündung der Gebärmutterschleimhaut
fetal – auf den Fötus bezogen
Fistel – unnatürliche, röhrenartige Verbindung zwischen einem inneren Hohlorgan und anderen Organen oder der Körperoberfläche
Follikel – kugeliges Eibläschen im Eierstock
Fötus – in der Gebärmutter eingenisteter Embryo
generalisiert – allgemein
Genese – Bildung, Entstehung
germinative Zellen – Zellen im Hoden, in denen die Spermienreifung stattfindet

Hyperpigmentierung – vermehrte Färbung der Haut
Hypersexualität – übersteigerter Sexualtrieb
Hyperventilieren – übermäßige Steigerung der Atmung
Hypophyse – Hirnanhangsdrüse
Hypothalamus – Teil des Zwischenhirns
Immunsuppression – Unterdrückung der Immunantwort (der Reaktion des Organismus auf einen Erreger)
Inappetenz – fehlendes Verlangen, z. B. nach Nahrung
infantil – kindlich
Inkontinenz – Unvermögen zum willkürlichen Zurückhalten von Harn
interstitiell – im Zwischengewebe liegend
Inzidenz – Erkrankungsrate
Karzinom – Tumor, Krebsgeschwulst
Kastration – Entfernen der Keimdrüsen
Klitoris – Kitzler
kognitiv – im Zusammenhang mit Informationsverarbeitung, Denken, Lernen stehend
Kryptorchismus – Hodenhochstand
Laktation – Produktion von Muttermilch im Gesäuge
Leydigzellen – Spezielle Zellen im Hoden, die Androgene produzieren
Ligatur – Unterbindung von Blut- und Lymphgefäßen
Mammatumor – Gesäugetumor
Menopause – Wechseljahre
Metaplasie – Gewebsumbildung
Metöstrus – Nachbrunst, die Zeit bis zum Abklingen aller Brunstsymptome
multipel – vielfach
Neoplasie – Neubildung
Nidation – Einnistung des befruchteten Eis in der Schleimhaut der Gebärmutter
olfaktorisch – geruchlich
oral – über den Mund
Orchitis – Hodenentzündung

Organogenese – Anlage der Organe im Fötus

Osteoporose – Mangel an Knochensubstanz, führt zu erhöhter Frakturanfälligkeit

Östrogen – weibliches Geschlechtshormon

Östrus – fruchtbare Phase im Zyklus der Hündin, in der sie den Rüden duldet

Ovarektomie – Entfernen der Eierstöcke

Ovarien – Eierstöcke

Ovariohysterektomie – Entfernen von Eierstöcken und Gebärmutter

Ovulation – Eisprung, bei dem die herangereifte Eizelle aus dem reifen Follikel ausgestoßen wird

Perinealregion – Region um den Damm und Anus

Pheromondrüsen – Drüsen, die Gerüche produzieren und im Dienste der olfaktorischen (geruchlichen) Kommunikation stehen

Populationskontrolle – Kontrollieren der Fortpflanzungsrate, Verhindern der Fortpflanzung

Portio – Muttermund

postmortal – nach dem Tod

postoperativ – nach einer Operation

präpubertär – vor der Pubertät

pränatal – vor der Geburt

Präputium – Vorhaut

Prävention – Vorbeugung

Progesteron – weibliches Geschlechtshormon

Prophylaxe – Vorbeugung

Prostata – Vorsteherdrüse

Prostatitis – Entzündung der Vorsteherdrüse

Pyometra – Entzündung der Gebärmutter

Retentio testis – im Leistenkanal steckengebliebener und dort tastbarer Hoden

Retention – Rückhaltung

Rezidiv – Wieder-Auftreten, Rückfall

Salpinx – Eileiter

Seborrhoe – Überproduktion von Hautfetten durch die Talgdrüsen

Serombildung – Ansammlung von Flüssigkeit (Blutflüssigkeit oder Lymphe)

Sertolizellen – an der Spermabildung beteiligte Zellen im Hoden

Skrotum – Hodensack

solitär – einzeln

Spermatogenese – Bildung und Reifung der Samenzellen im Hoden

Sphinkterinkompetenz – Versagen des Schließmuskels

Stehtage – fruchtbare Tage im Zyklus der Hündin, in denen sie den Rüden duldet

Sterilisation – unfruchtbar machen, Durchtrennen der Samenleiter beim Rüden, Durchtrennen der Eileiter bei der Hündin

Suppression – Unterdrückung, Hemmung

Testes – Hoden

Testosteron – männliches Sexualhormon

Tonus – Spannungszustand der Muskulatur

Uterus – Gebärmutter

Vagina – Scheide

Vaginalhyperplasie – abnormales Anschwellen des Scheidengewebes

Vaginitis – Entzündung der Scheide

Vasektomie – Sterilisation, unfruchtbar machen, Durchtrennen der Samenleiter

Vulva – Scham

Zervix – Gebärmutterhals

Literatur

Aldington, E.H.W.: Was tu ich nur mit diesem Hund? Gollwitzer, Weiden 1994.

Allen, W.E. und England, C.W.: Endokrinologie der Fortpflanzung der Hündin. In: Hutchinson, M. (Hrsg.): Kompendium der Endokrinologie – Hund und Katze, S.125– 38. Schlütersche, Hannover 1996.

Allen, W.E. und England, C.W.: Endokrinologie der Fortpflanzung beim Rüden. In: Hutchinson, M. (Hrsg.): Kompendium der Endokrinologie – Hund und Katze, S.119–124. Schlütersche, Hannover 1996.

Appleby, D.: Ain't Misbehavin' – A good behavior guide for familiy dogs. Broadcast Books, Bristol 1997.

Appleby, D.: Neutering male dogs. APBC Homepage 2002.

Arbeiter, K.: Harnblaseninkontinenz nach der Ovariohysterektomie bei der Hündin. In: Kleintierpraxis 31, H.5, S. 215–222, 1986.

Arbeiter, K.: Anwendung von Hormonen in der Reproduktion von Hund und Katze. In: Döcke, F. (Hrsg.): Veterinärmedizinische Endokrinologie, S.823–842. Gustav Fischer, Jena, Stuttgart 1994.

Arnold, S., Arnold, P., Hubler, M., Casal, M. und Rüsch, P.: Incontinentia urinae bei der kastrierten Hündin: Häufigkeit und Rassedisposition. Schweiz. Arch.Tierheilk., 131, S. 259–263, 1989.

Arnold, S.: Harninkontinenz bei kastrierten Hündinnen. Enke, Stuttgart 1997.

Asa, C.S.: Types of Contraception: The Choices. In: Asa, C.S. und Porton, I.J. (Hrsg.): Wildlife Contraception: Issues, Methods, and Applications, S. 53–65. The Johns Hopkins University Press, Baltimore 2005.

Asa, C.S.: Assessing Efficacy and Reversibility. In: Asa, C.S. und Porton, I.J. (Hrsg.): Wildlife Contraception: Issues, Methods, and Applications, S. 29–52. The Johns Hopkins University Press, Baltimore 2005b.

Asa, C.S. und Porton, I.J.: Future Directions in Wildlife Contraception. In: Asa, C.S. und Porton, ,I.J. (Hrsg.): Wildlife Contraception: Issues, Methods, and Applications, S. 222–236. The Johns Hopkins University Press, Baltimore 2005.

Asa, C.S., Porton, I.J. und Calle, P.P.: Choosing the most appropriate contraceptive. In: Asa, C.S. und Porton, ,I.J. (Hrsg.): Wildlife Contraception: Issues, Methods, and Applications, S. 83–95. The Johns Hopkins University Press, Baltimore 2005.

Askew, H.R.: Behandlung von Verhaltensproblemen bei Hund und Katze – Ein Leitfaden für die tierärztliche Praxis. Parey, Berlin 1997.

Benjamin, C.L.: Dog Problems. Howell Book House, New York 1989.

Berchthold, M.: Andrologie. In: Freudiger, U., Grünbaum, E.G. und

244

Schimke, E. (Hrsg.): Klinik der Hundekrankheiten, S. 665–678. Enke, Stuttgart 1997.

Berchthold, M.: Gynäkologie. In: Freudiger, U., Grünbaum, E.G. und Schimke, E. (Hrsg.): Klinik der Hundekrankheiten, S. 625–664. Enke, Stuttgart 1997.

Bernauer-Münz, H. und Quandt, C.: Problemverhalten beim Hund. Gustav Fischer, Jena/ Stuttgart 1995.

Blaschke-Berthold, U.: Getrenntgeschlechtliche Erziehung – Hormone, Konflikte und das Schulsystem. In: Der Hund 122, H.11, S. 16–18, 2005.

Blendinger, C., Blendinger, K. und Bostedt, H.: Die Harninkontinenz nach Kastration bei der Hündin: Entstehung, Häufigkeit und Disposition. In: Tierärztliche Praxis 23, S. 291–299, 1995.

Blendinger, C., Blendinger, K. und Bostedt, H.: Die Harninkontinenz nach Kastration bei der Hündin: Therapie. In: Tierärztliche Praxis 23, S. 402–406, 1995b.

Borchelt, P.L.: Aggressive behavior of dogs kept as companion animals: Classification and influence of sex, reproductive status and breed. In: Applied Animal Ethology, 10, S. 45–61, 1983.

Branchenforum 10/2006: Ersatz-Hoden für kastrierte Hunde. S. 14.

Clark, G.I. und Boyer, W.: The Mentally Sound Dog – How to Shape, Train, and Change Canine Behavior. Alpine Publications, Loveland 1995.

Cooley, D.M., Beranek, B.C., Schlittler, D.L., Glickman, N.W., Glickman, L.T. und Waters, D.J.: Endogenous gonadal hormone exposure and bone sarcoma risk. Cancer Epidemiol Biomarkers Prev, 11(11), S. 1434–1440, 2002.

Dematteo, K.E.: Contraception in Carnivores. In: Asa, C.S. und Porton, I.J. (Hrsg.): Wildlife Contraception: Issues, Methods, and Applications, S. 105–118. The Johns Hopkins University Press, Baltimore 2005.

Dodman, N.: Wer ist hier der Boss? Vom Umgang mit eigenwilligen Hunden. Hoffmann und Campe, Hamburg 1997.

Eichelberg, H.: Hundezucht. Kosmos, Stuttgart 2006.

Einspanier, A., Schweizer, S., Lamp, O., Jändling, J. und Blaschzik, S.: Diagnostik und Prognose von Mammatumoren bei der Hündin. In: Hundesport 23, H. 5, S. 10–11, 2005.

Einspanier, A., Schweizer, S., Lamp, O., Jändling, J. und Blaschzik, S.: Diagnostik und Prognose von Mammatumoren bei der Hündin. In: gkf-Forschung für den Hund, Info 21, S. 13–16, 2005b.

Fagella, A.M. und Aronsohn, M.G.: Evaluation of anesthetic protocols for neutering 6 to 14 week-old pups. JAVMA, 205, No. 2, S. 308–314, 1994.

Feddersen-Petersen, D.: Fortpflanzungsverhalten beim Hund. Gustav Fischer, Stuttgart 1994.

Fisher, J.: Vom Strolch zum Freund – Das ABC für Problemhunde. Müller Rüschlikon, Cham 1995.

Fransson, B.A. und Ragle, C.A.: Canine Pyometra: An Update on Pathogenesis and Treatment. In: Compendium Vol. 25, No. 8, S. 602–611, 2003.

Führmann, P. und Franzke, I.: Erziehungsprobleme beim Hund. Kosmos, Stuttgart 2004.

Gautschi, N.: Eine häufige Nebenwirkung der Kastration – Die Harninkontinenz. In: Der Hund 115, H.4, S. 14–15, 1998.

Gautschi, N. und Arnold, S.: Beziehung zwischen Frühkastration und Harninkontinenz bei Hündinnen. In: Deutsche Veterinärmedizinische Gesellschaft, Fachgruppe Kleintierkrankheiten (Hrsg.): Dokumentation der 45. Jahrestagung 7.–10.10.1999, S. 121–124, Gießen 1999.

Hallgren, A.: Hundeprobleme – Problemhunde? Oertel + Spörer, Reutlingen 1993.

Hart, B.L. : Effects of neutering and spaying on the behaviour of dogs and cats: Questions and answers about practical concerns. JAVMA, 198, No.7, S. 1204–1205, 1991.

Hart,B.L.: Effect of gonadectomy on subsequent development of age-related cognitive impairment in dogs. In: JAVMA, 219, No.1, S. 51–56, 2001.

Hart, B.L. und Eckstein, R.A: The role of gonadal hormones in the occurrence of objectionable behaviours in dogs and cats. Applied Animal Behaviour Science, 52, S. 331–344, 1997.

Hart, B.L. und Hart, L.A.: Verhaltenstherapie bei Hund und Katze. Enke, Stuttgart 1997.

Hecker, B.R., Hospes, R., Wehrend, A. und Bostedt, H.: Anmerkungen zur juvenilen Kastration der Hündin aus klinischer Sicht. In: Deutsche Veterinärmedizinische Gesellschaft, Fachgruppe Kleintierkrankheiten (Hrsg.): Dokumentation der 45. Jahrestagung 7.–10.10.1999, S. 115–120, Gießen 1999.

Heidenberger, E.: Ratgeber Hundepsychologie. Augustus, München 2000.

Heidenberger, E. und Unshelm, J.: Verhaltensveränderungen von Hunden nach Kastration. Tierärztliche Praxis, 18, S. 69–75, 1990.

Hoffmann, B.: Andrologie: Physiologie, Pathologie und Biotechnologie der männlichen Fortpflanzung. Lehmanns Media, Berlin 2003.

Hoffmann, B., Klein, R. und Riesenbeck, A.: Downregulation, eine neue, reversible Möglichkeit zur Ausschaltung der Hodenfunktion beim Kleintier. In: Deutsche Veterinärmedizinische Gesellschaft, Fachgruppe Kleintierkrankheiten (Hrsg.): Dokumentation der 45. Jahrestagung 7.–10.10.1999, S. 161–162, Gießen 1999.

Holt, P.E. und Thrusfield, M.V.: Association in bitches between breed, size, neutering and docking, and aquired urinary incontinence due to incompetence of the urethral spincter mechanism. Veterinary Record, 133, S. 177–180, 1993.

Hopkins,S.G., Schubert, T.A. und Hart, B.L.: Castration of adult male dogs: effects on roaming, aggression, urine marking and mounting. JAVMA, 168, S. 1108–1110, 1976.

Howe, L.M.: Short-term results and complications of prepubertal gonadectomy in cats and dogs. In: JAVMA, 211, No. 1, S. 57–62, 1997.

Howe, L.M. und Olson, P.N.: Prepuberal Gonadectomy – early age neutering of dogs and cats. In: Concannom P.W., England, E. und Verstegen J. (Eds.): Recent advances in Small animal reproduction, 2000.

Howe,L.M., Slater, M.R., Boothe, H.W., Hobson, H.P., Holcom, J.L. und Spann, A.: Long-term outcome of gonadectomy performed at an early age or traditional age in dogs. JAVMA, 218,No.2, S. 217–221, 2001.

Johnston, S.D.: Questions and answers on the effects of surgically neutering dogs and cats. JAVMA, 198, No.7, S. 1206–1214, 1991.

Jones, R.: Aggressionsverhalten beim Hund. Kosmos, Stuttgart 2003.

Kahler, S.: Spaying/neutering comes of age – Convention spotlight. In: JAVMA, 203, No. 5, S. 591–593, 1993.

Kniese, M.: Probleme mit Blase und Prostata. In: Hunde Revue 19, H.4, S. 53, 2005.

Kniese, M.: Eine Frage der Vernunft. Kastration oder nicht?. In: Hunde Revue 19, H.9, S. 20–24, 2005.

Lemmer, W., Riesenbeck, A., Hoffmann, B. und Bostedt, H.: Anwendung des Antigestagens Aglepristone zur konservativen Pyometrabehandlung. In: Deutsche Veterinärmedizinische Gesellschaft, Fachgruppe Kleintierkrankheiten (Hrsg.): Dokumentation der 45. Jahrestagung 7.– 10.10.1999, S. 125, Gießen 1999.

Lieberman, L.L.: A case for neutering pups and kittens at two months of age. JAVMA, 191, no. 5, S. 518–521, 1987.

Mertens, P. und Unshelm, J.: Die Kastration des Hundes. Rechtslage, mögliche Probleme und gängige Praxis. Kleintierpraxis, 42, S. 631–640, 1997.

Meyer, H. und Zentek, J.: Ernährung des Hundes – Grundlagen, Fütterung, Diätetik. Parey, Berlin 2001.

Morris, J.S., Dobson, J.M., Bostock, D.E. und O'Farrell, E.: Effect of ovariohysterectomy in bitches with mammary neoplasms. In: The Veterinary Record 142, S. 656–658, 1998.

Münnich, A.: Fortpflanzung der Hündin: Ein Leitfaden in Gynäkologie und Geburtshilfe. BioS Biotechnologie GmbH, Schönow 2000.

Münnich, A.: Scheidenerkrankungen. In: Der Hund 118, H.5, S. 72–74, 2001.

Münnich, A.: Der Zyklus der Hündin. In: Der Hund 121, H.5, S. 12–17, 2004.

Münnich, A.: Wurfplanung – Wenn's mit dem Nachwuchs nicht klappt, Teil 2. In: Der Hund 122, H.5, S. 28–31, 2005.

Munson, L., Moresco, A. und Calle, P.P.: Adverse Effects of Contraceptives. In: Asa, C.S. und Porton, I.J. (Hrsg.): Wildlife Contraception: Issues, Methods, and Applications, S. 66–82. The Johns Hopkins University Press, Baltimore 2005

Neilson, J.C., Eckstein, R.A. und Hart, B.L.: Effects of castration on problem behaviours in male dogs with reference to age and duration of behaviour. JAVMA, 211, No. 2, S.180–182, 1997.

Nelson, R.W., Feldman, E.C.: Pyometra. In: Veterinary Clinics of North America: Small Animal Practice Vol. 16, No. 3, 1986.

Niepel, G.: Die Bielefelder Kastrationsstudie. Kastration- verteufeln oder lobpreisen? Der Versuch einer empirisch gestützten Antwort auf die Frage nach dem Pro und Contra einer Kastration bei Hündinnen und Rüden. Bielefeld, Eigenverlag, 2003.

Niepel, G.: Kastration – Hundehalter verrieten ihre Erfahrungen, Teil 1. In: Der Hund 120, H.5, S. 62–65, 2003a.

Niepel, G.: Kastration – Hundehalter verrieten ihre Erfahrungen, Teil 2. In: Der Hund 120, H.6, S. 62–65, 2003b.

Niepel, G.: Kastration – Hundehalter verrieten ihre Erfahrungen, Teil 3. In: Der Hund 120, H.7, S. 62–65, 2003c.

Niepel, G.: Kastration – Hundehalter verrieten ihre Erfahrungen, Teil 4. In: Der Hund 120, H.8, S. 42–45, 2003d.

Niepel, G.: Kastration – Hundehalter verrieten ihre Erfahrungen, Teil 5. In: Der Hund 120, H.9, S. 60–65, 2003e.

O'Farrell, V.: Verhaltensstörungen beim Hund. Schaper, Alfeld 1991.

Ogilvie, G.K., Moore, A.S.: Managing the Veterinary Cancer Patient. Veterinary Learning Systems Co., Inc. Trenton, New Jersey, 1996

Overall, K.L.: Clinical Behavioral Medicine For Small Animals. Mosby, St. Louis u.a. 1997.

Palmer, H.: The behavioural effects of canine castration. Edited by David Appleby. The Pet Behaviour Center, Worcestershire 1993.

Penfold, L.M., Patton, M.L. und Jöchle, W.: Contraceptive agents in agression control. In: Asa, C.S. und Porton, ,I.J. (Hrsg.): Wildlife Contraception: Issues, Methods, and Applications, S. 184–194. The John Hopkins University Press, Baltimore 2005.

PETA: Kastrieren, um dem Leiden ein Ende zu bereiten. PETA Fakten, Verschiedenes 8, 2000.

Quandt, C.: Kastration als Lösung von Verhaltensproblemen beim Rüden? Der Retriever, H. 3., 1998.

Quandt, C.: Kastration als Problemlösung? In: Wuff – Das Hundemagazin, 5, 2006, S. 24–28.

Rand, J.S., Fleeman, L.M., Farrow, H.A., Appleton, D.J. und Lederer, R.: Canine and Feline Diabetes Mellitus: Nature or Nurture? In: Journal of Nurture, 134, S. 2072S – 2080 S., 2004.

Riesenbeck, A., Dengler, P. und Hoffmann, B.: Zum Vorkommen physiologischer und pathophysiologischer Östrogenwerte beim Rüden. In: Deutsche Veterinärmedizinische Gesellschaft, Fachgruppe Kleintierkrankheiten (Hrsg.): Dokumentation der 45. Jahrestagung 7.– 10.10.1999, S. 163–165, Gießen 1999.

Riesenbeck, A., Klein, R. und Hoffmann, B.: Downregulation, eine neue, reversible Möglichkeit zur Ausschaltung der Hodenfunktion beim Rüden. In: Der praktische Tierarzt 83, H. 6, S. 512–520, 2002.

Rootwelt-Andersen,V., Farstad, W.: Treatment of pyometra in the bitch: A survey among Norwegian small animal practitioners. The European Journal of Companion Animal Practice, 16 (2), 195–198, 2006.

Ruckstuhl, B.: Die Incontinentia Urinae bei der Hündin als Spätfolge der Kastration. Schweiz. Arch. Tierhk. 120, S. 143–148, 1978.

Salmeri, K.R., Bloomberg, M.S., Sruggs, S.L. und Shille, V.: Gonadectomy in immature dogs: effects on skeletal, physical, and behavioral development. JAVMA, 198, No. 7, S. 1193–1203, 1991.

Salmeri, K.R., Olson, P.N. und Bloomberg, M.S.: Elective gonadectomy in dogs: a review. JAVMA, 198, No.7, S. 1183–1190, 1991b.

Sauer, K.: Kastration – ja oder nein. In: Partner Hund 12/ 2002, S. 26–28.

Schmidt, W.-D.: Verhaltenstherapie des Hundes. Schlütersche, Hannover 2002.

Schöning, B.: Hundeprobleme erkennen und lösen. Kosmos, Stuttgart 2005.

Serpell, J.: The Domestic Dog – its evolution, behaviour and interactions with people. Cambridge University Press, Cambridge 1995.

Simon, D., Goronzy, P., Stephan, I., Meyer-Lindenberg, A., Aufderheide, M. und Nolte, I.: Mammatumoren beim Hund: Untersuchung zu Vorkommen und Verlauf der Erkrankung. In: Der praktische Tierarzt 77, H. 9, S. 771–782, 1996.

Simon, D., Schönrock, D., Ueberschär, S., Siebert, J. und Nolte, I.: Mammatumoren des Hundes: Diagnostik und Therapie. In: Tierärztliche Praxis 29 (K), S. 47–50, 2001.

Simpson, B.S.: Canine Aggression. Veterinary Medicine Forum, 2002.

Spain, C.V., Scarlett, J.M. und Houpt, K.A.: Long-term risks and benefits of early-age gonadectomy in dogs. In: JAVMA, 224, No.3, S. 380– 387, 2004.

Stöcklin-Gautschi, N.: Einfluss der Frühkastration auf die Harninkontinenz und andere Kastrationsfolgen bei der Hündin. Dissertation Universität Zürich, 2000.

Stolla, R.: Kastration vor oder nach der ersten Läufigkeit? Argumente dafür und dagegen. Tierärztliche Praxis, 30 (K), S. 333–338, 2001.

Switzer, E. und Nolte, I.: Ist der Mischling wirklich ein gesünderer Hund? In: Unser Rassehund, H.7, S. 20 –23, 2005.

Teske, E., Naan, E.C., van Dijk, E.M., van Garderen, E. und Schalken, J.A.: Canine prostate carcinoma: epidemiological evidence of an increased risk in castrated dogs. Mol Cell Endocrinol Nov. 29, 197, S. 251–255, 2002.

Theran, P.: Early-age neuering of dogs and cats. JAVMA, 202, No.6, S. 914–917, 1993.

Thrusfield, M.V.: Association between urinary incontinence and spaying bitches. Veterinary Record, 116, S.695, 1985.

Tortora, D.: Schwieriger Hund was tun? Müller Rüschlikon, Zürich 1987.

van Goethem, B., Schaefers-Okkens, A. und Kirpensteijm, J.: Making an Rational Choice Between Ovariectomy and Ovariohysterectomy in the Dog: A Discussion of the Benefits of Either Technique. In: Veterinary Surgery 35, S. 136–143, 2006.

van Oosterom, R.A.A.: Therapie unerwünschter Kastrationsfolgen beim Hund. In: collegium veterinarium XVI, S. 62–63, 1985.

Wehrend, A.: Gesäugetumoren bei der Hündin: Teil 1. In: Unser Rassehund, H. 3, S. 18–22, 2005.

Wehrend, A.: Gesäugetumoren bei der Hündin: Teil 2. In: Unser Rassehund, H. 4, S. 24–25, 2005b.

Wehrend, A.: Praktische Erfahrungen mit der Anwendung von Antigestagenen bei Hund und Katze. In: Akademie für Tiergesundheit e.V. Bonn (Hrsg.): Abstractbook AFT-Frühjahrssymposium: Endokrine Regulation von Stoffwechsel und Reproduktion beim Kleintier: Erkrankungen und therapeutische Ansätze, S. 18, 2006.

Wehrend, A., Trasch, K. und Bostedt, H.: Mammatumoren: Möglichkeiten der Prävention. In: Kleintier Konkret 3, S. 4–7, 2003.

Wehrend, A., Trasch, K. und Bostedt, H.: Behandlung der geschlossenen Form der caninen Pyometra mit dem Antigestagen Aglepristone. In: Kleintierpraxis 48, Heft 11, S. 679–683, 2003.

Wenkel, R., Ziemann, U., Thielebein, J. und Prange, H.: Laparoskopische Kastration der Hündin – Darstellung neuer Verfahren zur minimal invasiven Ovariohysterektomie. In: Tierärztliche Praxis 33 (K), S. 177–188, 2005.

Wilhelm, E.: Zur hormonellen Kastration des Rüden. In: Akademie für Tiergesundheit e.V. Bonn (Hrsg.): Abstractbook AFT-Frühjahrssymposium: Endokrine Regulation von Stoffwechsel und Reproduktion beim Kleintier: Erkrankungen und therapeutische Ansätze, S.19–20, 2006.

Wörner, F.G.: Verhaltenstherapie mit dem Skalpell? In: Hunde Revue 19, H.9, S. 28–30, 2005.

Register

Expertenwissen von Kosmos

Carola Kusch
Die Hündin
156 Seiten, 205 Abbildungen
€/D 26,90; €/A 27,70; sFr 48,10
ISBN 978-3-440-09208-8

- Umfassende Informationen über Wesensmerkmale und Verhalten – auch während der Läufigkeit oder Scheinträchtigkeit

- Mit ausführlichem Gesundheitsratgeber

Renate Jones
Aggressionsverhalten bei Hunden
176 Seiten, 32 Abbildungen
€/D 14,90; €/A 15,40; sFr 27,60
ISBN 978-3-440-09301-6

- Hier wird erklärt, was aggressives Verhalten ist und wie man richtig darauf reagiert

- Mit Zeichnungen zu Körpersprache und Mimik

KOSMOS

Impressum
Mit 13 Farbfotos von Thomas Höller/Kosmos (S. 137 unten), Nathalie Mayer
(S. 137 oben), Dr. Gabriele Niepel (S. 144 unten), Jörg Oehlmann (Seite 140
unten), Karl-Heinz Widmann (S. 139 beide, 140 oben beide, 141 oben links,
141 unten), Karl-Heinz Widmann/Kosmos (S. 141 oben rechts) und Thors-
ten Wobbe (S. 144 oben beide) sowie 2 Illustrationen von Katharina Bottenberg (Seite 138) und 6 Grafiken nach Entwürfen der Autorin (S. 142, 143).

Umschlaggestaltung von eStudio Calamar unter Verwendung eines Farbfotos von Ulrike Schanz.

Bibliografische Information der Deutschen Nationalbibliothek
Die Deutsche Nationalbibliothek verzeichnet diese Publikation in der Deutschen Nationalbibliografie; detaillierte bibliografische Daten sind im Inter-
net über http://dnb.ddb.de abrufbar.

Alle Angaben in diesem Buch erfolgen nach bestem Wissen und
Gewissen. Sorgfalt bei der Umsetzung ist indes dennoch geboten. Der
Verlag und die Autorin übernehmen keinerlei Haftung für Personen-,
Sach- oder Vermögensschäden, die aus der Anwendung der vorge-
stellten Materialien und Methoden entstehen könnten.

Unser gesamtes lieferbares Programm und viele
weitere Informationen zu unseren Büchern,
Spielen, Experimentierkästen, DVDs, Autoren und
Aktivitäten finden Sie unter **www.kosmos.de**

Gedruckt auf chlorfrei gebleichtem Papier

© 2007 Franckh-Kosmos Verlags-GmbH & Co. KG, Stuttgart
Alle Rechte vorbehalten
ISBN: 978-3-440-10121-6
Redaktion: Angela Beck
Gestaltung: TypoDesign, Kist
Produktion: Eva Schmidt
Printed in The Czech Republic / Imprimé en République Tchèque